"十三五"职业教育系列教材

核能及新能源发电技术

（第二版）

张灿勇　张　斌　编
张梅有　张　羽
孙奎明　翟建军　主审

中国电力出版社
CHINA ELECTRIC POWER PRESS

内 容 提 要

世界新能源发电技术、产业和应用都有了飞速发展，"十二五"期间，我国在核能发电、风力发电、太阳能发电技术以及地热能利用等方面都取得了巨大成就，受到全世界瞩目。为了介绍最新的相关技术，便于职业院校学生学习和参考，第二版在原书的基础上，更新了编写体例，对核能发电技术、风力发电技术、地热发电技术、太阳能光伏发电技术、太阳能热发电技术、生物质发电技术、海洋能发电技术和燃料电池发电等内容，做了比较全面地更新和充实。

本书可供职业院校电力技术类专业师生选用，也可供从事常规能源发电的工程技术人员参考。

图书在版编目（CIP）数据

核能及新能源发电技术/张灿勇等编. —2 版 . —北京：中国电力出版社，2017.9（2023.8 重印）
"十三五"职业教育规划教材
ISBN 978 - 7 - 5198 - 1044 - 3

Ⅰ. ①核… Ⅱ. ①张… Ⅲ. ①核能发电–技术–职业教育–教材；②新能源–发电–技术–职业教育–教材 Ⅳ. ①TM61

中国版本图书馆 CIP 数据核字（2017）第 188389 号

出版发行：中国电力出版社
地　　址：北京市东城区北京站西街 19 号（邮政编码 100005）
网　　址：http://www.cepp.sgcc.com.cn
责任编辑：吴玉贤　（010-63412540）
责任校对：李　楠
装帧设计：赵姗姗
责任印制：吴　迪

印　　刷：北京雁林吉兆印刷有限公司
版　　次：2009 年 3 月第一版　2017 年 9 月第二版
印　　次：2023 年 8 月北京第八次印刷
开　　本：787 毫米×1092 毫米　16 开本
印　　张：16.5
字　　数：404 千字
定　　价：48.00 元

前　言

　　加快开发利用新能源是解决人类能源和环境问题的必由之路。风电、核电、海洋能发电等新能源发电技术正受到全球越来越多的关注。我国高度重视新能源产业的发展，已把发展风电、核电等作为调整结构、发展低碳经济、积极应对气候变化的重要举措，把新能源产业作为优先发展的战略性新兴产业。近年来，在《可再生能源法》的推动下，我国新能源产业实现了跨越式发展，风电、核电等技术已进入国际领先行列，新能源发电装机容量快速增长。展望未来，我国新能源产业的发展潜力很大，在能源供应中的作用将越来越重要。

　　为了推动我国新能源产业持续健康发展，需要在职业院校学生中普及新能源发电的专业技术知识，为社会培养更多的新能源建设和应用技术人才。本书第一版自 2009 年出版以来，受到普遍欢迎。为适应职业院校人才培养需要和我国新能源产业发展的新形势，本书在保持原教材特色的基础上，主要进行了以下几方面的修改。

　　（1）本教材充分体现了高等职业教育的特色，全面贯彻教育改革和创新精神，以任务为导向，采取项目引导、任务驱动，加强职业素质和职业能力的培养。

　　（2）结合近十年来新能源产业发展的新技术，在核能发电、风力发电和太阳能热发电等重要部分，全面更新充实了各项目知识内容。

　　（3）本教材还制作了教材配套 PPT，方便了授课和学习。

　　（4）整理了新能源发电技术相关宣传教学视频 40 个，为新能源发电技术的宣传、学习和推广应用起到很好的作用。

　　本书由张灿勇（国网技术学院，副教授）、张斌（国网技术学院，高级讲师）、张梅有（国网宁夏电力公司培训中心，高级讲师）、张羽（国网技术学院，副教授）合编。其中，张灿勇编写了项目一、项目二、项目八部分，并制作了项目一、项目二、项目三、项目五、项目八的配套 PPT；张斌编写了项目四、项目六、项目七部分，并制作了项目四、项目六、项目七的配套 PPT；张梅有编写了项目三部分；张羽编写了项目五部分。全书由张灿勇统稿并整理视频等相关资料（请登录 http：//www.cepp.sgcc.com.cn 下载）。宁夏银星能源股份有限公司风电总公司总经理翟建军（高级工程师）对本书给予了认真审阅。

　　本书最后虽然列有参考文献目录，但由于数量庞大，无法一一列出，谨向有关作者致谢。

　　由于时间仓促和编写者水平所限，成书难免有不足之处和遗珠之憾，恳请读者朋友们批评指正。

编　者

2017 年 8 月

第一版前言

地球上的石油、煤炭等化石燃料到底还能供人类使用多久？这是一个有争议的问题。但可以肯定的是，越来越少的化石燃料资源已成为制约人类物质文明进步的重要因素之一。人口的迅速增长和人类生活水平的不断提高，能源需求的大幅增加和化石能源的日益减少，各种能源形式的开发应用和对生态环境要求的提升，使人类生活的地球面临着不可回避的压力。在节能减排和可持续发展的双重要求下，迫切需要发展以清洁、可再生能源为主的能源结构来取代污染严重、资源有限的化石燃料为主的能源结构。

基于上述原因，为了我国更加广泛地开发利用新能源和可再生能源，在大中专学生中普及核能及新能源发电的有关知识，我们编写了本书，以期对我国新能源和可再生能源发电技术的推广应用、人才培养和科学普及等有所裨益。

全书分核能发电技术、风力发电技术、地热发电技术、生物质能发电技术、太阳能光伏发电技术、太阳能热发电技术、海洋能发电技术和燃料电池发电简介等几部分，比较全面地表现了核能及新能源发电技术的相关主流知识和部分进步成果。

本书由山东省电力学校高级讲师张灿勇、高级讲师马明礼主编，宁夏电力科技教育工程院高级讲师张梅有副主编，山东省电力学校高级讲师程翠萍、山东省电力学校讲师张斌编写。其中马明礼编写了绪论和第八章；张灿勇编写了第一、三章，张梅有编写了第二章，张斌编写了第四、七章，程翠萍编写了第五、六章。全书由山东省电力学校张灿勇和张斌统稿，由山东省电力学校高级讲师孙奎明主审。

感谢内蒙古阿拉善银星风力发电有限公司总经理翟建军、技术员买文俊的大力帮助，感谢山东省电力学校张伟校长、王焕金主任和苏庆民主任实实在在的大力支持，感谢给予本书启示及参考的有关文献的作者。

由于时间仓促和水平有限，成书难免有不足和遗珠之憾，恳请读者朋友们批评指正。

作 者
2009 年 2 月

目　　录

项目一 核 能 发 电

项目目标

　　熟悉世界核电技术及我国核电事业的发展，掌握核反应堆的基本结构和反应堆堆型，熟练掌握压水堆核电厂的主要系统和设备，能熟练叙述压水堆核电厂和沸水堆核电厂的生产过程。

任务一　人类向原子核索取能量——核能

任务目标

　　了解人类对核能的发现和探索过程，熟悉核裂变现象等物理概念；熟悉我国核电事业的发展，了解发展核电事业的优越性。

知识准备

一、发现核能

　　人类对核能的发现和探索可追溯到 19 世纪末至 20 世纪初期近代物理学的辉煌时期。

（一）发现放射性现象

1. 发现 X 射线

　　1895 年 11 月，德国物理学家伦琴将阴极射线管放在一个黑纸袋中，关闭了实验室灯源，他发现当开启放射线管电源时，一块涂有荧光材料的硬纸板会发出绿色的荧光。用一本厚书、木头或硬橡胶，甚至许多不太厚的金、银、铜等金属，插在射线管和硬纸板之间，仍能看到荧光。伦琴当时无法说明这种未知的射线，就用代数上常用来求未知数的"X"来表示，把他命名为 X 射线。后来知道，X 射线是由阴极射线打在阳极靶上而产生的。1895 年 12 月 22 日，伦琴和夫人拍下了第一张 X 射线照片。冲洗出来的底片清楚地呈现出伦琴夫人的手骨结构。

2. 发现天然放射性

　　1896 年，亨利·贝克勒耳用一种学名叫硫酸钾铀的荧光物质，想研究伦琴发现的 X 射线到底与荧光有没有关系。他知道，太阳光可以激发荧光物质产生荧光，于是把荧光物质放在一块用黑纸包起来的照相底片上面，让它们受太阳光的照射。由于太阳光是不能穿透黑纸的，因此太阳光本身是不会使黑纸里面的照相底片感光的。如果被太阳光激发的荧光中还有 X 射线，就会穿透黑纸而使照相底片感光。

　　可是，一连几天是阴沉沉的天气，使贝克勒耳无法做实验。他只好把那块已经准备好的硫酸钾铀和用黑纸包裹着的照相底片一同放进暗橱，无意中还将一把钥匙搁在了上面。几天之后，当他取出照相底片，却意外地发现，底片强烈地感光了，在底片上出现了硫酸钾铀很黑的痕迹，还留有钥匙的影子。可是照相底片并没有离开过暗橱，没有外来光线；硫酸钾铀未曾受光线照射，也谈不上荧光，更谈不到含有 X 射线。因此他只能推测这一定是硫酸钾铀本身的性质造成的。

硫酸钾铀这种化合物，含有硫原子、氧原子、钾原子、铀原子。通过比较和鉴别，后来发现，在硫酸钾铀中，硫、氧、钾原子是稳定的，只有其中的铀原子能够放出一种肉眼看不见的射线，使照相底片感光。

这种神秘的射线，似乎是无限地进行着，强度不见衰减。发射 X 射线还需要阴极射线管和高压电源，而铀盐无须任何外界作用却能长久地放射着一种神秘的射线。

贝克勒耳虽然没有完成他预想的实验，却意外地发现了一种新的射线。后来，人们把物质这种自发放出射线的性质称为放射性，把具有放射性的物质称为放射性物质。这就是天然放射性的发现过程。

3. 发现人工放射性

1898 年，居里夫妇就贝克勒耳发现的放射性现象进行研究。通过大量的实验发现含有铀或钍的物质都会有放射性，而且有一种铀沥青矿石的放射性，比其中依照铀的含量计算出来的应有放射性大得多。居里夫人认为在这种矿石中一定含有一种放射性比铀或钍强得多的新元素。后来在 1902 年从沥青矿渣中提炼出了现代物理化学中最重要的放射性元素——镭，从而揭开了原子时代的序幕，成为现代科学史上一项伟大的发现。

有"核子科学之父"尊称的卢瑟福终生从事原子结构和放射性的研究。1899 年，卢瑟福发现了镭的两种辐射。

第一种辐射，不能贯穿比 1/50mm 还厚的铝片，但能产生显著的电效应。第二种辐射，能贯穿约 0.5mm 厚的铝片，然后强度减少一半，并且能穿过包装纸使照相底片感光。卢瑟福把前者命名为 α 射线，后者命名为 β 射线。这些射线后来常用于轰击其他原子，从而发现了原子世界的许多重要特性。后来研究表明，α 射线实际上是氦原子（$^4_2$He），而 β 射线是电子流（正电子或负电子）。

1934 年，居里夫人的女婿和女儿约里奥夫妇用射线打击镁、硼、铝，发现在停止打击后，这些元素还不断地放出射线。这些射线的强度逐渐减小，并遵守天然放射元素的衰变规律。进一步用化学方法研究证明，铝受 α 射线打击后放出中子，自身变成磷。这种磷是人造放射性元素，半衰期为 2.5min，它逐渐蜕变为稳定的硅核。

人工放射性的发现，为人类开辟了一个新领域。从此，科学家不必只依靠自然界的天然放射性物质来从事科学研究，这也大大推动了核物理学的发展。

（二）原子模型的诞生

1911 年，卢瑟福完成了著名的 α 粒子散射实验，证明了原子核的存在，并建立了原子核模型。通过实验、观察和计算，一副崭新的原子模型被提了出来：原子具有很小的、坚硬的、很重的并且带正电的中心核，卢瑟福把这个核称为原子核。原子核的外围有若干电子所环绕，原子核本身则由带正电的质子（用符号 p 表示）和不带电的中子（用符号 n 表示）等基本粒子构成，如图 1-1 所示。

（三）发现核裂变现象与核裂变能

在用中子轰击周期表中许多元素的实验中，原子核都在吸收了一个中子之后，失去了稳定状态而放出射线。当原子核放出质子后，就变成了周期表中下一位置元素的原子核。费米等人证实，用中子轰击铀，可得到原子序数为 93、94 的人造元素。可是所获得的都是一些令人迷惑无法精确分析的放射性物质。德国的诺达克夫妇认为，在中子轰击铀核时，铀核被分裂成几块碎片是完全可能的，这些碎片应是已知元素的同位素，但不是被轰击元素铀的相邻元素。在 1938 年，伊伦·居里和萨维基从被中子轰击过的铀中，测得了镧的同位素。1939 年，梅特涅与侄子弗里施发表了关于铀原子核俘获中子产生裂变的论文。为了验证铀核裂变现象，他们对铀核俘获中子后的裂变产物进行了测试，从中找到了钡和镧等元素。接着各国科学家们都研究证实：铀核确实是分裂了。

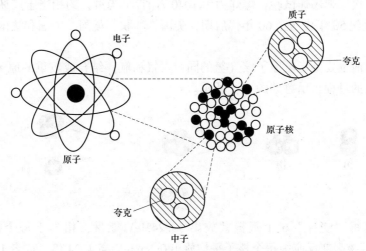

图 1-1 原子与原子核模型

　　1939 年，梅特涅在研究铀核裂变时发现，当把裂变碎片的原子量相加起来，发现其和并不等于铀的原子量，而是小于铀的原子量。弗里施在做用中子轰击铀的实验中观察到，每当中子击中铀核时，异常巨大的能量几乎把测量仪表的指针逼到刻度盘以外。铀核分裂产生的这个能量，比相同质量的化学反应放出的能量大几百万倍以上。梅特纳认为，在核反应过程中，发生了质量亏损，这个质量亏损的数值正好相当于反应所放出的能量，并且根据爱因斯坦 1905 年提出的质能关系式 $E = mc^2$，计算出了每个铀原子核裂变时所放出的能量，从而证实，爱因斯坦的质能关系式正确地解释了原子能的来源。就这样，人们发现了一种新形式的能量——"原子的火花"。这个能量就是原子核裂变能，也称核能或原子能。

　　当时，人们只注意到了原子核裂变时所释放出惊人的能量，却忽略了释放中子的问题。稍后，哈恩、约里奥·居里及其同事哈尔班等人又发现了更重要的一点：在铀核裂变释放出巨大能量的同时，还放出二三个中子。一个中子打碎一个铀核，产生能量，放出两个中子；这两个中子又打中另外两个铀核，产生两倍的能量，再放出四个中子……以此类推，这样的链式反应持续下去。这意味着：极其微小的中子，有能力释放沉睡在自然界中几十亿年的能量巨人。

　　^{235}U 每次核裂变释放出约 200MeV 的能量，相当于一个 C 原子完全燃烧时所放出能量（4.1eV）的 4878 万倍，或者 1kg^{235}U 完全裂变释放出 678 亿 kJ 热量，约相当于 2314t 标准煤。在这个理论的指导下，1945 年美国人奥本海默等人研制出了世界第一批原子弹，并于日本广岛和长崎爆炸了两颗原子弹，爆炸力相当于 2 万 tTNT 当量。1951 年，费米等人建造

了第一座石墨反应堆，这标志着人类和平利用核能的开始。

（四）核聚变能的发现

核聚变的原理最早于 1932 年由澳洲科学家马克·欧力峰爵士所发现。20 世纪 50 年代早期，他在欧洲国立大学（ANU）成立了至今依然活跃的等离子体核聚变研究机构（Fusion Plasma Research）。

美国科学家在研制原子弹的过程中，推断原子弹爆炸提供的能量有可能点燃轻核，引起聚变反应，并想以此来制造一种威力比原子弹更大的"超级弹"。1952 年 11 月 1 日，美国进行了世界上首次氢弹爆炸试验，爆炸力为 1040 万 tTNT 当量，约相当于广岛原子弹威力的 500 倍。从 20 世纪 50 年代初至 60 年代后期，美国、苏联、英国、中国和法国都相继成功研制出氢弹。

核聚变，目前主要是指氢原子核（氢的同位素氘和氚）结合成较重的原子核（氦），同时放出巨大能量的过程，示意如图 1-2 所示。

图 1-2 氘-氚核聚变示意

现已证实，每"烧掉"6 个氘核共放出 43.24MeV 能量，相当于每个核子平均放出 3.6MeV，它比铀核裂变反应中每个核子平均放出 0.85MeV 高 4.24 倍；或者 1kg 氘氚混合物聚变时释放 3390 亿 kJ 热量，相当于 11570t 标准煤。因此，聚变能是比裂变能更为巨大的一种核能。观测发现，这种热核反应存在于所有恒星上，是宇宙中最常见的核反应。有科学家称，行星内部也可能存在这种热核反应。

人类已经可以实现不受控制的核聚变（如氢弹的爆炸），但是要想有效利用其能量，必须能够控制核聚变的速度和规模，实现持续、平稳的能量输出；而触发核聚变反应必须消耗能量（约 1 亿℃高温），人工核聚变的能量与触发核聚变的能量要达到一定的比例，才能实现有效地能量输出。使热核反应在一定约束区域内，按照人们的意志产生与进行，即实现受控热核反应，是目前的重大课题。科学家正努力研究如何控制核聚变，但是现在看来还有较长的路要走。

二、核电的发展

核能的和平利用始于 20 世纪 50 年代初期。1951 年，美国利用一座生产钚的反应堆的余热发电，电功率为 200kW。1954 年，苏联在莫斯科附近的奥布宁斯克建成了世界上第一座核电厂，输出功率为 5MW。

之后，英国和法国相继建成了一批生产钚和发电两用的气冷堆核电厂；美国利用其核潜艇技术建成了电功率 90MW 的第一座压水堆核电厂。当时，各个核国家在抓紧核武器竞赛的同时也竞相建造核电厂，至 20 世纪 70 年代中期进入了发展核电厂的高潮，当时核电厂增长的速度远高于火电和水电。苏联、美国、法国、比利时、德国、英国、日本、加拿大等发达国家相继建造了大量核电厂。

核电已有几十年的发展历史，已成为一种成熟的二次能源。核电技术的发展已经过了三

"代"，目前正在建设第三代+核电厂，研究开发第四代核电技术。表1-1为这几代核电技术的发展进程和代表型号。

表1-1 核电技术的发展进程和代表型号

发展进程	第一代	第二代	第三代	第三+代	第四代
堆型说明	早期原型反应堆	商业化动力反应堆	进步型轻水反应堆	第三代改进型反应堆	新型反应堆
建造年代	1951~1965 年	1966~1995 年	1996~2010 年	2011~2030 年	2031 年以后
代表型号	Shipping port Dresden Femi	PWR BWR WER ACR	AP600 System 80+ ABWR CANDU-6	AP1000 ESBWR EPR ACR700	高度经济性 强化安全性 废弃物最小化 抗核污染扩散

根据世界核能协会的数据，2015 年全球核电产业取得了小幅度增长，新增 10 座反应堆并网发电，另有 8 座永久性退役。并网发电的新增反应堆总功率达 9497MW，比 2014 年增长了 4763MW。其中，中国有 8 台机组投入运行，韩国与俄罗斯各有 1 台机组投入运行。

截至 2016 年 1 月 1 日，包括中国台湾在内的 6 台在运核反应堆，以及 2 台在建核反应堆，全球在运核电反应堆共 439 座，总装机共计 38.25 万 MW，在建反应堆 66 座，装机容量达 7.03 万 MW，拟建设核电反应堆为 158 座，装机容量为 17.92 万 MW。世界各主要核电大国最新核电机组情况（截至 2016 年 1 月 1 日）见表 1-2。

表1-2 世界各主要核电大国最新核电机组情况（截至 2016 年 1 月 1 日）

国家	在运核反应堆		在建核反应堆		拟建核反应堆	
	台数	净装机（MW）	台数	总装机（MW）	台数	总装机（MW）
中国	30	26849	24	26885	40	46590
俄罗斯	35	26053	8	7104	25	27755
印度	21	5302	6	4300	24	23900
美国	99	98990	5	6218	5	6263
韩国	24	21677	4	5600	8	11600
日本	43	40480	3	3080	9	12947
巴基斯坦	3	725	2	680	2	2300
斯洛伐克	4	1816	2	942	0	0
阿根廷	3	1627	1	27	2	1950
巴西	2	1901	1	1405	0	0
芬兰	4	2741	1	1700	1	1200
法国	58	63130	1	1750	0	0
英国	15	8883	0	0	4	6680

我国大陆地区从 1984 年开始建设核电厂，截至 2016 年 3 月，中国大陆在运核电机组 31 台，在建 24 台，在运机组及装机容量世界排名第五位。表 1-3 是大陆在运在建核电厂（截至 2016 年 3 月）。

表 1-3　　　　　　　　中国（大陆）核电机组统计（截至 2016 年 3 月）

在运核电厂		在建核电厂	
1	红沿河核电厂	1	海阳河电厂
2	田湾核电厂	2	石湾岛核电厂
3	秦山第一核电厂	3	田湾核电厂
4	秦山第二核电厂	4	三门核电厂
5	秦山第三核电厂	5	宁德核电厂
6	方家山核电厂	6	福清核电厂
7	宁德核电厂	7	台山核电厂
8	福清核电厂	8	阳江核电厂
9	大亚湾核电厂	9	防城港核电厂
10	岭澳核电厂	10	昌江核电厂
11	阳江核电厂		
12	防城港核电厂		
13	昌江核电厂		

大亚湾核电厂是我国大陆首座大型商用核电厂，各项经济运行指标达到国际先进水平。它的建设和运行，成功实现了我国商用核电厂的起步，实现了我国核电建设跨越式发展，为我国核电事业发展奠定了基础。

秦山核电厂是我国自主设计，建造和运营管理的第一座 300MW 压水堆核电厂，安全稳定运行业绩良好。它的建成发电使我国成为继美国、英国、法国、俄罗斯、加拿大、瑞典之后世界上第 7 个能够自行设计、建造核电厂的国家。

秦山第二核电厂是我国首座自主设计、自主建造、自主管理、自主运营的 2×650MW 商用压水堆核电厂。它的建成投运创立了我国第一个具有自主知识产权的商用核电品牌——CNP650，使我国实现了由自主建设小型原型堆核电厂到自主建设大型商用核电厂的重大跨越。

秦山第三（重水堆）核电厂是我国首座商用重水堆核电厂，是中国和加拿大两国迄今为止最大的合作项目。该核电厂比合同工期提前了 112 天全面建成投产，创造了国际现有的 33 座重水堆核电厂建设周期最短的纪录。

田湾核电厂采用的俄 AES-91 型核电机组是在总结 VVER-1000/V320 型机组的设计、建造和运行经验基础上，按照国际现行核安全法规，并采用一些先进技术而完成的改进型设计，在安全标准和设计性能上具有起点高、技术先进的特点。田湾核电厂的安全性、可靠性和经济性与西方正在开发的先进压水堆的目标一致，在某些方面已达到国际上第三代核电厂的要求。

岭澳核电厂的建设和运营，为推进我国核电技术自主创新、探索形成自主品牌的百万千瓦级核电技术路线 CPR-1000，全面实现我国百万千瓦级商用核电厂自主化、国产化奠定了良好的基础。

岭澳核电站二期作为我国首个"自主设计、自主制造、自主建设、自主运营"的百万千瓦级核电厂，在我国核电发展进程中具有里程碑意义。该项目从选址、设计、采购、施工到设备安装、调试和竣工移交，均由中广核工程有限公司总体负责。此外，岭澳核电厂二期设备国产化比率达到64%，有力地带动了装备制造业的技术升级，促进了我国核电产业化发展步伐，并为后续核电项目培养，输送了一大批专业技术人才。

进入21世纪以后，在"积极推进核电发展"方针的指导下，中国政府制订了核电"2020年建成4000万 kW，在建1800万 kW"的规划目标，核电进入快速发展阶段。

2005年以来，辽宁、山东、浙江、广东、福建、海南等沿海地区开始筹建一批核电厂，同时，在电力需求的强力推动下，湖北、湖南、江西、安徽、四川、重庆等内陆省市也在竞相争取成为我国第一批内陆核电厂的所在地。过去几十年只能在沿海地区发展核电的格局正在被打破，核电建设正向我国内陆地区迈进。

2008年年初，突如其来的冰雪灾害近一步引起政府的思考，加大了发展核电的决心，且有增加原定规划目标的迹象。

正当中国如火如荼大规模建设核电之际，2011年3月11日发生了日本福岛核电事故。一时间，反核、弃核、限核的声音此起彼伏，包括中国在内的全世界所有国家停止了新核电项目的审批。中国则开展了大规模在运核电机组安全性评估和在建核电安全性检查。

2012年10月25日，国务院通过了《核电安全规划（2011—2020年）》和《核电中长期发展规划（2011—2020年）》，意味着冰封一年多的核电项目审批正式"重启"，并明确了今后核电建设应遵循的三个原则：①稳妥恢复正常建设。合理把握建设节奏，稳步有序推进。②科学布局项目。"十二五"时期，只在沿海安排少数经过充分论证的核电项目厂址，不安排内陆核电项目。③提高准入门槛。按照全球最高安全要求新建核电项目。新建核电机组必须符合三代安全标准。

2013年9月10日国务院印发《大气污染防治行动计划》，提出要"安全高效发展核电，到2017年，运行核电机组装机容量达到5000万 kW"，再一次表明了中国政府建设核电的决心和信心。

正因为发展核电有增加电力供应，降低对石油、天然气、煤炭等化石能源的依赖，减少污染排放等诸多优点，世界很多国家采用核能发电。中国在建核电厂见表1-4。

表1-4 中国在建核电厂

核电厂名称		堆型	额定功率（MW）
红沿河 核电厂	1号机组 2号机组 3号机组 4号机组	压水堆	4×1080
宁德 核电厂	1号机组 2号机组 3号机组 4号机组	压水堆	4×1080

续表

核电厂名称		堆型	额定功率（MW）
福清 核电厂	1号机组 2号机组 3号机组 4号机组	压水堆	4×1080
阳江 核电厂	1号机组 2号机组 3号机组 4号机组	压水堆	4×1080
秦山核电厂扩建项目 （方家山核电工程）	1号机组 2号机组	压水堆	2×1080
三门 核电厂	1号机组 2号机组	压水堆	2×1250
海阳 核电厂	1号机组 2号机组	压水堆	2×1250
台山 核电厂	1号机组 2号机组	压水堆	2×1750
海南昌江 核电厂	1号机组 2号机组	压水堆	2×650
防城港红沙 核电厂	1号机组 2号机组	压水堆	2×1080
石岛湾核电厂	示范工程	高温气冷堆	211
田湾核电厂	3号机组	压水堆	1060
合计	30台	装机容量（MW）	32671

注　统计时间截至 2012 年 12 月 31 日，未含台湾省。

资料来源：《中国核能年鉴——2013 年卷》。

三、发展核电的优越性

（1）核能是资源丰富的能源。

在目前科技水平下，人类所发现的可以生产核裂变的材料主要有铀-235（^{235}U）和铀-233（^{233}U）、钚-239（^{239}Pu）。自然界天然存在的只有^{235}U，^{233}U 和^{239}Pu 不以自然态存在，它们分别是由自然态存在的钍-232（^{232}Th）和^{238}U 吸收中子后衰变产生的。天然铀通常由 3 种同位素构成：^{235}U，^{238}U 和^{234}U，其中^{238}U 约占铀元素的 99.28%，^{235}U 约占铀元素的 0.71%，^{234}U 数量极微。在目前的核科技中可直接利用的核燃料是^{235}U。由于天然铀矿中^{235}U 含量很低，因此需要采用铀浓缩技术，才能达到维持核裂变反应所需的浓度。此外，天然^{235}U 含量太少，还需另辟蹊径寻求其他的核燃料。

^{239}Pu 及^{233}U 都是很好的可裂变材料。用中子照射^{238}U 或^{232}Th，然后经过两次 β 衰变可以获得这种核燃料，并使^{238}U 变废为宝，成为制造核材料的原料。

地球上的铀矿储量有限，已探明的约有 630 万 t，其中有经济开采价值的约占一半；钍储量约 275 万 t。如果利用得好，这些核资源可供人类使用上千年，足以使用到人类实现大规模可控核聚变时代的到来，世界主要铀资源国家见表 1-5。

表 1-5　　　　　　　　　　　　　　　世界主要铀资源国家

国家	铀资源（以铀计）（万 t）	占比（%）	国家	铀资源（以铀计）（万 t）	占比（%）
澳大利亚	124.3	19.7	纳米比亚	27.5	4.4
哈萨克斯坦	81.7	13.0	尼日尔	27.4	4.3
俄罗斯	54.6	8.7	印度	21.5	3.4
南非	43.5	6.9	乌兹别克斯坦	18.6	3.0
加拿大	42.3	6.7	中国	17.0	2.7
美国	34.5	5.5	蒙古	4.62	0.7
巴西	27.8	4.4	世界总计	630	100

此外，海水中也含有铀。据估计，每 1000t 海水中含铀 3g，全球有 1.3×10^{18}t 海水，因而含铀总量高达 4×10^9t，几乎是陆地上的铀含量的千倍。如按热值计算，40 亿 t 铀的裂变能相当于 1×10^{16}t 优质煤，是地球上全部煤的地质储量的几百倍。因此从 20 世纪 70 年代开始，一些发达国家已开始着手研究海水提铀技术。

各国开发的海水提铀工艺技术有沉淀法、吸附法、浮选法和生物浓缩法等，其中吸附法相对成熟。它是利用一种特殊的吸附剂来富集海水中的铀，然后再从吸附剂上分离铀。但海水提铀在现阶段还存在一些经济上和技术上的问题，特别是成本太高。不过随着科技的发展，如将海水提铀和波浪发电、海水淡化、海水化学资源的提取等结合起来，海水提铀的前景将非常光明。

核聚变反应主要源于氘-氚的热核反应，因此聚变燃料主要是氘和锂。氘可取自海水，氚可用锂制造，海水中氘的含量为 0.03g/L，据此估计世界上氘的含量约 40 万亿 t，地球上的锂储量虽比氘少得多，也有 2000 多亿 t。这些聚变燃料所释放的能量比全世界现有能量总量含有的能量大数十万倍。按目前世界能源消费水平，地球上可供原子核聚变的氘和锂，能供人类使用上几百亿年。如果人类实现了氘氚的可控核聚变，核燃料就可谓取之不尽、用之不竭了，人类就将从根本上解决能源问题，这正是当前科学家们孜孜以求的目标。

（2）核能发电是相对清洁的电力生产方式。

核能发电可以大大减少燃煤量，从而减少 SO_x、NO_x 和烟尘等大气污染物排放，尤其是减少 CO_2 等温室气体的排放。如在美国，1975～1995 年 20 年间，因为发展核电而减少了 16 亿 tCO_2 和 6500 万 tSO_x 排放。法国把核电作为主要能源，核电在发电量中占比达 70%，法国拥有优良的空气质量，发展核电起了重要作用。在国外，有的核电厂位于大城市附近，有的位于游览区，核电站附近有人居住、游泳、放牧、钓鱼。核电的安全性已为人们普遍认可。

表 1-6 为同等容量核电厂与燃煤电厂污染排放物的比较。表中可见，同为 1300MW 容量，核电厂每年仅需消耗 32t 铀，而燃煤电厂每年需消耗 330 万 t 硬煤。排放方面，核电厂的各种废气、粉尘和灰渣都是 0 排放；而燃煤电厂各种污染物的排放量大，灰渣的放射性污染也很大，核电厂只有放射性废料一项高于燃煤电厂。所以核电比煤电清洁得多。

表 1-6 同等容量核电厂与燃煤电厂污染排放物的比较

排放成分	1300MW 核电厂 年投入 32t 铀，浓度 3.5%	2×650MW 燃煤电厂 年投入 330 万 t 硬煤，含硫 1.8%
二氧化碳	0	900 万 t
二氧化硫	0	6.5 万 t
氧化氮	0	2.5 万 t
微粒	0	2300t
灰渣	0	25 万 t
FGD（脱硫脱硝废渣）	0	15 万 t
重金属（渣）	0	470kg
放射性物质辐射强度	$1.3\mu Sv$	$9\mu Sv$
高水平放射性废物	$4.8m^3$	0
中水平放射性废物	$47m^3$	0
低水平放射性废物	$531m^3$	0

（3）核能发电是相对经济的发电方式。

世界上拥有核电的大多数国家的统计资料表明，虽然核电厂的比投资高于燃煤电厂，但由于核燃料成本显著低于燃煤成本，这就使得核电厂的总发电成本已低于燃煤电厂。核电经济性可从宏观和微观两个方面来看。

从宏观上讲，核电经济性主要从以下两个方面来评价：①核电对社会经济发展的影响，即核电在促进国家能源结构优化调整，保证能源安全，推动相关产业优化升级，促进国民经济发展方面发挥着作用。②核电对环境的影响。核能发电过程中不释放常规化石能源发电产生的硫氧化物和二氧化碳等污染环境的气体，尽管核电在发电过程中所产生的废弃物会产生有害的辐射，但国际上一致认为，目前的处理手段使得在可以预见的时期内不会危害环境，因此核电与煤电相比具有清洁无污染特点，具有很好的环境效益。

从微观上讲，核电经济性表现在发电成本和上网电价上。核电的外部成本包括乏燃料处理费用和核电厂退役费用等与放射性有关成本，而煤电外部成本包括脱硫费用和温室气体等排放对环境的影响而形成的成本。

核电厂的具体经济特性与各国工业技术条件和经济环境有关，通常核电厂的比投资高于燃煤电厂，核燃料成本显著低于燃煤成本，核电厂的电价一般与燃煤电厂脱硫机组相当。按 30 年寿期测算，核电厂发电成本低于燃煤电厂。但实际上还本付息通常要在 15 年内完成，因此在还本付息阶段，核电发电成本会高于煤电。核电厂的设计一般按 40 年考虑，而且实际运行年算还可能高于这个数值（新一代的核电厂按 60 年设计），因此全寿期经济性总体比煤电好。

应当指出的是，核电厂的单机容量对经济性的影响要比燃煤电厂大得多。通常 600MW 电功率的核电机组比同类型的 1000MW 电功率的核电机组比投资约高 25%。标准化和系列化是降低造价的重要手段，可以减少研制费用，降低设备制造成本，缩短建造周期。发电成本中投资成本与核电厂负荷因子成反比，因此提高核电厂运行的负荷因子是降低发电成本的重要途径。

此外，通过改进堆芯设计性能和改善燃料管理来加深燃耗深度，是降低核燃料发电成本的重要手段。目前新设计的核燃料都在考虑提高^{235}U的富集度，加深燃耗，将换料周期延长至 18~24 个月，这样不仅会降低核燃料所占的发电成本，同时可提高核电厂的负荷因子。

（4）核能发电是安全的。

需要指出的是，核电是一种可靠而安全的能源。核电厂安全设计和运行的指导思想是始终贯彻安全第一、加强纵深防御。设计良好、管理完善的核电厂运行安全是有保障的。经过 60 年实践，核电厂的设计和运行已经成熟，在最新的设计标准下，发生放射性物质泄漏事故的概率已经小于 10^{-8}／（堆·年）。

【知识拓展】

能 源 与 新 能 源

能产生能量的物质资源统称为能源。能源是推动社会发展和经济进步的主要物质基础，能源技术的每次进步都带动了人类社会的发展。随着煤炭、石油和天然气等化石燃料资源面临不可再生的消耗和生态环境保护的需要，新能源的开发将促进世界能源结构的转变，新能源技术的日臻成熟将带来产业领域的革命性变化。

能源有多种分类方法，按形成方式可分为一次能源（如煤、石油、天然气、太阳能等）和二次能源（如电能、煤气、蒸汽等）。一次能源是指以原始状态存在于自然界中、不需要经过加工或转换过程就可直接提供使用能量的能源，主要包括三大类：①来自地球以外天体的能量，主要是太阳能；②地球本身蕴藏的能量，海洋和陆地内储存的燃料、地球的热能等；③地球与天体相互作用产生的能量，如潮汐能。由一次能源加工、转化而成的能源称为二次能源，我们使用的电能就是一种比较典型的二次能源。按循环方式可分为不可再生能源（化石燃料）和可再生能源（生物质能、氢能、化学能源）；按使用性质可分为含能体能源（煤炭、石油等）和过程能源（太阳能、电能等）；按环境保护的要求，能源可分为清洁能源（又称绿色能源，如太阳能、氢能、风能、潮汐能等，也包括垃圾处理等生物质能）和非清洁能源；按现阶段的成熟程度可分为常规能源和新能源。

新能源与常规能源是一个相对的概念，随着时代的发展，新能源的内涵不断变化和更新。目前，新能源主要包括太阳能、氢能、核聚变能、化学能、生物质能、风能、地热能和海洋能等。新能源的开发已成为人类解决能源危机和环境保护问题的一把金钥匙。

（1）太阳能。太阳能是人类最主要的可再生能源。太阳每年输出的总能量为 $3.75 \times 10^{26}W$，到达地球的大约是其总能量的 22 亿分之一，即有 $1.73 \times 10^{17}W$ 到达地球范围内，其中辐射到地球陆地上的能量大约为 $8.5 \times 10^{16}W$。这个数量远大于人类目前消耗的能量的总和，相当于 $1.7 \times 10^{18}t$ 标准煤。

（2）氢能。氢能是未来最理想的二次能源。氢以化合物的形式储存于地球上最广泛的物质"水"中，如果把海水中的氢全部提取出来使用，放出的总热量是地球现有化石燃料的9000 倍。

（3）核能。核能是原子核结构发生变化时放出的能量。核能释放包括核裂变和核聚变。核裂变所用原料铀 1g 就可释放相当于 30t 煤的能量，而核聚变所用的氘仅用 560t 就可以为全世界提供一年消耗的能量。海洋中氘的储量可供人类使用几十亿年，同样是取之不尽，用之不竭的清洁能源。

（4）生物质能。生物质能目前占世界能源消耗量的14%。估计地球每年植物光合作用固定的碳达到 2×10^{12} t，含能量 3×10^{21} J。地球上的植物每年生产的能量是目前人类消耗矿物能的 20 倍。

（5）化学能源。化学能源实际是直接把化学能转变为低压直流电能的装置，也叫电池。化学能源已经成为国民经济中不可缺少的重要的组成部分。同时化学能源还将承担其他新能源的储存功能。

（6）风能。风能是大气流动的动能，是来源于太阳能的可再生能源。估计全球风能储量为 10^{14} MW，如有千万分之一被人类利用，就有 10^6 MW 的可利用风能，这是全球目前的电能总需求量，也是水利资源可利用量的 10 倍。

（7）地热能。地热能是来自地球深处的可再生热能。全世界地热资源总量大约 1.45×10^{26} J，相当于全球煤热能的 1.7 亿倍，是分布广、洁净、热流密度大、使用方便的新能源。

（8）海洋能。海洋能是依附在海水中的可再生能源，包括潮汐能、潮流能、海流能、波浪能、海水温差能和海水盐差能。估计全世界海洋能的理论可再生量为 7.6×10^{13} W，相当于目前人类对电能的总需求量。

 能力训练

1. 讲述人类对核能的发现探索过程。
2. 分析发展核电的优越性。
3. 查阅书籍、网络等媒体上的相关资料，相互交流我国已建成核电厂的基本情况。

任务二　核反应及核反应堆

 任务目标

掌握核裂变自持链式反应、反应堆控制等物理过程及基本概念，熟悉反应堆的种类，掌握核反应堆基本结构，掌握反应堆冷却剂及慢化剂等材料的作用。

知识准备

一、核反应等基础概念

1. 核反应

粒子（包括原子核）与原子核碰撞导致原子核的质量、电荷或能量状态改变的现象称为核反应。利用核反应探索原子核内部结构及其运动规律是对原子核进行研究的重要手段，核反应也是获得核能和放射性同位素的重要手段。在核能领域里，主要涉及的典型核反应有核裂变反应和核聚变反应。

2. 核裂变反应

可裂变重核裂变成两个，少数情况下，可分裂成三个或更多个质量为同一量级的核并放出能量的核反应称为核裂变反应。裂变反应包括用中子轰击引起的裂变和自发裂变。一般来讲，有意义的是指用中子轰击某些可裂变原子核时，引起重原子核发生裂变的核裂变反应。在裂变过程中有大量能量释放，且伴随着放出若干个次级中子。核裂变反应一般可用核反应式 $U+n \rightarrow X_1+X_1+\nu \cdot n+E$ 来描述，其中用 U 表示可裂变核，n 是中子，X_1 及 X_1 分别代表两个裂变碎片核，ν 表示为每次裂变平均放出的次级中子数，E 表示每次裂变过程中所释放的能量。核裂变之后，裂变产物的质量总数略少于裂变之前的原子核质量，亏损的质量转化为裂变能。

能进行裂变的核素称为可裂变核素，其原子核一般都是质量数大的重核。目前最重要的可裂变核素为^{233}U、^{235}U、^{239}Pu 及^{232}Th、^{238}U 等。^{233}U、^{235}U、^{239}Pu 属于易裂变核素。在自然界中，天然存在的易裂变核素只有^{235}U，但某些基本核素在俘获中子后，经过放射性衰变会生成一种新的人工易裂变核素。

用来轰击可裂变核素原子核可以引起裂变反应的中子的能量是有所不同的。对易裂变核素原子核，可以用任意能量的中子来轰击并引起裂变。在实用中按照中子速度的大小把中子可分成为快中子（能量大于 0.1MeV）、中能中子（能量在 0.1MeV～1eV）和热中子（能量小于 1eV）三种。目前利用最多的是热中子引起^{235}U 的裂变而放出的能量。

3. ^{235}U 的裂变过程

通常采用不带电的中子轰击铀核，使之发生裂变反应，如图 1-3 所示。裂变后的直接产物有多种，如氙（Xe）和锶（Sr）核，都被称为裂变碎片，以及 2～3 个快中子。裂变碎片及其衰变产物称为裂变产物。天然铀中的 99.28%为^{238}U，快中子撞击^{238}U 时，不会引起裂变反应，但很容易被它俘获，造成中子的损失，使得核反应难以为继。如果采用浓缩铀，即把^{235}U 从天然铀中提取出来，使得核裂变反应增速进行，在很短的时间内完成，即为原子弹；由于慢中子被^{238}U 俘获的概率减小，而引起^{235}U 裂变的概率增大，因此也可以采用先使快中子慢化的方法，使得核裂变反应持续进行。核电厂反应堆通常采用这样的方法。

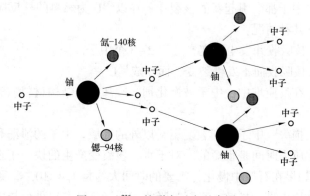

图 1-3 ^{235}U 的裂变反应示意图

一个^{235}U 核吸收一个热中子发生裂变时放出 2.5 个中子，并释放出的裂变能平均为 193MeV，加上裂变产物衰变释放的能量和过剩中子被捕获所产生的能量，每个^{235}U 原子核裂变平均释放的能量约为 200MeV。这样，1g^{235}U 完全裂变所产生的能量为 $2.276 \times 10^4 kW \cdot h$，相当于 2500kg 标准煤燃烧放出的热量。

核裂变反应中生成的自由中子是快中子，速度大约为 14000km/s。快中子可以经过慢化剂（或称为减速剂）的作用而变成慢中子（也称为热中子）。慢中子的速度大约为 2.2km/s。典型的慢化剂有重水、轻水和石墨。在核裂变反应堆中，快中子引起裂变反应的概率比慢中子低。

4. 核裂变自持链式反应

一个中子轰击铀核发生裂变反应后，平均可产生 2.5 个新的中子。如果这些中子都能进一步引起裂变反应，则反应速度会以几何级数递增，反应将在瞬间完成。由于核裂变反应可以产生新的中子，引起下一代核反应，使反应像链条一样环环相扣，一代一代持续传递，因此核裂变反应是链式反应，或称为链式裂变反应，如图 1-4 所示。

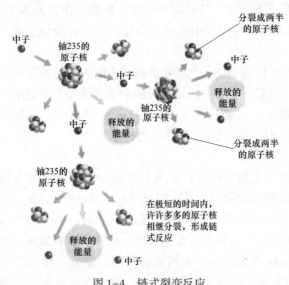

图 1-4　链式裂变反应

不过，低能中子引发燃料核裂变的"能力"远远高于高能中子。也就是说，建造一个用热（慢）中子引发裂变的核反应堆，要比建造用快中子引发核裂变的反应堆在技术上更容易实现。但核裂变时释放的都是快中子，平均能量在 2MeV 级别，最大能量可达 10MeV。所以，要利用热中子实现链式反应，首先要降低快中子的能量，使快中子减速成为热中子，这个过程称为中子的慢化。目前大规模应用的核裂变反应堆都是热中子反应堆。尽管快中子反应堆（快堆）实现技术比较复杂，但可以实现燃料增殖，是核裂变技术发展的方向。

热中子易于引发新的裂变反应，但不是所有新产生的热中子都会引起新的核裂变。在以 ^{235}U 为燃料的核反应堆中，裂变产生的中子大致会发生以下几种情况：

（1）中子被 ^{235}U 核吸收并发生裂变，产生 2~3 个中子。

（2）中子被 ^{235}U 核吸收而不发生裂变，而变成 ^{236}U。

（3）有害吸收。在反应堆中，中子被慢化剂、冷却剂、结构材料、裂变产物及其他杂质吸收称为有害吸收。

（4）中子的漏失损失。中子跑到裂变燃料以外的区域。中子的泄漏和中子慢化及扩散的时间有关。中子慢化所需时间是很短的。对于水，核裂变产生的快中子在水中慢化为热中子大约需要 6×10^{-6} s，如果在石墨中慢化，需要的时间大约是 1.4×10^{-4} s。裂变中子慢化为热中子后，还会继续在介质中进行扩散，直至被吸收或泄漏到堆芯以外。热中子从产生到被吸收之前所经历的平均时间称为扩散时间。在常见的慢化剂中，热中子的扩散时间一般在 10^{-4} ~ 10^{-2} s，而快中子的慢化时间约为 10^{-6} ~ 10^{-4} s，因此扩散过程比慢化过程持续的时间要长。快中子的慢化时间和热中子的扩散时间越长，中子在介质中慢化和扩散时就越容易泄漏出去。

如果每次核裂变所产生的中子都平均有一个引起新的核裂变，链式裂变反应就能持续进行，且保持释放能量的功率稳定不变，这样的链式反应就称为自持链式反应。如果每次核裂变所产生的中子都平均有一个以上引起新的核裂变，链式裂变反应就会加速进行，释放能量的功率持续增加，这样的链式反应就是发散链式反应。如果每次核裂变所产生的中子都平均只有不足一个会引起新的核裂变，链式裂变反应就会减速进行，释放能量的功率平稳持续下降，直到最后反应停止，这样的链式反应是收敛链式反应。

原子弹发生的是一种不可控的自持链式反应，而反应堆则发生的是一种受控的自持链式反应，如图1-5所示。

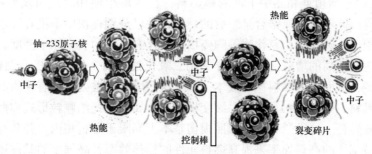

图1-5 受控的自持链式反应

5. 核燃料

核燃料是含有易裂变核素，用以在反应堆内实现自持核裂变链式反应，同时连续释放出核能的材料。核燃料构成反应堆堆芯最重要的功能性（释热）部件，它必须长期适应堆芯苛刻的运行条件。一座既安全、经济，又高效的核动力反应堆必须采用可靠、低成本和性能优越的核燃料。

目前实际可用的易裂变核素有^{233}U、^{235}U和^{239}Pu。天然铀是^{235}U、^{238}U和^{234}U的混合物，其中^{234}U和^{235}U的含量分别占0.006%和0.71%，其余是^{238}U。^{233}U和^{239}Pu在自然界几乎不存在，但可以用^{232}Th和^{238}U为原料在核反应堆中靠^{235}U裂变时释放的中子来生产。因此，^{232}Th和^{238}U称为可转换核素。可见天然铀是最基本的核燃料。铀的蕴藏量并不丰富，在地壳中的含量为2.5×10^{-6}，而且富铀矿相当少。核燃料的生产由铀矿石开采和加工、铀化学浓缩物的提纯、铀的富集（指^{235}U）、燃料元（组）件制造、辐照转换、核燃料后处理及放射性废物处理等环节组成。其中某些环节技术复杂，投资极高；再加上铀矿品位很低，形态多样；另外由于铀的化学活性和放射性，核燃料的生产还需采用特殊措施。所有这些因素使得核燃料循环要耗去相当大的费用。

核燃料在反应堆内高温、强辐照和冷却剂介质的腐蚀等运行条件下使用，一般需将核燃料装入由金属或合金制成的包壳内，两端焊接密封做成燃料棒，再组装成燃料组件后在堆内使用。固体核燃料可分为金属、陶瓷和弥散燃料三类。

（1）金属燃料。金属燃料主要指金属铀及铀合金（如U-Al、U-Mo和U-Zr等）。它们的优点是：有足够高的密度，较高的热导率，易于加工。但铀的熔点低，又有三种同素异形体。α相铀及其合金有复杂的晶体结构，引起明显的各向异性；在辐照下产生严重的生长、变形和肿胀；在高温下，会与多种金属包壳发生反应。所以它们只能用作低温、低功率密度和低燃耗的石墨或重水慢化的生产堆和试验堆的燃料。其γ相铀合金具有各向同性，在堆内的使用性能较好。

（2）陶瓷燃料。陶瓷燃料是由铀（或钍）的难熔化合物如氧化物、碳化物和氮化物等组成的核燃料。它们具有陶瓷的共同优点，尤其是二氧化铀，其熔点高、热稳定性和辐照稳定性好，与包壳和冷却剂的相容性较好，有利于加深燃耗。二氧化铀的缺点是热导率太低，在使用时其中心温度高于 1973K，并产生肿胀、密实化、裂变气体释放及芯块开裂等现象，但通过燃料棒的改进设计和大量的辐照试验表明：以锆合金为包壳的二氧化铀燃料棒能在 16.5MPa、623K 的水中长期可靠地使用。因此它是目前轻水堆和重水堆广泛使用的核燃料。

与二氧化铀的性能相类似的铀钚混合氧化物燃料含有易裂变核素 ^{239}Pu 和可转换核素 ^{238}U，可用作快中子增殖堆和热中子堆的核燃料，在快堆中使用时还可增殖核燃料。目前，这种核燃料与奥氏体不锈钢或锆合金组成的燃料组件已分别在快中子堆和轻水堆应用。

与氧化物相比，碳化物、氮化物等陶瓷核燃料含有更高的裂变原子密度。选用这些燃料可减少装料，达到较高的增殖比；其热导率比二氧化铀约高 7 倍，可提高燃料棒的线功率，增大燃料棒直径，从而降低燃料循环成本。因此这些燃料已被公认为有希望的新型燃料。

（3）弥散燃料。弥散燃料是以含易裂变核素的金属或陶瓷细颗粒形式弥散在其他非活性基体材料中的核燃料。这类燃料可使辐照损伤基本上局限于燃料相内，并兼有燃料相和基体相的优点，如借基体的高热导率来提高燃料元件的传热效率；高强度的基体还可抑制燃料肿胀，从而达到更深的燃耗。典型的弥散燃料设计有两种。一种是由合金或陶瓷燃料作为燃料相，金属（含合金）为基体相组成。另一种以包覆颗粒燃料为弥散相，石墨为基体相组成。包覆颗粒燃料是由涂上热解碳和碳化硅的铀的氧化物、碳化物（或铀钍的氧化物、碳化物）微球均匀分散在石墨粉中，压制成燃料球，再在 1073～1173K 下使黏结剂碳化，最后在 2073K 左右的温度下热处理制得。已建成的高温气冷堆均采用这种燃料。但因这种燃料中的基体相所占份额较大，需用高富集铀。

6. 核燃料的燃耗深度

和燃煤电厂需要消耗煤炭一样，核电厂的反应堆要消耗核燃料。如一个电功率为 200MW 的机组，假设机组的热效率为 33%，则反应堆的热功率为 606MW，机组每日运行需要消耗的 ^{235}U 为 748.5g；若是一台百万千瓦级的核电机组，每日消耗的 ^{235}U 为 3.7kg。

由于核燃料的不断消耗，当其不能维持自持链式反应时，反应堆就会熄火，必须停机换料。此时，燃料并未燃尽，只是不足以维持自持链式反应了。另外一个影响换料时间的因素是反应堆中燃料元件包壳的强度会逐渐下降。反应堆运行时，燃料元件处于高温、高压和强辐照条件下，元件包壳会受到损伤。为防止包壳破损导致放射性物质直接进入冷却系统，燃料元件在反应堆中放置的时间是受到严格控制的。由于反应堆中的核燃料不能耗尽，通常就用燃耗深度来表示核燃料利用的充分程度。

在动力堆中，堆芯中每吨铀释放的能量称为燃耗深度，单位是 MW·d/tU（兆瓦·日/吨铀）。需要注意，这里的铀既包括 ^{235}U，也包括 ^{238}U。

7. 反应堆的反应性

反应堆的反应性描述反应堆中中子数量的相对变化，定义为两代中子数量的增量占当前代中子数量的份额。反应堆的反应性的改变必然是要通过改变堆芯的成分和状态来实现的，也就是通过反应堆的控制来实现。

反应堆的反应性是由堆内中子的产生、吸收和泄漏之间的相互关系决定的，因此无论是改变中子的产生速率、吸收速率和泄漏速率，都可用于控制反应性。不过实际上改变堆内中子吸收速率的方法最为方便。最常用的反应堆控制方法是使用控制棒。控制棒由可强烈吸收中子的材料制成，可利用控制棒在堆芯结构内的插入和提出，调节反应堆中的中子吸收速率。控制棒可分为三种类型，即安全棒、补偿棒和调节棒。

（1）安全棒用于事故时的紧急停堆，它有较强的中子吸收能力，运行时全部抽出堆芯，事故时可迅速插入堆芯，紧急停堆。

（2）补偿棒在运行中可抵消一部分后备反应性，中子吸收能力强，移动速度缓慢，在反应堆运行过程中逐步抽出，用于补偿由于燃耗、中毒、结渣、温度效应等引起的反应性降低。

（3）调节棒用于调节反应堆的功率，抵消运行时各种因素引起的反应性波动，使反应堆达到并保持在所需的水平。中子吸收能力可略低，要求移动灵敏，调节过程中的动态品质要好。

8. 反应堆控制

反应堆控制是指通过控制反应堆反应性来控制堆芯的链式反应，从而控制反应堆的运行。凡是能够有效地影响反应堆内反应性的装置、机构和过程都可以用作反应性的控制。总结来说有中子吸收法、改变中子慢化性能法、改变燃料含量法及中子泄漏法四种方法。

中子吸收法是利用堆芯中添加或移出控制毒物来改变堆内中子吸收。大多数核电厂反应堆广泛采用的有可移动式控制棒、固体可燃毒物，以及液体慢化剂或冷却剂中加入可溶性毒物。

改变中子慢化性能法多应用于重水—轻水混合反应堆中。通过调节重水与轻水的比例来改变反应堆内中子能谱，控制反应性。早期的重水堆也有用调节排管容器内重水慢化剂液位来进行反应堆控制的。

改变燃料含量法是指用燃料作控制棒或控制跟随体，当移动控制棒时，除改变反应堆内吸收体数量外，还改变反应堆内燃料含量，由此而控制其反应性。

中子泄漏法是利用移动反射层的方法来改变反应堆内中子泄漏量，从而控制反应性。

9. 控制毒物的反应性价值

反应堆控制材料的作用是吸收中子，因此也称为控制毒物。控制毒物的反应性价值是指某一控制毒物投入堆内时所引起的反应性的变化量。如若某一控制棒全部插入堆芯前后，反应堆的反应性减少 0.002，就说该控制棒的反应性价值是 0.002。不同类型反应堆的控制方式有不同的特点，并与装卸料的方式有关。还有一些辅助的控制措施，如大型压水堆中，为了抵偿后备反应性，首先要使用化学毒物，即溶硼。但在反应初期，如果全部采用溶硼，则溶硼浓度过大，因此还要采用固体可燃毒物，相当于固定的补偿棒。这些材料由于吸收中子而毒性下降。

10. 可燃毒物

可燃毒物是有中子吸收能力的材料，并在吸收中子的过程中，自身吸收中子的能力降低。因此，从吸收中子的角度来看，该材料是可消耗的或称可燃的。可燃毒物棒的材料通常为硼玻璃。

11. 核燃料的转换和增殖

热中子反应堆内 ^{238}U 俘获中子后，经两次 β 衰变，生成新的易裂变核燃料 ^{239}Pu，其反应式为

$$^{238}U + n \rightarrow {}^{239}U \xrightarrow{\beta^-} {}^{239}Np \xrightarrow{\beta^-} {}^{239}Pu$$

每消耗一个 ^{238}U 核所生成的 ^{239}Pu 核数称为转换比。一般压水堆的转换比为 0.5～0.6，

高温气冷堆的转换比可达 0.8，快中子反应堆转换比可以明显大于 1。当转换比大于 1 时，新产生的易裂变核燃料大于核裂变消耗的易裂变核燃料，这一过程称为增殖，相应的转换比也称为增殖比。

在以钍为增殖原料的热中子增殖堆（熔盐堆）上，钍俘获中子后，经两次 β 衰变，生成新的易裂变燃料 ^{233}U，其反应式为

$$^{232}\text{Th}+\text{n}\longrightarrow {}^{233}\text{Th}\xrightarrow{\beta^-}{}^{233}\text{Pa}\xrightarrow{\beta^-}{}^{233}\text{U}$$

对于大型的、以钍为核燃料的快中子反应堆，其增殖比可望达到 1.2 左右。对于以 ^{233}U 为核燃料的，铀—钍循环的热中子熔盐堆，其增殖比约为 1.07。

12. 反应堆中子源

反应堆中子源是利用重核裂变，在反应堆内形成链式反应，不断地产生大量中子的装置。特点是中子注量率大，能量谱形比较复杂。

二、核反应堆类型和基本结构

（一）核反应堆类型

核反应堆可按用途、中子能量、慢化剂、冷却剂、核燃料等分类。

（1）按用途核反应堆可分为研究堆、动力堆、生产堆和特殊用途堆。反应堆的结构、特性和运行的工况随用途而异。研究堆用来进行基础研究或应用研究；动力堆用来发电、提供船舶动力和生产热能；生产堆用来生产钚、氚和同位素；特殊用途堆用于专门目的，如验证某种反应堆设计的模型堆。

（2）按引起核裂变的中子能量，核反应堆可分为：热中子堆，核裂变主要由热中子引起，这种堆占世界已有反应堆的绝大多数；中能中子堆，核裂变主要由能量为几 eV 到大约 100keV 的中子引起；快中子堆，核裂变主要由能量为 100keV 或更高能量的快中子引起。

（3）按反应堆的结构，核反应堆可分为压力容器式、压力管式堆和池式堆。

（4）按所使用慢化剂和冷却剂，核反应堆可分为：轻水堆，轻水作慢化剂和冷却剂，根据水在堆芯中的工作状态又可分为压水堆和沸水堆；重水堆，重水 D_2O 作慢化剂，重水或沸腾轻水作冷却剂；石墨气冷堆和石墨沸水堆，均由石墨作慢化剂，分别由二氧化碳（或氦气）和沸腾轻水作冷却剂；液态金属冷却快中子堆，无慢化剂，一般以液态金属钠作冷却剂。

（5）按核燃料核反应堆可分为天然铀堆和富集铀堆，常用的核燃料为金属铀核和铀（或钍）的氧化物。

（二）反应堆的基本结构

反应堆的基本结构主要由堆芯、反射层、控制棒、堆容器和屏蔽层构成，如图 1-6 所示。堆芯又称活性区，那里集中了核燃料，自持链式反应就在此区域进行。通常核燃料加工成棒状、管状或板状，它们按一定的方式组成燃料组件，排列在堆芯中。堆内构件将燃料组件固定在堆芯中，为冷却剂提供流道，保持传热所需的热工水力条件以使堆芯中的裂变能量传输出反应堆。控制棒由强吸收中子材料制成，将它插入或抽出堆芯，可以改变反应性，用来起动反应堆、调节反应堆功率、正常停堆和在事故情况下紧急停堆。热中子堆堆芯的外部围有反射层，其材料一般与慢化剂一样，用来减少中子向堆芯外的泄漏，这样可以减少堆芯核燃料的装载量。快中子堆堆芯的外部围有再生区，用天然铀或贫铀组成，以便在再生区俘获从堆芯逸出的中子，生产新的核燃料。反射层和反应堆容器外部还设有屏蔽层，以防止反

应堆内的中子和 γ 射线向外泄漏。

（三）反应堆材料

1. 反应堆冷却剂材料

反应堆冷却剂材料是用于冷却反应堆堆芯，并将在堆芯中释放出来的热量带出反应堆的工作介质。

对反应堆冷却剂的主要技术要求是：①具有良好的热物理性质（比热容大、密度高、热导率大、熔点低、沸点高、饱和汽压低等，以便在较小的传热面积情况下，可从堆芯带出较多的热量）；②热中子吸收截面小（特别是对热中子反应堆），感生放射性弱；③黏度低，以使反应堆冷却剂泵耗功小；④在反应堆中有良好的热稳定性和辐照

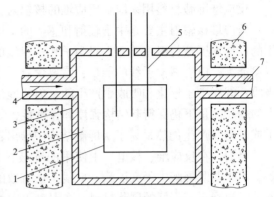

图 1-6 热中子反应堆示意图
1— 堆芯；2—反射层；3—堆容器；4—冷却剂进口；
5—控制棒；6—屏蔽层；7—冷却剂出口

稳定性；⑤与核燃料和结构材料有良好的相容性；⑥价廉、容易获得。

热中子反应堆常用的冷却剂材料有轻水、重水、二氧化碳和氦气等。快中子反应堆常用的冷却剂材料为液态金属，如钠或铅铋合金。

2. 反应堆慢化剂材料

在热中子反应堆内用作降低快中子能量的材料称为慢化剂材料。在热中子反应堆中，核裂变产生的中子的平均能量约为 2MeV，必须将这些中子慢化成能量为 0.1eV 以下的热中子。

对慢化剂材料的性能要求：①慢化中子能力强；②吸收中子少；③与反应堆冷却剂材料及燃料（棒）包壳材料有良好相容性；④核辐照性能稳定。

常用的慢化材料有轻水（H_2O）、重水（D_2O）、石墨（C）、铍（Be）、氧化铍（BeO）及某些有机物。

3. 反应堆控制材料

用于制造具有显著吸收中子特性以控制反应堆反应性的控制元件和液体中子吸收剂的材料称为反应堆控制材料，亦称为中子吸收材料。

对反应堆反应性的控制，一般采用将中子强吸收材料制成控制元件或液态中子吸收剂后放入堆芯的方法，其形式有固体棒束控制、液体中子吸收剂控制和固体可燃毒物控制三种。棒束控制通常用 Ag-In-Cd 合金、碳化硼和铪等中子吸收材料做成棒状或板状控制元件，并将它插入或提出堆芯而进行反应性控制。液体中子吸收剂（硼酸溶液、硝酸钆溶液）及固体可燃毒物（如硼硅酸盐玻璃、硼化锆和氧化钆）控制则直接将这种元件和液体中子吸收剂加入堆芯进行控制。液体中子吸收剂控制是通过改变其在冷却剂中的含量进行的。固体可燃毒物随着燃料的燃耗而消耗，通常仅用作补偿首炉燃料的剩余反应性。对于压水堆，由于要求控制的反应性大，通常采用棒束控制、液体吸收剂和固体可燃毒物联合控制。

控制材料最重要的性能是中子吸收截面必须足够大，常用的中子吸收材料有 B、Hf、Ag、In、Cd、Gd 和 Er 等材料或含这些材料成分的合金与化合物。

4. 反应堆屏蔽材料

反应堆屏蔽材料用来屏蔽反应堆的核辐射，保护工作人员和设备免受辐射损伤。

反应堆核辐射主要是中子辐射和感生的 γ 射线。中子和 γ 射线的穿透能力很强，因此选用的反应堆屏蔽材料主要考虑对中子和 γ 射线的屏蔽。屏蔽材料应具备下列特性：①密度应尽可能大，以衰减 γ 射线的能量；②要含有一定的氢物质以减弱中子能量，并被其他原子核吸收；③在中子慢化和吸收中产生的 γ 射线能量应尽量低；④要有良好的抗辐照性能，即在大的中子注量下仍保持其结构强度和完整性；⑤应具有良好的导热性能，以便使材料吸收中子或 γ 射线产生的热量易于从屏蔽结构中导出；⑥价格低廉。

目前，在反应堆、核电厂中使用的屏蔽材料主要有水、有机材料、硼、铁、铅和石墨等。由于要既屏蔽中子又屏蔽 γ 射线，最有效的办法是屏蔽材料组合使用，如水和铁组成的屏蔽。混凝土是很好的屏蔽材料，在混凝土中加上铁做成的重混凝土，可以大大增强对快中子和 γ 射线的屏蔽效果；也有在混凝土中加 1% 硼以增强混凝土对中子的吸收。在屏蔽尺寸受限制的场合可以采用铅作屏蔽，铅的密度为 $11300 kg/m^3$，是屏蔽高能量 γ 射线最经济的材料。但是铅很软，熔点又低（327.4℃），因此在使用时往往要将铅铸入铁制的包壳中使用。此外，聚乙烯常用于形状比较复杂，而且又要求易于搬动的场合，一般将其制成颗粒装填到成形的盒子中，用作中子屏蔽，如反应堆的顶部就常采取这种办法。铅也可做成铅块，作移动屏蔽使用，但它主要是屏蔽 γ 射线。

 能力训练

1. 绘简图表示受控的核裂变自持链式反应过程。说明原子弹爆炸核反应和一般民用核反应堆发生核反应过程的不同。

2. 简述核燃料的转换和增殖过程。

3. 绘简图介绍热中子反应堆的基本结构。

任务三　核反应堆堆型

 任务目标

熟练掌握压水堆核电厂各组成设备的作用及其一回路、二回路系统，掌握其技术参数；掌握沸水堆核电厂的构成及特点，了解其技术参数；熟悉 CANDU 型重水堆和石墨气冷堆的构造及特点。

知识准备

核反应堆是指能够在受控下（不会发生像原子弹那样的爆炸）持续进行核裂变链式反应的装置。之所以把它叫作"堆"，是因为世界上第一座核反应堆（第一座核反应堆于 1942 年在美国投入运行）是用石墨块（用以控制反应速度）和金属铀块（核燃料）一层一层交替地"堆"起来而构成的。后来，其他不用石墨的核反应装置，仍沿用这种叫法。

大量释放核能供动力利用的物质称为核燃料，世界上绝大多数核电厂反应堆"燃烧"的核燃料是 ^{235}U。为了实现可控的核裂变反应，需要将核原料进行浓缩后制备成燃料组件

（包含燃料棒），再组装进核反应堆，并在适当的冷却剂和中子慢化剂的作用下才能实现可控的核反应。

表1-7给出了全球运行及新建核反应堆数量统计。据北极星核电网报道，截至2015年底，全球有核电机组442座，其中压水堆（PWR）283座，占64%；沸水堆（BWR）78座，占17.6%；加拿大设计的重水堆（CANDU）49座，占11.1%；石墨水冷堆（LWGR）15座，占3.4%；石墨气冷堆（GCR）14座，占3.2%；快中子堆（FNR）3座，占0.7%。

表1-7 全球运行及新建核反应堆数量统计（截至2016年03月）

	并网机组数量	在建机组数量	计划新建数量	规划新建数量
世界	440座	65座	173座	387座
中国大陆	30座	24座	42座	136座

注 数据来源于中国产业信息网。

一、压水堆

压水堆利用浓缩铀工厂提供的低浓度^{235}U作为核燃料。它的冷却水主要分为一回路系统和二回路系统两部分。一回路系统的冷却水保持在约160个大气压。在这样的高压下，冷却水被加热到约325℃仍能保持为液体状态。为了吸收核裂变中的中子，水中加入少量硼酸，用以调整核反应速率。一回路冷却水直接同核裂变部分接触，将它产生的热量带走，经由蒸汽发生器进行热交换，使二回路冷却水被加热至沸腾。二回路冷却水在60个大气压下被加热到275℃，成为饱和蒸汽，用以驱动发电用的汽轮机，压水堆最初是美国西屋公司为军用舰船设计的。

近年来，国际上相继开发出新一代的先进压水堆核电厂，其主要类型有四种：以美国西屋公司为代表的，采用非能动安全系统的AP-600和AP-1000；以欧洲为代表的欧洲压水堆核电厂EPR；日本三菱公司开发的先进压水堆核电厂APWR及APWR+（USA-PWR）；韩国在系统80⁺基础上开发的APR-1400。

如图1-7所示，压水堆核电厂有三个独立的冷却系统，其中一次冷却系统，又称反应堆冷却剂系统或一回路系统，导出反应堆中核裂变所产生的能量，在蒸汽发生器中产生蒸汽；通过二回路系统（或称二次冷却剂循环系统）将蒸汽发生器产生的蒸汽送到汽轮机入口，驱动汽轮发电机发电，汽轮机排出的余汽，经凝汽器由第三个冷却系统——循环冷却水系统冷却后再返回蒸汽发生器进入下一轮循环。在正常运行时，其中仅反应堆冷却剂系统带有放射性。

标准的西屋型压水堆核电厂按300MW一个环路进行设计。也就是说600MW级的核电厂采用两个环路，1000MW级的核电厂采用三个环路，1200～1500MW级的核电厂采用四个环路。其优点是除压力容器和堆内构件外，核蒸汽供应系统的设备基本上可标准化。

西屋型反应堆系统的每个环路内设置一台蒸汽发生器、一台主冷却剂泵，分别与反应堆压力容器的出口和进口管嘴相连接，在第一个环路上设有稳压器，以维持反应堆冷却剂系统的压力。

压水堆的燃料组件由排列成17×17（或14×14、16×16）的燃料棒组成。每个燃料棒由锆包壳和UO_2燃料芯块组成，两头用端塞封焊。芯块用弹簧压紧，包壳内部充以氦气，燃料组件上部和下部设有上管座和下管座，中间设有若干个燃料定位格架。控制棒由16～20

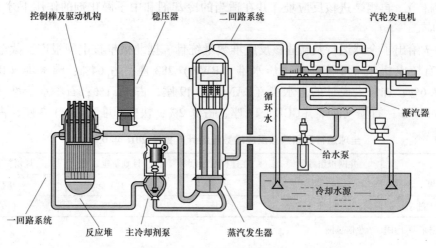

图 1-7 压水堆系统构成

根棒组成，固定在一个带有径向翼的星形架上。控制棒的中子吸收体材料为 80%Ag-15%In -5%Cd 合金。

蒸汽发生器由筒体、传热管束、汽水分离装置组成。筒体由两段不同直径的圆筒组成，一个锥形的筒将它们连接。上筒体内装有汽水分离装置和给水管组件，主蒸汽出口接管位于顶部中央。下筒体直径较小，装有传热管束及有关部件，其下端与管板连接。下封头为反应堆冷却剂的进出口，蒸汽发生器产生的蒸汽先经上筒体的旋流分离器，由离心力将水滴排出；然后经蒸汽干燥器进一步分离水分。经几级分离后，蒸汽发生器出口蒸汽干度可提高到 99.75% 以上。

主冷却剂泵的主要部件包括轴密封、飞轮、推力轴承叶轮和导叶轮、转轴和电动机等。

稳压器通常为连接在冷却剂回路上的一圆筒形容器，底部设有电加热器，顶部设有喷淋装置，用以控制稳压器内工质的工作压力。

二回路系统是完成热→功→电转化的系统，它是常规岛的核心部分。它主要由蒸汽发生器管路、汽轮机发电机组、冷凝器、凝结水泵、给水加热器、除氧器、给水泵、汽水分离再热器及汽、水管路等设备组成。其工作原理是：蒸汽发生器的给水在蒸汽发生器中吸收热量变成高压蒸汽，然后驱动汽轮发电机组发电，做功后的乏汽在冷凝器内冷凝成水，凝结水由凝结水泵输送，经低压加热器进入除氧器，除氧水由给水泵送入高压加热器加热后重新返回蒸汽发生器，如此形成封闭的热力循环。

三回路系统通常是开式冷却水循环系统，用于将汽轮机排出的乏汽冷凝成水，并实现热力循环；三回路系统主要包括凝汽管束、循环水泵、循环水管、海水过滤器等，其作用是将冷的清洁海水供入凝汽器吸收热量（主要是汽化潜热），再将升温后的海水排向大海，它有持续把低压缸排汽凝结成水从而维持排汽真空度的功能。

俄罗斯压水堆核电厂有其独特之处。自苏联 1964 年建成电功率 27.6MW 的新沃龙涅兹（Novo Voronczh）原型压水堆核电厂后，开发了两个型号的压水堆核电厂，即 6 环路的 VVER-440 和 4 环路的 VVER-1000。该堆型压水堆采用卧式蒸汽发生器，管束为横布置，反应堆冷却剂经两个集流管进出，蒸汽从顶部导出，经蒸汽集流管进入主蒸汽管道。表 1-8 给出了不同容量压水堆核电厂的主要参数。

表 1-8　　　　　　　　　　　　　　不同容量压水堆核电厂的主要参数

参数	单位	法国 CPY	法国 P4	韩国系统 80	俄罗斯 VVER	美国 M412	中国秦山第二核电厂
电功率	MW	966	1348	1382	1000	1248	689
热功率	MW	2785	3817	3800	3000	3411	1930
环路数		3	4	2	4	4	2
每环路冷却剂流量	t/h	17550	16420	25288	16000	17350	24000
运行压力	MPa	15.5	15.5	15.5	15.7	15.5	15.5
冷却剂进口温度	℃	287.5	293	296	289.7	287.5	293.8
冷却剂出口温度	℃	325	328.4	328	320	325	327.2
蒸汽压力	MPa	5.8	6.8	7.03	6.0	6.1	6.66
蒸汽温度	℃	278	285.3	285	274.3	278	282
平均功率密度	kW/L	105	103.9	95.6	108	105	94.3
燃料棒线功率	kW/m	17.8	17.5	18.14		17.8	16.1
燃料装量	t	63.9	78.6	116	76	89	55.8
^{235}U 富集度	%	3.2	3.16	3.2	4.4	3.2	3.4
燃料组件数		157	193	241	161	193	121
设计燃耗	MW·d/tU	35000	33000	45000	40000	45000	32000

二、沸水堆

沸水堆是相对于压水堆的另一种轻水堆。沸水堆核电厂的工作流程是：冷却剂（水）从堆芯下部流进，在沿堆芯上升的过程中，从燃料棒那里得到热量，使冷却剂变成蒸汽和水的混合物，经过汽水分离器和蒸汽干燥器，将分离出的蒸汽直接推动汽轮发电机组发电。

沸水堆最初由美国通用电气公司（GE）设计，第一个商用沸水堆核电厂建在美国加利福尼亚州洪保德湾（Hum-bolt Bay）。后来，ASEA—ATOM、德国西门子 KWU 公司、日本日立和东芝公司相继建造了这类核电厂。通用电气公司前后设计了六种型号的沸水堆核电厂，即 BWR-1～BWR-6，输出电功率为 550～1100MW。

沸水堆与压水堆不同之处在于冷却水保持在较低的压力（约为 7MPa）下，水通过堆芯变成约 285℃ 的蒸汽，并直接被引入汽轮机。所以，沸水堆只有一个回路，省去了容易发生泄漏的蒸汽发生器，因而结构简单。图 1-8 为沸水堆原理图，图 1-9所示为沸水堆核电厂的流程图。

（一）沸水堆的构造及特点

来自汽轮机的给水进入反应堆压力容

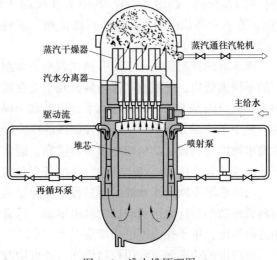

图 1-8　沸水堆原理图

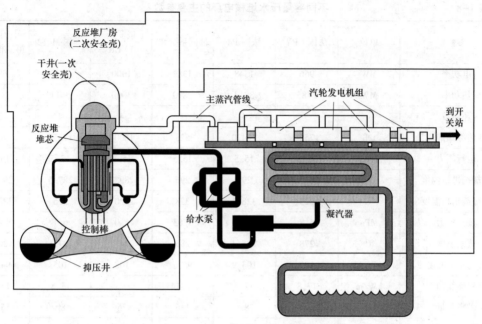

图 1-9　沸水堆核电厂的流程图

器后，沿堆芯围筒与容器内壁之间的环形空间下降，在喷射泵的作用下进入堆下腔室，再折而向上流过堆芯，受热并部分汽化。汽水混合物经汽水分离器分离后，水沿环形空间下降，与给水混合；蒸汽则经干燥器后出堆，通往汽轮发电机，做功发电。蒸汽压力约为 7MPa，干度不小于 99.75%。汽轮机乏汽冷凝后经净化、加热，再由给水泵送入反应堆压力容器，形成一闭合循环。再循环泵的作用是使堆内形成强迫循环，其进水取自环形空间底部，升压后再送入反应堆容器内，成为喷射泵的驱动流。某些沸水堆用堆内循环泵取代再循环泵和喷射泵。

　　图 1-10 所示为沸水堆压力容器结构。堆芯主要由核燃料组件、控制棒及中子测量装置等组成。沸水堆内的燃料组件为正方形有盒组件，组件内燃料排列成 7×7 或 8×8 栅阵。棒外径约 12.3mm、高约 4.1m，其中活性段约 3.8m。燃料芯块的平均富集度为 2%～3% 的 UO_2。在若干芯块中加入 Gd_2O_3 可燃毒物。燃料包壳材料和组件盒均为 Zr-4 合金。堆芯总的燃料组件数约为 800 个。

　　沸水堆的控制棒是十字形，插在四个方盒组件之间。中子吸收材料为碳化硼粉末，装在细的不锈钢管内，每根控制棒内装有几十支含碳化硼的不锈钢管。沸水堆的控制棒从堆底部插入，其原因是堆芯上部装有汽水分离器和干燥器。此外，上部堆芯蒸汽含量较多，慢化不足，热中子注量分布不匀，影响控制棒的反应性当量。由于控制棒不能靠重力插入堆芯，因此沸水堆内控制棒驱动机构必须非常可靠，通常采用液压驱动，也有机械/液压或电气/液压驱动。快速紧急停堆用液压驱动，并配备有单独的蓄压器。

　　与压水堆不同，沸水堆的源量程、中间量程和功率量程中子探测器都设置在堆芯内，但前两者在功率运行时用驱动机构抽出堆芯，后者则固定装设在堆芯内，并用可移动电离室定期进行检定，中子探测器也由堆底引入。

　　反应堆的功率调节除用控制棒外，还可用改变再循环流量来实现。再循环流量提高，气泡带出率就提高，堆芯空泡减少，使反应性增加，功率上升，气泡增多，直至达到新的平衡。这种功率调节比单独用控制棒更方便灵活，仅用再循环流量调节就可使功率改变满功率的 25% 而不需控制棒任何运动。

沸水堆不用化学补偿。燃耗反应性亏损除用控制棒外，还用燃料棒内加^{203}Gd 可燃毒物进行补偿。

沸水堆蒸汽直接由堆内产生，故不可避免地要挟带出由水中 ^{16}O 原子核经快中子（n，P）反应所产生的 ^{16}N，^{16}N 有很强的辐射，因此汽轮机系统在正常运行时都带有强放射性，运行人员不能接近，还需有适当的屏蔽。但 ^{16}N 的半衰期仅 7.13s，故停机后不久就可完全衰变，不影响设备检修。

（二）沸水堆核电厂的主要系统

沸水堆核电厂的主要系统有：①主系统（包括反应堆）；②蒸汽—给水系统；③反应堆辅助系统，其中包括应急堆芯冷却系统；④放射性废物处理系统；⑤检测和控制系统；⑥厂用电系统。其中蒸汽—给水系统、放射性废物处理系统、厂用电系统以及反应堆辅助系统中的设备冷却水系统、余热排出系统、厂用水系统等都与压水堆核电厂有关系统类似。

沸水堆反应堆压力容器虽与压水堆的类似，但由于堆功率密度低，堆芯大，容器内尚有喷射泵、汽水分离器和干燥器，故体积比后者大得多。

沸水堆厂房的特点是在安全壳内设一干井，反应堆即安装在此干井内。干井的作用是：承受失水事故时的瞬态压力，并通过排气管将汽水混合物导入抑压水池；提供屏蔽，使运行维护人员能进入安全壳内干井以外地区；对失水事故时可能发生的管子甩击、水流冲击和飞射物提供防护，以保护安全壳。

应急堆芯冷却系统是沸水堆安全保护系统之一，用于在堆芯失水时直接向堆内注入冷却水以防止堆芯熔化。系统又分为四个分系统。

（1）自动卸压系统，由若干安全卸压阀和大容量抑压水池组成。大容量抑压水池是沸水堆核电厂设计中的一大特点，位于安全壳内，容量约 4000m³，其作用是在主系统发生破裂时使汽水混合物直接经排气管进入水池而被迅速冷凝，从而防止反应堆厂房超压；或在系统超压时使蒸汽经安全卸压阀排入水池，从而防止主系统压力边界受损。设置大容量抑压水池也是滞留放射性物质的有效手段，在发生失水事故时可减少放射性物质的外泄。

（2）高压堆芯喷淋系统。在发生失水事故时，该系统通过喷淋环管直接向堆芯喷淋注

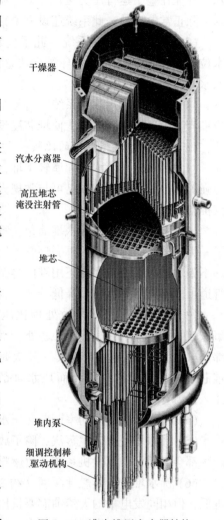

干燥器

汽水分离器

高压堆芯
淹没注射管

堆芯

堆内泵

细调控制棒
驱动机构

图 1-10 沸水堆压力容器结构

水，并能在整个运行压力区间工作。此系统先从冷凝水箱取水，水用完后再从抑压水池取水。除正常电源外，此系统还设有单独的柴油发电机供电。

（3）低压堆芯喷淋系统。此系统是在堆压力降低而其他系统不足以保持反应堆容器内水位时投入工作，也通过环管向堆芯直接喷淋注水，防止堆芯裸露。该系统从抑压水池取水。

（4）低压冷却剂注入系统。这是余热排出系统的一种运行方式，用于在失水事故时向反应堆容器内环形空间注水，使堆芯浸没而不外露。

（三）沸水堆与压水堆的比较

（1）沸水堆与压水堆同属轻水堆，都有结构紧凑、安全可靠、建造费用低、负荷跟随能力强等优点，其发电成本已可与常规火电厂竞争。两者都须使用低浓铀燃料，并使用饱和蒸汽推动汽轮发电机发电。

（2）沸水堆系统比压水堆简单，特别是省去了蒸汽发生器这一压水堆的薄弱环节，减少了一大故障源。沸水堆的再循环管道比压水堆的环路管道小得多，故管道断裂事故的严重性远不如后者。某些沸水堆还用堆内再循环泵取代堆外再循环泵和喷射泵，取消了堆外再循环管道，使事故概率进一步降低。

（3）沸水堆的失水事故处理比压水堆简单。这是因为沸水堆正常工作于沸腾状态，事故工况与正常工况有类似之处，而压水堆则正常工作于过冷状态，失水事故时发生沸腾，与正常工况差别较大。其次是沸水堆的应急堆芯冷却系统中有两个分系统都从堆芯上方直接喷淋注水，而压水堆的应急注水一般都要通过环路管道才能从堆芯底部注入冷却水。

（4）沸水堆的流量功率调节比压水堆有更大的灵活性。

（5）沸水堆直接产生蒸汽，除了放射性问题外，还有燃料棒破损时的气体和挥发性裂变产物都会直接污染汽轮机系统，故燃料棒的质量要求比压水堆的更高。

（6）沸水堆由于其燃耗深度（约 28000MW·d/tU）比压水堆的低，虽然燃料的富集度也低，但相同发电量的天然铀需要量比压水堆大。

（7）沸水堆压力容器底部除有为数众多的控制棒开孔外，尚有中子探测器开孔，增加了小失水事故的可能性。控制棒驱动机构较复杂，可靠性要求高，增加了维修困难。

（8）沸水堆控制棒自堆底引入，因此发生未能应急停堆预计瞬态的可能性比压水堆的大。

针对沸水堆在技术上和安全性能上的不足之处，美国 GE 公司联合日本日立和东芝公司开发设计了比 BWR 更先进、更安全、更经济、更简化的先进沸水堆 ABWR。ABWR 的最终设计已获得美国核管会（NRC）的批准。世界上首台 ABWR——日本的柏崎刈羽 6 号机组，于 1991 年开工，1996 年正式投入商业运行。

（四）沸水堆技术参数

表 1-9 列出了 BWR-1～BWR-6 型沸水堆核电厂参数。BWR-1 以德累斯顿-I 为代表，1960 年投入运行，功率 210MW，采用堆外汽水分离，仍保留蒸汽发生器；BWR-2 首次采用直接循环，取消蒸汽发生器，并开始采用流量功率调节和堆内中子注量率监测；BWR-3 首次采用堆内喷射泵及再循环流量功率调节；BWR-4 功率首次突破 1000MW；BWR-5 开始采用高压堆芯喷淋系统；BWR-6 燃料组件从 7×7 改为 8×8，安全壳采用 Mark-Ⅲ。

表 1-9　　　　　　　　　　**BWR-1~BWR-6 型沸水堆核电厂参数**

核电厂名称	BWR-1 德累斯顿-Ⅰ	BWR-2 奥斯特克莱格	BWR-3 德累斯顿-Ⅱ	BWR-4 布朗费里	BWR-5	BWR-6
电功率（MW）	210	670	809	1098	1100	1100
热功率（MW）	680	1930	2530	3300	3293	3292
燃料组件数	464	560	724	764	840	764
燃料棒直径（mm）		14.5	14	14		10.3
燃料棒排列	5×5	6×6	7×7	7×7	7×7	8×8
平均功率密度（kW/L）	31.2	33.6	41.1	50.7		52
燃耗深度（MW·d/tU）	12000	15000	19000	19000		39000
冷却剂压力（MPa）	6.96	6.96	6.86	6.76	7.03	7.16
入口温度（℃）	263	273			215.5	215.5
出口温度（℃）	268	286	302	饱和		286
环路数	4	5	2		2	2
循环形式	双循环	直接循环	直接循环	直接循环	直接循环	内置式循环
控制棒数		137	177	185	185	185

三、重水堆

用重水即氧化氘（D_2O）作为慢化剂的核反应堆称为重水反应堆，简称重水堆。现在的反应堆几乎都利用热中子，因此慢化剂是反应堆不可缺少的组成部分。重水是非常优异的慢化剂，它与石墨是最常用的慢化剂。

重水堆的突出优点是能有效地利用天然铀。由于重水慢化性能好、吸收中子少，这不仅可直接用天然铀作燃料，而且燃料烧得比较彻底。重水堆比轻水堆消耗天然铀的量要少，如果采用低浓度铀，可节省38%的天然铀。在各种热中子堆中，重水堆需要的天然铀量最小。此外，重水堆对燃料的适应性强，能很容易地改用另一种核燃料。重水堆的主要缺点是，体积比轻水堆大，建造费用高，重水昂贵，发电成本也比较高。

重水堆按其结构形式可分为压力壳式和压力管式两种。压力壳式重水堆的冷却剂只用重水，它的内部结构材料比压力管式重水堆少，但中子经济性好，生成新燃料^{239}Pu的净产量比较高。这种堆一般用天然铀作燃料，结构类似压水堆，但因栅格节距大，压力壳比同样功率的压水堆要大得多，因此单堆功率最大只能做到300MW。

压力管式重水堆的冷却剂不受限制，可用重水、轻水、气体或有机化合物，它的尺寸也不受限制。虽然压力管带来了伴生吸收中子损失，但由于堆芯大，可使中子的泄漏损失减小。此外，这种堆便于实行不停堆装卸和连续换料，可省去补偿燃耗的控制棒。

压力管式重水堆主要包括重水慢化—重水冷却和重水慢化—沸腾轻水冷却两种反应堆。这两种堆的结构大致相同。

（一）重水慢化—重水冷却堆

这种反应堆的反应堆容器不承受压力。重水慢化剂充满反应堆容器，有许多容器管贯穿反应堆容器，并与其成为一体。在容器管中，放有锆合金制的压力管。用天然二氧化铀制成的芯块，被装到燃料棒的锆合金包壳管中，然后再组成短棒束型燃料元件。棒束元件就放在压力管中，它借助支承垫可在水平的压力管中来回滑动。在反应堆的两端，各设置有一座遥控定位的装卸料机，可在反应堆运行期间连续地装卸燃料元件。

该堆型的核电厂的发电原理是：既作慢化剂又作冷却剂的重水，在压力管中流动，冷却燃料。像压水堆那样，为了不使重水沸腾，必须保持在高压（约9MPa）状态。这样，流过压力管的高温（约300℃）高压重水，把裂变产生的热量带出堆芯，在蒸汽发生器内传给二回路系统的轻水，以产生蒸汽，带动汽轮发电机组发电。

（二）重水慢化—沸腾轻水冷却堆

这种堆是英国在CANDU堆（重水慢化—重水冷却堆）的基础上发展起来的。加拿大所设计的重水慢化—重水冷却堆的容器和压力管都是水平布置的。而重水慢化—轻水冷却堆都是垂直布置的。它的燃料管道内流动的是轻水冷却剂，在堆芯内上升的过程中，引起沸腾，所产生的蒸汽直接送进汽轮机，并带动发电机发电。

因为轻水比重水吸收中子多，堆芯用天然铀作燃料就很难维持稳定的核反应，所以，大多数设计都在燃料中加入了低浓度的^{235}U或^{239}Pu。

（三）CANDU型重水堆核电厂

加拿大开发和建造的坎度（CANDU）型重水堆核电厂，以重水作为慢化剂和冷却剂，反应堆采用压力管式的排管容器，燃料通道（冷却剂管道）横向布置，控制棒通道竖向布置，并采用不停堆换料，是当前技术比较成熟的核电厂堆型之一。

CANDU型重水堆发展经历了三个阶段：1971年首座CANDU型重水堆皮克灵1号（Pickering 1）机组建成后，20世纪70年代共建设了4座核电厂，电功率515MW，奠定了商用重水堆核电厂的基础。20世纪70年代末至80年代初续建了4座布鲁斯A（Bruce A）核电厂，电功率848MW。这些重水堆吸取了第一阶段的经验反馈，做了一系列改进，诸如取消慢化重水排放罐，增加液体毒物停堆系统，改进屏蔽，增加设备容量等。20世纪80年代中至90年代初，经过不断改进完善和采用先进技术，推出了以根蒂莱（Gentily-Z，638MW）为代表的CANDU-600型核电厂以及以布鲁斯B（Bruce B，860MW）为代表的CANDU-900型核电厂。

CANDU-6型堆又在CANDU-600型堆上做了进一步改进。韩国月城、罗马尼亚切尔纳沃达、中国秦山三期均采用这种堆型，其主要参数见表1-10。CANDU-6型堆有一直径7.6m、长约8m的不锈钢圆柱形排管容器组件，内盛重水慢化剂，容器两端为端屏蔽，在其管板上布置有380根燃料通道，燃料组件装入燃料通道的压力管中，反应堆冷却剂经压力管流过堆芯，导出燃料组件产生的核裂变能。反应性控制装置的导向管垂直贯穿于排管容器，在排管之间穿过，直到排管容器对面的外壳内壁上的定位器内锁定，控制装置的重力由焊在排管容器外壳管嘴上的不锈钢筒支撑。

反应堆燃料通道由一根压力管和两个端部组件组成。压力管由锆-2.5铌合金制成，具有低中子吸收截面和高强度、良好的抗腐蚀和抗辐照性能的特点。由于压力管工作在高温、高压和高辐照的工作环境，设计寿命为25年。

CANDU-6型反应堆冷却剂回路由两个环路组成，每个环路由两台蒸汽发生器、两台主循环泵、两个反应堆进口集管、两个反应堆出口集管组成。在燃料通道的两侧构成一个"8"字形串接环路系统，如图1-11所示。两条环路共用一个稳压器（图中未表示出稳压器），稳压器与冷却剂回路系统隔离。重水冷却剂流经蒸汽发生器U形管的管侧，将从堆芯带出的热量、加热蒸汽发生器二次侧（壳侧）的轻水，使其变成蒸汽。经主蒸汽管汇集后，送往常规岛，驱动汽轮发电机组发电。

表 1-10   中国秦山第三核电厂（CANDU-6）主要参数

项目	参数	项目	参数
环路数目	2	出口母管（℃）	310
热功率（MW）	2158.5	冷却剂总流量（t/h）	2770
电功率（MW）	728	重水总装量（冷却剂和慢化剂）（t）	467
设计寿命（年）	40	重水补充量（t/a）	4.7
平均燃耗（MW·d/tU）	7154	蒸汽压力（MPa）	4.51
比热功率（kW/kgU）	24.6	蒸汽总流量（t/h）	3720
冷却剂运行压力（进口母管）（MPa）	11.0	给水温度（℃）	187
冷却剂温度：出口母管（℃）	266		

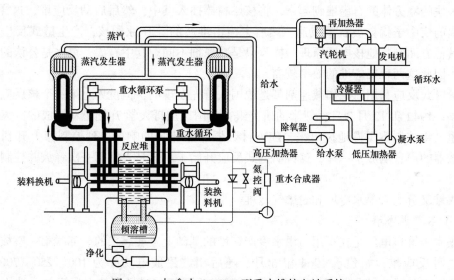

图 1-11　加拿大 CANDU 型重水堆核电站系统

　　CANDU-6 型反应堆重水慢化系统的主要功能有：将高能中子慢化为热中子；排出排管容器内由于中子慢化等产生的热量；利用添加硼酸或硝酸钆溶液来控制反应性；在失水事故并应急堆芯冷却失效时作为反应堆的一个热阱。慢化剂系统由两台 100% 容量的慢化剂泵（一台工作，一台备用）、两台 50% 容量的热交换器组成。冷的慢化剂经过排管容器两侧的两组管嘴进入排管容器，而被加热的慢化剂通过排管容器底部的管嘴流出。排管容器慢化剂的顶部覆以氦气，用于隔离空气，减少氧气进入慢化剂，降低系统的腐蚀。

　　CANDU 型重水堆由于采用天然铀作核燃料，在整个寿命周期内剩余反应性比较低，并且在轻水中不可能达到临界，消除了严重事故产生的可能性，且排管容器内低温低压的慢化剂可以吸收压力管来的热量，作为重水堆的固有热阱，因此 CANDU 型堆核电厂具有较好的安全性。

　　CANDU 型重水堆在反应堆满功率运行时，利用两台自动装卸料机进行连续换料，减少核电厂的停堆时间、提高可利用率。

在可靠的 CANDU-6 型堆基础上，加拿大原子能公司（AECL）正在开发两种堆型：CANDU-9 和 ACR。CANDU-9（电功率 925～1300MW）具有比较灵活的燃料要求，从天然铀到低富集度铀，包括压水堆乏燃料后处理得到的回收铀、氧化铀、钚混合燃料，直接应用压水堆乏燃料，直到采用钍作燃料。它也可以燃烧后处理废物中分离出来的全部锕系元素。

ACR（先进坎度反应堆）具有更创新的理念，相当于第三代反应堆。ACR-700 发电功率为 750MW，比 CANDU-6 更小、更简单、更高效，成本低 40%。ACR-1000 发电功率为 1200MW，燃料通道将更多，单位造价更低。

四、石墨堆

石墨堆是核裂变反应堆中的最早开发使用的一种堆型。石墨具有良好的中子减速性能，最早作为减速剂用于原子反应堆中。作为动力用的核反应堆中的减速材料应当具有高熔点、稳定、耐腐蚀的性能，石墨完全可以满足上述要求。作为核反应堆用的石墨纯度要求很高，杂质含量不应超过几十微升/升。

将大块的立方体的石墨堆砌起来，将核燃料棒插入其中，然后启动反应堆，这样 ^{235}U 裂变后放出的快中子就会被石墨减速，然后去撞击堆芯的 ^{235}U 原子核，产生链式反应。石墨反应堆其他方面与其他核电厂原理一样，只是减速剂不同。其中石墨、重水是公认的最好的减速剂，因此这两种反应堆的效率较高。

尽管链式反应和用石墨作减速剂都是德国人首先发现的，但世界上第一个核反应堆却诞生在美国。1942 年 12 月 2 日，费米的研究组在美国芝加哥大学 7t 铀燃料构成的巨大石墨型反应堆里，将控制棒缓慢地拔出来，随着计数器咔嚓咔嚓的响声，到控制棒上升到一定程度，计数器的声音响成了一片，这说明链式反应开始了。这是人类第一次释放并控制原子能的时刻。

石墨堆又分为石墨水冷堆和石墨气冷堆。

（一）石墨水冷堆

石墨水冷堆核电厂是在军用石墨水冷产钚堆的基础上发展起来的。苏联第一座核电厂就采用了这种反应堆，始建于 1964 年 6 月。随后相继建成电功率为 100、250、700、925、1380MW 的核电厂二三十座。1986 年 4 月 26 日发生的切尔诺贝利核电厂事故，造成巨大损失，俄罗斯和乌克兰决定停建这类核电厂，并将逐步关闭和改造现有的这类核电厂。

石墨水冷堆（RBMK-1000）堆芯由正方柱形石墨块堆砌而成，组成 2488 个垂直柱体，如图 1-12 所示，形成直径 11.8m、高 7m 的堆芯（侧反射层厚 1m，端部反射层 0.5m）。单个燃料组件由 18 根直径 13.6mm、长约 3.5m 的燃料棒组成，内装 UO_2 芯块，富集度为 2.0%。包壳材料为锆铌合金。冷却水从工艺管下端进入，温度为 270℃，经燃料组件加热至饱和温度，部分沸腾产生蒸汽，在工艺管出口处含汽率为 14.5%，压力约为 7MPa，温度为 284℃。汽水混合物通过分组集流管和出水总装管流向汽水分离器。

反应堆冷却剂系统由两个环路组成，每个环路有两台卧式汽水分离器、4 台主冷却剂泵（其中 3 台运行，1 台备用）。汽水分离后的水和来自凝汽器的给水混合后，由主冷却剂泵经压力总管和下分组集流管送往各工艺管道。

石墨水冷堆设有 211 根控制棒，其中短棒 24 根；自动棒 24 根，12 根用于局部功率控制，另 12 根分 3 组用于平均功率控制；事故棒 24 根；局部功率保护棒 24 根；手动棒 115

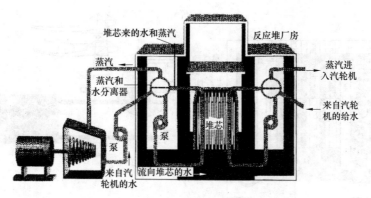

图 1-12　石墨水冷堆

根。控制棒吸收体为碳化硼，装于堆芯独立专用的垂直柱体的孔道内，有独立的冷却回路，用于自动维持功率水平、控制局部功率、启停堆和升降功率、紧急停堆，以及补偿反应性变化。

石墨水冷堆的应急堆芯冷却系统设有 12 台安全注射箱，6 台应急堆芯冷却泵，构成两个回路，各有一台高压泵、一台低压泵。在出现主冷却剂事故时，向堆芯供给含硼水，停闭反应堆，导出余热。

这种堆型核电厂的致命缺点是：在低功率时不具有自稳性。它的燃料反应性温度系数为负值，但石墨反应性温度系数为正值，空泡反应性系数也为正值。在满功率下净反应性效应是负的，但在 20% 功率以下运行时净反应性效应是正的。

石墨水冷堆的其他主要缺点有：堆芯和循环回路庞大，没有设置安全壳作为第三道屏障；控制棒下落速度太慢，最大速度为 0.4m/s，从而不能遏制重大事故的后果；运行比较复杂。

(二) 石墨气冷堆

石墨气冷堆一般指使用石墨作为慢化剂和结构材料，二氧化碳气体为冷却剂的反应堆。共有两种类型：以金属天然铀为核燃料及镁诺克斯合金（MAGNOX）为燃料包壳的镁诺克斯型气冷堆；以低富集度二氧化铀为核燃料，不锈钢为燃料棒包壳的改进型气冷堆。

在世界核电厂发展初期，当时一些没有铀同位素分离能力的国家如英、法等国，曾大量建造过这种类型核电厂。1956 年，英国建成了净电功率为 50MW 的世界上第一座石墨气冷堆核电厂—长德霍尔（Calder Hall）核电厂；1963 年英国在温茨凯尔（Windscale）建造了电功率为 28MW 的先进型石墨气冷堆原型堆。下面介绍先进型石墨气冷堆，如图 1-13 所示。

先进型石墨气冷堆的堆芯、蒸汽发生器和循环风机布置在立式圆筒形预应力钢筋混凝土压力容器内，设有隔热和冷却用的钢衬，以保证混凝土的温度低于允许值。堆芯由正六边形石墨块堆砌的棱柱组成，周围用一个钢套加以固定，堆芯四周及上下安装石墨反射层和钢屏蔽层以降低放射性水平。作为慢化剂的石墨块均有上下贯穿的孔道，以便安放燃料棒和控制棒。

固定石墨堆芯用的气体缓冲围板钢套，为石墨结构提供冷却，低温二氧化碳进入气体缓

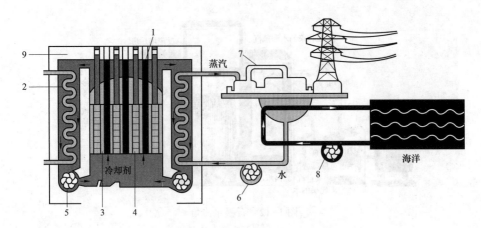

图 1-13　先进型石墨气冷堆发电厂
1—控制棒；2—蒸发器；3—石墨慢化剂；4—燃料组件；5—风机；
6—给水泵；7—汽轮机；8—循环泵；9—钢覆面混凝土压力容器

冲围板内堆芯下部的通道里，大约 30% 的气体流量直接通向燃料管道入口，其余向上通过堆芯周围的环形空间，到顶部后往下在石墨套筒和堆芯石墨块之间流动，在燃料通道的入口处与直接进入的气体混合，进入燃料通道。这部分气体流动的主要目的是冷却慢化剂石墨块及堆芯的其他结构部件。

4 台蒸汽发生器设置在气体缓冲板和压力容器内壁之间的环形空间内。蒸汽发生器为一次通过式，以减少贯穿预应力钢筋混凝土压力容器上的管道的数目。主蒸汽发生器下设有排出反应堆余热的蒸汽发生器，用于停堆后的冷却。

先进型气冷堆由于采用了低富集度的铀，堆芯平均功率密度提高，不锈钢包壳的束棒状 UO_2 燃料组件可以耐较高的温度，因此冷却剂的出口温度提高到 670℃ 左右，进入汽轮机的蒸汽温度和压力也相应提高，核电厂的热效率也随之提高。

1963 年英国在温茨凯尔（Windscale）建造了电功率为 28MW 的原型堆后，1965 年开始成批建造大型的先进型气冷堆，但由于此类堆型建造费用和发电成本仍不能与轻水堆竞争，20 世纪 70 年代末以后已停止兴建。

 能力训练

1. 分析讲述压水堆核电厂的 3 个冷却系统。
2. 分析沸水堆与压水堆的异同点。
3. 对照书中图 1-13，尝试讲述先进型石墨气冷堆发电厂的生产过程。

任务四　压水堆核电厂的主要系统与设备

任务目标

熟悉压水堆核电厂一回路系统、二回路系统主要设备的结构，掌握压水堆核电厂一回路系统、二回路系统的工作过程，掌握主要设备和部件的作用。熟悉核汽轮机的特点，能熟练叙述压水堆核电厂的生产过程。

 知 识 准 备

压水堆核电厂是利用压水反应堆将核裂变能转换为热能，再生产蒸汽发电的电厂。压水堆是以高压未饱和水作为慢化剂和冷却剂的反应堆。

压水堆核电厂主要由压水反应堆、反应堆冷却剂系统（简称一回路系统）、蒸汽和动力转换系统（简称二回路系统）、循环水系统、发电机和输配电系统及其辅助设施组成，其结构原理如图1-14所示。通常将一回路系统及核岛辅助系统、专设安全设施和厂房称为核岛；二回路系统和厂房与常规火电厂相似，称为常规岛。电厂的其他部分，统称为配套设施。核岛利用核能生产蒸汽，常规岛用蒸汽生产电能。

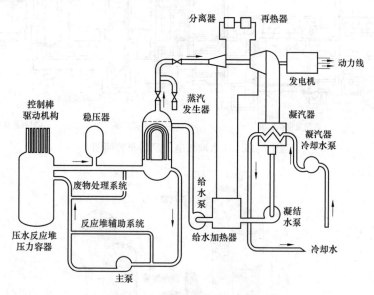

图1-14 压水堆核电厂系统

核岛部分包括：①压水堆及一回路系统和设备（主泵、蒸汽发生器、稳压器、主管道）；②三个辅助系统（化学和容积控制系统、余热排出系统、安全注入系统）；③控制、保护和检测系统；④设备冷却水系统；⑤厂用水系统；⑥放射性废物处理系统；⑦硼回收系统等。

常规岛包括汽轮发电机组及其系统、电气设备和全厂公用设施等。图1-15所示为压水堆核电厂厂房布置简图。

一、一回路系统

一回路系统是压水堆核电厂最重要的系统，又称为反应堆冷却剂系统。一回路系统主要由核反应堆、主冷却剂泵（又称为主循环泵）、稳压器、蒸汽发生器和相应的管道、阀门及其辅助设备组成。现代大功率压水堆核电站的一回路系统，一般由2~4个回路对称并联在反应堆压力壳接管上。每个回路由一台主泵、一台蒸汽发生器和相应的管道组成。图1-16所示为一回路系统组成；图1-17所示为一回路系统流程图。

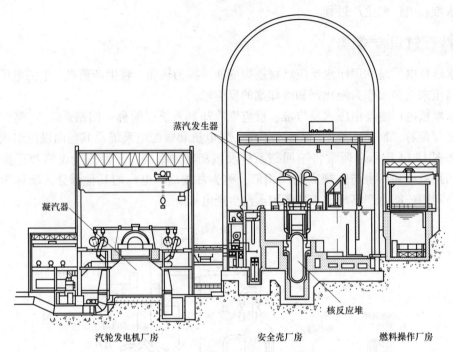

图 1-15　压水堆核电厂厂房布置简图

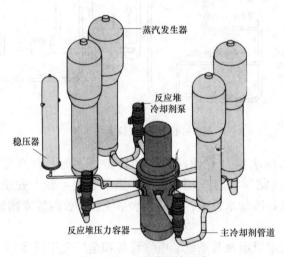

图 1-16　一回路系统组成

（一）系统功能

反应堆冷却剂系统的主要功能如下：

（1）传递反应堆热量。在核电厂正常运行期间，由反应堆冷却剂冷却堆芯，同时导出堆芯产生的热量，通过蒸汽发生器加热二回路侧的水产生蒸汽发电；在其他工况下为堆芯提供冷却条件。

（2）作为中子慢化剂。反应堆冷却剂还是起着堆芯中子慢化剂的作用，使中子速度降低到热中子的范围。

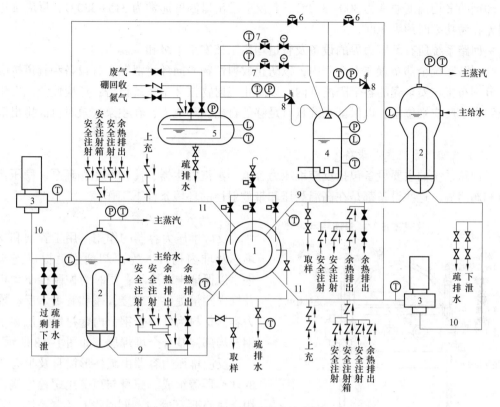

图 1-17　一回路系统流程图

1—反应堆；2—蒸汽发生器；3—反应堆冷却剂泵；4—稳压器；5—稳压器卸压箱；6—比例喷雾阀；

7—稳压器卸压阀；8—稳压器安全阀；9—主管道热段；10—主管道过渡段；11—主管道冷段

（3）控制反应堆反应性。反应堆冷却剂作为硼酸的溶剂，在反应性控制中用于补偿氙瞬态效应和燃耗，即控制一次冷却剂中的硼含量以补偿和控制反应性。

（4）稳定反应堆冷却剂压力。为了防止产生不利于传热的偏离泡核沸腾（DNB），由稳压器控制反应堆冷却剂压力。

（5）作为安全屏障和边界。反应堆冷却剂压力边界是核电厂的一道安全屏障，根据反应堆冷却剂系统的设计要求，在发生燃料包壳破损事故时，反应堆冷却剂系统可作为防止放射性产物泄漏的一道安全屏障和边界。

（二）工作过程

一回路系统的冷却剂在反应堆压力容器内流经堆芯时，把堆芯产生的热量带出反应堆。携带热能的一次冷却剂流，经主管道热段（从反应堆出口接管至蒸汽发生器入口接管的管段）后，在蒸汽发生器内通过传热管加热二次侧的水，产生饱和蒸汽或微过热蒸汽，驱动汽轮发电机组发电。反应堆冷却剂降温后流出蒸汽发生器，经主管道过渡段（从蒸汽发生器出口接管至主泵入口接管的管段），由主泵提升压力后，经主管道冷段（从主泵出口接管至反应堆入口接管的管段）又进入反应堆压力容器，如此不断循环。

一回路系统冷却剂的工作压力通常为 15.2~15.5MPa。正常运行时由稳压器的电加热器、喷雾器和动力卸压阀控制，使压力保持在规定限值以内，并由安全阀提供超压保护。一次冷却剂的平均温度通常为 $300\sim310℃$。其反应堆出口温度通常为 $315\sim330℃$，反应堆进出口温差在满功率时约为 $30℃$。

一回路系统所有承压边界的设备及管道均属于核安全 1 级和抗震 I 类。

一回路系统全部布置在安全壳内，以防止放射性物质向环境泄漏；各设备和管道按隔离原则分别布置在安全壳的各个隔离室内，以防止飞射物损坏本系统设备；还应使蒸汽发生器的位置高于反应堆位置，以保证系统具有足够的自然循环能力，在主泵失效时也能排出堆芯余热。

（三）一回路系统主要设备

一回路系统的主要设备包括反应堆压力容器、蒸汽发生器、冷却剂主循环泵、稳压器及管道和阀门等，这些设备都是在高温高压和带放射性的环境条件下工作。

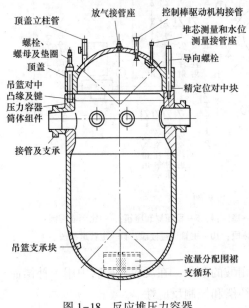

图 1-18　反应堆压力容器

1. 反应堆压力容器

反应堆压力容器的作用：用于容纳和支撑堆芯及堆内构件；为冷却剂管道提供连接条件，以保证堆芯冷却；同时为控制棒驱动机构及堆内测量提供安装接管座和管嘴。反应堆压力容器材料为低合金钢，内壁衬以超低碳不锈钢及局部镍基合金堆焊层，如图 1-18 所示。

反应堆压力容器由圆柱形筒身及带有法兰的球形顶盖组成。筒身与顶盖用螺栓连接，并用金属 O 形环密封，同时设有监漏系统。筒身上焊有反应堆冷却剂进口接管与出口接管，用以与反应堆冷却剂管道连接。筒身上部内侧设有凸缘，用以支承堆内构件。筒身外焊有支撑凸台和进出口接管下部凸台，共同用于容器本身的支撑。压力容器顶盖上焊有管座，用以装设控制棒驱动机构及温度测量装置。

根据对反应堆压力容器辐照寿命的要求，可在吊篮筒体外围设置圆筒形热屏蔽或局部设置中子衬垫以减少对压力容器的辐照损伤。在吊篮筒体外侧设置辐照监督管，内装压力容器筒体材料和主焊缝的试样，用于监测压力容器的辐照损伤程度，以指导反应堆压力容器的安全使用。

2. 蒸汽发生器

蒸汽发生器将反应堆所产生的热量传递给二次侧的工作介质水，把水加热成为饱和蒸汽；蒸汽发生器还起着将带放射性的反应堆冷却剂与无放射性的二回路的水隔离的作用。

压水堆蒸汽发生器有两种类型：一种是直流式蒸汽发生器；另一种是带汽水分离器的饱和蒸汽发生器。大多数核电厂采用是带汽水分离器的蒸汽发生器。

如图 1-19 所示为立式 U 形管蒸汽发生器。它是立式 U 形管自然循环蒸汽发生器，由带有内置式汽水分离器的立式筒体和倒 U 形传热管束组成。每台蒸汽发生器按照满负荷运行时传递二分之一的反应堆热功率设计。

反应堆冷却剂从蒸汽发生器下部半球形封头的入口接管进入蒸汽发生器，流经倒 U 形管束，再从下部半球形封头的出口接管离开。下封头由一块从封头到管板的立式隔板分成进口和出口腔室。为了进入被分隔的封头两侧，各设有一个人孔。

由反应堆冷却剂承载的热量通过管束的管壁传递给二回路的水，使二回路水被加热并有部分汽化。汽水混合物向上流动，通过汽水分离器和干燥器，最后通过蒸汽发生器椭圆封头顶部的出口接管流出。

3. 冷却剂泵

反应堆冷却剂泵又称为主循环泵，是压水堆核电厂压力边界的一部分。在正常情况下，冷却剂泵的作用是将冷却剂升压，补偿系统的压力降，为反应堆堆芯提供足够的冷却流量并保证反应堆冷却剂的循环；在事故工况下，依靠冷却泵机组的惯性惰转，带出堆芯余热，保证反应堆的安全。

冷却剂泵位于安全壳厂房内，主要由泵体、轴密封组件和电动机三个主要部分组成，如图1-20所示。泵体包括密封装置（轴密封组件）、飞轮、止推轴承（推力轴承）、叶轮、外壳等水力部件。

轴密封组件由串联布置的三级密封组成。密封系统提供从反应堆冷却剂系统压力到环境条件的压力隔离，从而防止反应堆冷却剂向环境泄漏。

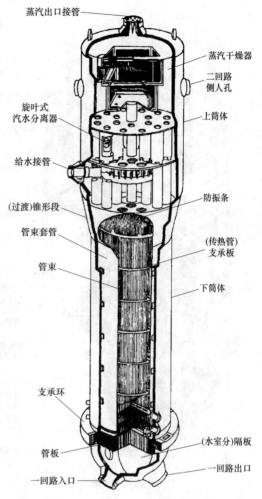

图1-19 立式 U 形管蒸汽发生器

电动机为防滴漏笼式异步电动机。它带有立式刚性轴，双向作用的油润滑推力轴承，上、下油润滑径向导轴承，以及防倒转装置和齿轮等部件。

泵壳为准球形。吸入接管为椭圆形，吸入接管轴线位于机组的垂直轴线上，用机械方法固定在泵壳内，它的上端与导叶下端同心。冷却剂从泵壳底部的吸入管嘴垂直向上吸入叶轮，获得能量后流经导叶，导叶把冷却剂从叶轮获得的部分动能转变成压力能，最后冷却剂从泵壳水平中心方向的排出管嘴排出。

4. 稳压器

稳压器（见图1-21）是压水堆核电厂一回路系统的压力调节设备。核电厂正常运行时，稳压器在有关辅助系统配合下，把一回路压力控制在正常或规定范围内。稳压器顶部设置安全阀和卸压阀，提供一回路的超压保护。此外，它还有热力除气作用，除去反应堆冷却剂中不凝结的气体、裂变产物和有害气体。

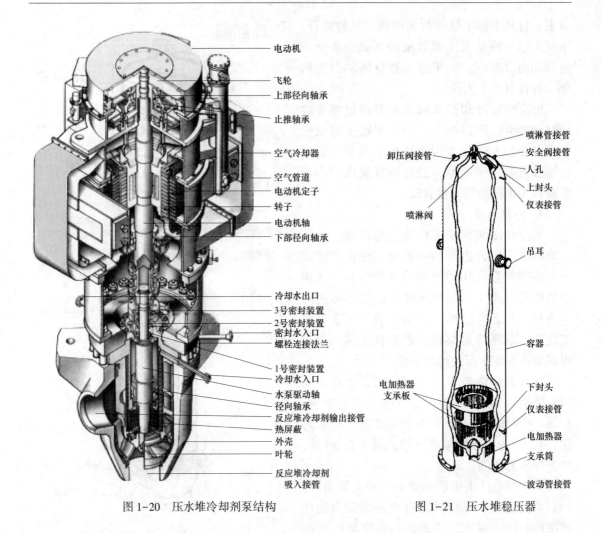

图 1-20　压水堆冷却剂泵结构　　　　　　图 1-21　压水堆稳压器

当核电厂负荷阶跃降低时，反应堆冷却剂温度瞬时升高，体积膨胀。部分冷却剂通过波动管流入稳压器，使稳压器内蒸汽空间减小，压力升高。此时，与喷淋管相连接的喷淋阀自动开启，主管道冷段内的冷却剂喷入蒸汽空间，使部分蒸汽凝结，从而抑制压力的上升。

如遇负荷阶跃降低较多或 100% 甩负荷，喷淋阀全开仍不能抑制压力上升，则当压力升高到某一整定值时，卸压阀会开启，将部分蒸汽排入卸压箱。当压力继续升高到一回路的超压保护整定值时，安全阀会自动开启，将更多的蒸汽排入卸压箱，从而防止一回路超压。

当核电厂负荷阶跃上升时，反应堆冷却剂温度瞬时降低，体积收缩。部分冷却剂通过波动管流出稳压器，使稳压器内蒸汽空间增大，压力降低。此时，后备电加热器自动投入，产生蒸汽，从而抑制压力的下降。

核电厂正常运行时，有一定流量的连续喷淋，使稳压器的水空间和波动管内持续有小量水流，以保持这些部分温度稳定和水质均匀；同时有一定功率的电加热器连续运行，以补偿稳压器散热损失和连续喷淋的热损失。

5. 控制棒驱动机构

控制棒驱动机构是驱动控制组件做上下运动的设备，一般采用磁力提升方式。驱动机构密封壳内设有钩爪组件和带沟槽的驱动杆。驱动杆通过可拆接头与控制组件连接。在密封壳外有 3 个电磁线圈，按规定的程序通电使钩爪与驱动杆的环形槽啮合，带动控制组件上升或下降。另外设有位置指示线圈以显示控制棒提升的位置。

堆内构件各部件与压力容器筒身、顶盖相互之间都设有定位键、销等，用以相互定位使控制棒驱动线对中，确保控制棒能自由提升、下降和快速下降。各部件之间压紧固定处，根据情况设置弹性部件或留有间隙，以补偿不同的热膨胀量。

6. 压水堆本体

压水堆本体是压水反应堆的堆芯、堆内构件、压力容器和控制棒驱动机构等结构的总称。压水堆本体结构如图 1-22 所示。

冷却剂由反应堆压力容器进口接管进入，沿压力容器内侧向下，在吊篮底部向上通过流量分配装置，然后继续向上进入堆芯，将燃料棒释出的热量导出，被加热的反应堆冷却剂经吊篮出口、反应堆压力容器出口接管流出。

反应堆压力容器外围设有保温层以减少散热损失。反应堆顶盖上驱动机构周围设有通风罩，用以通风冷却驱动机构的电磁线圈。反应堆顶盖上还设有放气管系，以便于反应堆充水时放气。

7. 堆芯

堆芯由燃料组件、控制组件、可燃毒物组件及中子源组件等组成。在这些组件的空间充有作为慢化剂和冷却剂的水，形成反应堆内能进行链式反应的区域。

（1）燃料组件。燃料组件是以热能形式释放核能的部件。将用低富集铀烧结的二氧化铀芯块封装在锆合金包壳中，构成燃料棒；用导向管、定位格架和上、下管座组成燃料组件骨架，使燃料棒插在定位格架中便构成无盒燃料组件。

压水堆燃料组件是压水堆内以热能形式释放核能的部件，由燃料棒、定位格架和骨架组成，它由 174～264 根燃料棒按 14×14、15×15 或 17×17 正方形排列，典型的 17×17 型燃料组件如图 1-23 所示。燃料组件在反应堆中长期处于高温、高压、含硼水、强烈中子辐照、腐蚀、冲刷及水力振动等苛刻条件下工作。因此，它的性能直接关系到反应堆的安全性、可靠性、经济性和先进性。

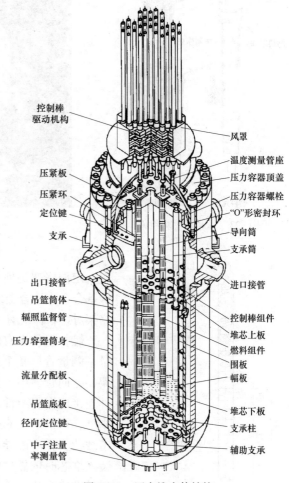

图 1-22 压水堆本体结构

燃料棒。燃料棒由用二氧化铀烧结的燃料芯块（见图1-24）、锆-4合金包壳管、三氧化二铝隔热片和压缩弹簧组成，如图1-25所示。其结构为：两端呈碟形加倒角的圆柱形芯块填装在锆合金管内，上端留有轴向空腔，以容纳裂变气体和补偿芯块轴向热膨胀；腔内设有弹簧以压紧芯块，用以防止窜动；燃料棒内充以压力约2MPa的氦气，用以提高锆合金的抗压塌能力并改善燃料棒传热性能。

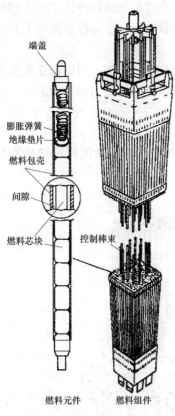

图1-23　压水堆燃料组件

图1-24　核燃料芯块

定位格架是使燃料棒分隔和定位的重要构件。它是采用镍基合金或锆合金条带、镍基合金弹簧夹的双金属定位格架。格架对燃料棒既有一定夹紧力又允许燃料棒轴向自由膨胀。

燃料组件设有燃料棒、24根控制棒导向管和一根中子注量率测量管。整个组件沿高度方向设置有八层弹簧定位格架，导向管、中子注量率测量管与定位格架和上下管座等部件连接成燃料组件的骨架，以保持燃料组件有足够的强度与刚度，可以承受 $6g$ 的重力加速度与控制棒快插所引起的冲击载荷，并准确导向。上、下管座设有定位销孔，燃料组件装入堆芯时依靠这些定位销孔与堆内支承结构配合，使燃料组件准确定位。上管座装有压紧弹簧，通过堆内构件的上、下支承构件将燃料组件压紧在上、下栅板之间，以防止冷却剂流动造成其上下窜动；同时补偿反应堆内结构部件的热膨胀差，并减少作用在燃料组件上的冲击载荷。

图1-26和图1-27分别是压水堆燃料组件分解图和正在检修的压水堆燃料组件。

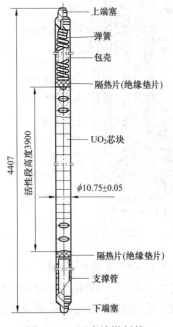

图1-25　压水堆燃料棒

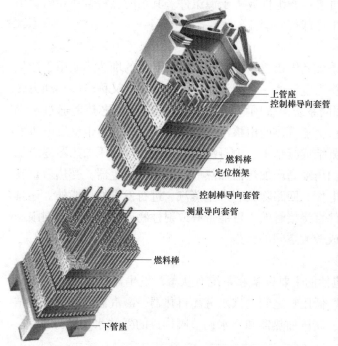

图 1-26 压水堆燃料组件分解图 　　　图 1-27 正在检修的压水堆燃料组件

（2）控制组件。控制组件是用于控制和调节反应堆反应性的部件。将强中子吸收材料（如银-铟-镉合金）封装在不锈钢包壳内形成控制棒。若干根控制棒固定在连接柄上构成控制棒组件，如图 1-28 所示。

（3）可燃毒物组件。可燃毒物组件是为了减少补偿初始堆芯剩余反应性所需的硼浓度，并展平中子注量率，避免出现慢化剂正温度系数而在堆芯设置的部件。将含有可燃耗的中子吸收材料（硼、钆等）封装，制成可燃毒物棒，并用连接板连接，组成可燃毒物组件。

（4）中子源组件。中子源组件是为了缩短反应堆起动时间并确保起动安全，反应堆中采用中子源点火。中子源可分为初级中子源和次级中子源两种。初级中子源主要用于首炉堆起动，常用的初级中子源有钋—铍源或锎源。次级中子源主要用于换料停堆后再起动，常用的次级中子源是锑—铍源。中子源组件是由钋—铍源棒、锎源棒、锑—铍源棒以及阻力塞与连接柄等组成。

根据反应堆物理计算，在规定位置的燃料

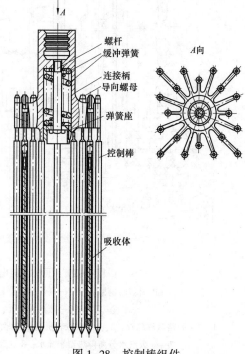

图 1-28 控制棒组件

组件导向管中分别插入控制棒组件、可燃毒物组件或中子源组件。其余的燃料组件导向管中插以阻力塞组件，以减少这些导向管中冷却剂的漏流。

二、二回路系统

对于压水堆核电厂来说，二回路系统具体指将一次冷却剂系统导出的堆芯热能用于产生蒸汽，并进一步通过汽轮发电机组转换为电能的一系列设备组合的整体，又称蒸汽和动力转换系统。图1-29为典型的压水堆二回路系统流程图。一次冷却剂携带的堆芯热能通过蒸汽发生器传给二回路给水，使之变成蒸汽，蒸汽热能由核汽轮机转变为机械能，带动发电机发电。核汽轮机的排汽在凝汽器被冷却凝结成凝结水，由凝结水泵升压流过低压加热器逐级加热，送入除氧器除氧，然后由给水泵加压经高压加热器加热后返回蒸汽发生器，受热后重新变成蒸汽，构成循环回路。压水堆核电厂二回路除具有产生蒸汽、进行发电的功能外，还具有隔离反应堆的作用，即将与燃料元件直接接触的、可能带有放射性物质的一次冷却剂限制在一回路系统压力边界之内，避免造成较大空间的污染。

（一）二回路系统的组成

从图1-29中可以看出，二回路包括的主要设备和系统有从蒸汽发生器到汽轮机主汽门的主蒸汽系统，核汽轮机，汽轮机高、低压缸之间的汽水分离再热器、凝汽器，以及由凝结水泵、低压加热器、除氧器、给水泵、高压加热器和给水调节阀构成的凝结水和给水系统。

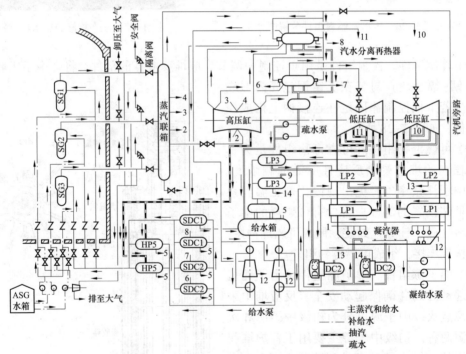

图1-29　压水堆核电厂典型二回路系统流程图

LP—低压加热器；HP—高压加热器；DC—疏水冷却器；SDC—汽水分离再热器

疏水冷却器；SG—蒸汽发生器；ASG—蒸汽发生器辅助给水系统水箱

1、2—旁路蒸汽总管；3、4—去汽轮机高压缸蒸汽总管；5—高压加热器及汽水分离再热器冷却器疏水；

6、7——级汽水分离再热器来疏水；8—二级汽水分离再热器来疏水；9—低压加热器疏水；

10、11—去汽轮机低压缸的蒸汽；12—汽轮机旁路管；13—进疏水冷却器的冷却水

（来自低压加热器）；14—疏水冷却器疏水（去凝汽器）

为保证上述设备及系统正常工作，二回路系统还设置有一系列的辅助系统及设备，包括与主蒸汽系统相连，由安全阀、卸压阀、大气排放阀及相应管道组成的蒸汽卸压系统；汽轮机甩负荷时将蒸汽排入凝汽器的蒸汽旁路排放系统；凝结水净化系统；起动、停堆和事故时用的辅助给水系统；蒸汽发生器排污处理系统等。

（二）二回路系统的特点

二回路系统范围内某些子系统或设备具有与常规火电厂汽水系统不同的特点。

（1）主蒸汽隔离阀。主蒸汽隔离阀是主蒸汽系统的重要部件，要求能快速关闭，关闭时间不超过 5s，以便在发生主蒸汽管道破裂事故时迅速隔离故障部位，防止蒸汽快速排放危及反应堆安全。

（2）蒸汽旁路排放系统。蒸汽旁路排放系统用于平衡反应堆与汽轮机之间的瞬时功率差。汽轮机甩负荷时，迅速将来自蒸汽发生器的多余蒸汽经旁路排放系统减温减压后直接排入凝汽器，使反应堆能按规定的速率减负荷，并避免主蒸汽系统安全阀动作。在起动和停堆期间亦可用本系统控制反应堆冷却剂平均温度。设计的蒸汽旁路流量通常为 40%、70% 和 85% 额定蒸汽流量。旁路阀快开时间应不超过 3s。为避免反应堆在零功率运行时旁路阀误动作开启所造成的反应堆过冷却，应设置多个旁路阀，每个旁路阀的排放量不超过反应堆零功率运行时所允许的最大冷却蒸汽流量。大功率汽轮机旁路阀数目可以为 8、10、12 个或 16 个。旁路阀排汽口应设置挡板或其他设施，以避免蒸汽直接冲击凝汽器传热管。

（3）凝结水净化系统。由于蒸汽发生器对水质要求较高，通常有 50% 或 100% 凝结水经本系统进行净化。其方法是使凝结水流经混合床，除去由于凝汽器传热管管板接头的泄漏及系统腐蚀所产生的少量盐类、二氧化硅及铜、铁等。

（4）给水加热器。压水堆核电厂最终给水温度通常高于火电厂的给水温度，以增加蒸汽发生器的蒸汽产量，一般为 220~230℃。凝结水和给水系统通常设置 3~4 级低压加热器、一级除氧器、1~3 级高压加热器及各自所属的疏水冷却器。

（5）除氧器。一般用热力除氧，大多采用高压除氧器，其工作压力通常在 0.6MPa 左右，常用高压缸排汽加热除氧。汽水分离再热器的疏水和高压加热器的疏水通常亦排入除氧器，以充分利用疏水的热能。

（三）蒸汽发生器排污处理

正常运行时，二回路系统内的汽、水基本上不带放射性，排污水经扩容器减温减压并检测放射性后，一般用循环水稀释排放或经离子交换器处理后排入凝汽器重复使用。但在蒸汽发生器传热管或管子管板接头泄漏时，则需经过滤器和离子交换器处理后，再检测其放射性，以决定稀释排放还是排向放射性废液处理系统。

（四）辅助（应急）给水系统

辅助给水系统原作为二回路系统的重要辅助系统之一，除用于起动和停堆时向蒸汽发生器供水外，主要用于失去正常给水事故时向蒸汽发生器应急供水，保持二回路系统在反应堆停闭后带出堆芯余热的能力。三里岛核电厂事故后，该系统对减轻事故后果的功能日益被认识和重视，现已改为专设安全设施系统之一，对辅助给水泵的水源和驱动能源的多重性和多样性提出了较高的要求。目前，核电厂一般设置专用的应急水源和应急电源如柴油发电机组，以保证事故后规定时间内有足够和可靠的水源。

（五）汽水分离再热器

汽水分离再热器是指核电厂饱和蒸汽汽轮机组高、低压缸之间用来将蒸汽除湿、加热的装置。

压水堆核电厂产生的饱和蒸汽通过汽轮机膨胀做功，如果不采取除湿措施，在汽轮机末级排汽的湿度将要达到24%左右。汽轮机在这种高湿度蒸汽条件下运行，动叶片会受到严重的侵蚀，机组的循环效率也会降低。

在汽轮机高、低压缸之间设置汽水分离再热器，将高压缸排出的较高湿度蒸汽在进入低压缸之前进行除湿、加热，使进入低压缸的蒸汽具有一定的过热度，则汽轮机末级排汽的湿度可降至火电汽轮机组相当的水平。设置汽水分离再热器，是核电厂饱和汽轮机组系统的主要特征。

核电厂产生的饱和蒸汽压力通常较低，压水堆核电厂的蒸汽压力为5.0~7.0MPa。汽水分离再热器的工作条件取决于汽轮机高压缸和低压缸的分缸压力。一般来说，通过合理选择高、低压缸的分缸压力，可使高压缸的排汽湿度在11%~14%范围内，经过汽水分离再热器除湿、加热，使进入低压缸的蒸汽具有一定的过热度，加上汽轮机设计上采取内部除湿措施，低压缸末级排汽湿度也可降至11%~14%。压水堆核电厂饱和汽轮机组高、低压缸的分缸压力通常为0.8~1.0MPa。因此，汽水分离再热器的进汽压力通常为0.8~1.0MPa（接近于分缸压力），其湿度在11%~14%。典型的汽水分离再热器采用两级加热器，第一级再热器采用高压缸一级抽汽作为加热蒸汽；第二级再热器采用新蒸汽作为加热蒸汽，汽水分离再热器剖面如图1-30所示、汽水分离再热器简图如图1-31所示。通过汽水分离再热器除湿、加热后，其出口蒸汽压力在0.7~0.9MPa，蒸汽的过热度一般为70~90℃。

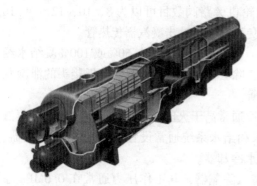

图1-30　汽水分离再热器剖面图

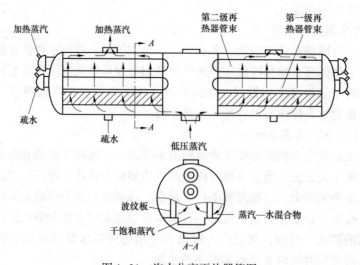

图1-31　汽水分离再热器简图

（六）核电厂汽轮机的特点

在压水堆核电厂中，常规岛的主要设备包括汽轮机、发电机、凝汽器、汽水分离再热器、高压加热器、低压加热器、除氧器、凝结水泵、给水泵等。这些设备的原理、结构形式等方面与常规火电厂基本相同。但是，由于压水堆核电厂在蒸汽参数、工艺流程等方面有特殊要求，因此，压水堆核电厂的汽轮机等设备在设计、制造、运行等方面又有不同的特点。

核汽轮机通常是指用于压水堆核电厂、沸水堆核电厂、重水堆核电厂和石墨水冷堆核电厂的饱和蒸汽汽轮机，其新蒸汽为含微量水分饱和蒸汽或微过热蒸汽。对于高温气冷堆核电厂和快中子增殖堆核电厂，其新蒸汽参数与常规高压火电厂的过热蒸汽参数大致相同，故可直接采用常规火力发电用汽轮机。核电厂汽轮机的特点有：

（1）新蒸汽参数低，且多为饱和蒸汽。对于压水堆核电厂来说，二回路系统中新蒸汽含水量（湿度）取决于一回路系统中蒸汽的温度，一回路系统中蒸汽的温度与其压力相对应。提高一回路系统中蒸汽的压力将使反应堆压力壳结构及其安全保障措施复杂化。因此，压水堆核电厂汽轮机的新蒸汽压力，应该按照反应堆压力壳设计的极限压力和温度来选取，一般在 $6.0 \sim 8.0$ MPa。由于汽轮机进汽为饱和蒸汽，高压缸大多数级在湿蒸汽区工作，湿蒸汽中水滴对材料的冲刷腐蚀较为严重，要求采取机内去湿措施和选用适当的材料。

（2）体积大、制造难度大。由于饱和蒸汽相对于过热蒸汽焓值低，做功能力小，其在汽轮机机中焓降少，因此，相同容量的核电汽轮机其进入的饱和蒸汽量要远大于常规汽轮机的进汽量。一般来说，在同等功率下，核电厂汽轮机的容积流量要比高参数火电厂汽轮机大 $60\% \sim 90\%$，所以汽轮机的体积、质量都要较大，生产制造的难度也较大。

（3）不设置中压缸。由于进汽焓值较低，在高压缸和低压缸之间一般不再设置中压缸。

（4）设置汽水分离再热器。为减少由蒸汽中水分引起的低压缸腐蚀和侵蚀，将高压缸排出的湿度较大的蒸汽经过汽水分离再热器去湿、再加热后，成为微过热的高温蒸汽，进入低压缸继续做功。

（5）由于排汽体积流量大，要求增加末级流通面积。一般采用增加流道数目（即增加低压缸数目）和采用半速汽轮机以提高末级叶片高度（全速汽轮机末级叶片高度为 $900 \sim 1000$mm，半速汽轮机末级叶片高度为 $1300 \sim 1500$mm）来满足要求。

（6）由于排汽余速损失对汽轮机效率有较大影响，故有时采用较高的设计背压（ $6 \sim 10$kPa），以降低排汽体积流量，从而降低余速损失。

（7）由于新蒸汽体积流量大，核汽轮机高压缸一般采用双流结构，且第一级叶片较高使喷嘴调节困难，故一般采用节流调节。

（8）甩负荷时，由于庞大的汽水分离再热器、给水加热器和抽汽管道，以及汽缸壁内表面水膜的蒸发，汽轮机超速可达 $25\% \sim 30\%$，需采取特殊超速保护措施。通常在汽水分离再热器和低压缸之间的再热蒸汽管道上以及加热器的抽汽管道上设置快关蝶阀，其关闭时间不超过 0.5s，这样有可能将超速限制在 6% 左右。

表 1-11 为我国某核电厂汽轮机的主要参数。

表 1-11　　我国某核电厂汽轮机的主要参数

参数名称	数值		参数名称		数值
额定出力（MW）	983.8		高压缸入口蒸汽参数	压力（MPa）	6.11
额定转速（r/min）	3000			温度（℃）	277
汽耗（kg/kWh）	5.607			湿度（%）	0.69
热耗（kJ/kWh）	15570			流量（kg/s）	1532.7
汽缸布置（双流式）	1（高压缸）+3（低压缸）		高压缸出口蒸汽参数	压力（MPa）	0.783
级数布置	每流道5级			湿度（℃）	170
抽汽级数	2（高压缸）+4（低压缸）			温度（%）	14.2
加热级数	7级			流量（kg/s）	1274.1
高压缸尺寸（长×宽×高，m）	6.31×3.25×3.89		低压缸入口蒸汽参数	压力（MPa）	0.74
低压缸尺寸（长×宽×高，m）	21.9×7.95×5.72			湿度（℃）	265
总尺寸（长×宽×高，m）	28.21×7.95×5.72			温度（%）	0
总质量（定子+转子，t）	970+130.5=1200.5			流量（kg/s）	1011.6
主汽门前蒸汽参数	压力（MPa）	6.63	低压缸出口蒸汽参数	压力（MPa）	0.0075
	湿度（℃）	283		湿度（℃）	40
	温度（%）	0.48		温度（%）	9.3
	流量（kg/s）	1532.7		流量（kg/s）	829.4

 能力训练

1. 对照图 1-17，分析压水堆核电厂一回路系统的工作过程，简述系统中主要设备的作用。

2. 对照图 1-29，分析压水堆核电厂二回路系统的流程。简述系统中主要设备的作用。

3. 绘制压水堆核电厂系统图，网络或书籍查找压水堆核电厂机组的有关参数资料，并把主要汽水参数标注在系统图中的正确位置。

4. 分析核电厂核汽轮机的特点。

任务五　核电厂事故及核安全

 任务目标

了解核电厂事故分类有关规定，能讲述分析已发生的核电厂典型事故；熟悉核电厂采取的安全措施，了解核电厂乏燃料的一般处理储存方法。

知识准备

核电厂安全事故含义较广，既包括正常运行时的一般故障，也包括因各种原因导致的设备损毁、核泄漏、人员伤亡和环境损害等。

一、核反应堆运行工况与事故分类

（1）正常运行和运行瞬变。这类工况出现较频繁，所以要求整个过程中无须停堆，只要依靠控制系统反应堆设计裕量范围内进行调节，即可把反应堆调节到所要求的状态，重新稳定运行点。

（2）中等频率事件，或称预期运行事件。此类事件出现概率相对较大，但后果并不严重。采用停堆、禁止提棒、排放蒸汽等措施，可防止事故的进一步扩大，不会损坏堆芯和一回路。

（3）稀有事故。这类事故在工作寿期内不一定发生，但仍有可能发生。少量元件可能损坏，但不会严重影响堆芯，一回路的完整性不会受到损坏，放射性物质可能会有微量扩散，但不影响厂区外的环境。

（4）极限事故。这类事故一般不会发生，但一旦发生后果严重，导致放射性物质扩散，对公众造成严重的危害。

需要做安全分离的核电厂事故见表 1-12。

表 1-12   需要做安全分离的核电厂事故

预期运行事件	稀有事故	极限事故
1. 反应堆启动时，控制棒组件不可控制地抽出。 2. 满功率运行时，控制棒组件不可控制地抽出。 3. 控制棒组件落棒。 4. 硼失控稀释。 5. 部分失去冷却剂流量。 6. 失去正常给水。 7. 给水温度降低。 8. 负荷过分增加。 9. 隔离环路再启动。 10. 甩负荷。 11. 失去外电源。 12. 一回路卸压。 13. 主蒸汽系统卸压。 14. 满功率运行时，安全注射系统误动作	1. 一回路系统主管道小破裂。 2. 二回路系统蒸汽管道小破裂。 3. 燃料组件误装载。 4. 满功率运行时抽出一组控制棒组件。 5. 全厂断电（反应堆失去全部强迫对流）。 6. 放射性废气、废液的事故释放。 7. 蒸汽发生器单根传热管断裂事故	1. 一回路系统主管大破裂。 2. 二回路系统蒸汽管道大破裂。 3. 蒸汽发生器多根传热管断裂。 4. 一台冷却剂泵卡死。 5. 燃料操作事故。 6. 弹棒事故

二、核电厂事故

核能为人类带来了能源开发的曙光，为社会发展提供了大量电能，然而人类利用核能发电也付出了沉重的代价，发生核泄漏事故多起，其中比较严重的有三次：美国三里岛核电厂事故、苏联的切尔诺贝利核电厂事故、日本福岛核电厂事故。

（一）三里岛核电厂事故

1979 年 3 月 28 日清晨 4 时，美国宾夕法尼亚州哈里斯堡附近的三里岛核电厂 2 号压水堆发生的堆芯严重损坏事故，一般简称为 TMI-2 事故。2 号压水堆机组的净电功率为 960MW，1978 年 3 月 28 日达到首次临界，1978 年 12 月 30 日投入商业运行。

TMI-2 事故的起因是二回路给水泵跳闸和事故给水管线上的阀门由于误操作处于关闭状态，造成蒸汽发生器二次侧给水中断。这本来是蒸汽发电厂的一种普通故障，是容易处理的。但在处理过程中出现的机械故障和人为误操作等多重原因导致了核电史上第一次反应堆堆芯严重损坏事故。

在蒸汽发生器失去给水后，一回路压力升高迫使反应堆自动停堆，并使稳压器的卸压阀开启。但当一回路压力回降到卸压阀应当关闭的整定值时，卸压阀却未关闭，使一次冷却剂继续经卸压阀流至卸压箱。因为控制室没有设置显示卸压阀开启和关闭信号的仪表，上述状况达两个半小时之久未被操作人员发现。

当一回路压力下降到 12MPa 时，应急堆芯冷却系统自动投入。几分钟后，操作人员根据稳压器的水位测量仪表的指示，误认为向堆芯注入的水量可以减少，于是部分关闭应急堆芯冷却系统，只留一台高压安全注射泵继续运行。实际上此时一次冷却剂从卸压阀流失的量大于注入的补给量，使反应堆一回路压力继续下降。当一回路压力降到冷却剂饱和压力以下时，反应堆堆芯冷却剂开始汽化，形成汽泡。在事故发生后约 75min，由于汽—水混合的作用，一次冷却剂泵发生强烈振动。操作人员为了防止损坏一回路管道先后关闭了 4 台一次冷却剂泵。这时，只有早先投入的 1 台高压安全注射泵在运行，其流量仅为导出反应堆余热所需最小冷却剂流量的 1/3。因此，堆芯冷却条件严重恶化。约在 110min 时，堆芯冷却剂开始沸腾，在堆容器内形成汽腔，致使部分核燃料暴露于汽腔之中。燃料温度升高而逐渐达到二氧化铀芯体熔化温度，锆—水反应产生的氢气和水蒸气又不断扩大汽腔，致使约 2/3 的堆芯熔化。在 174min 时，两台一次冷却剂泵重新起动，在 200min 时高压注射系统也全面投入运转，大量的水注入反应堆容器，才使这次事故没有扩展成为灾难性的。

该核电厂职工在事故中无一人死亡，只有三人受到的剂量略高于职业照射限值。这些数据表明，三里岛核电厂堆芯严重损坏事故造成的辐射影响是很小的。

三里岛核电厂事故造成的直接经济损失十分巨大，仅反应堆设备损坏和长期清理费用就约达 20 亿美元。

（二）切尔诺贝利核电厂事故

1986 年 4 月 26 日凌晨 1 点 24 分，位于苏联乌克兰基辅市东北 130km 处（现乌克兰、白俄罗斯和俄罗斯的边界附近）的切尔诺贝利核电厂 4 号反应堆发生了堆芯熔化、部分厂房倒塌和大量放射性外逸的严重事故。

该事故属于瞬发超临界事故。其触发事件是做汽轮发电机惰走带厂用负荷试验时操作不当，但根本的原因是反应堆堆芯设计和控制保护系统设计上的弱点，以及核安全文化低所致。

切尔诺贝利核电厂 4 号堆是 1000MW 级大型石墨管道式沸水反应堆，20 世纪 70 年代初设计，于 1983 年 12 月投入运行。此堆在设计上有两个主要的安全不利因素：随着燃料燃耗加深堆芯出现正汽泡反应性效应和正功率反应性系数；控制棒挤水棒的正反应性效应（控制棒下端连接着石墨制成的挤水棒，当整个控制棒提到堆芯以上位置时，挤水棒下端堆芯孔道内留有 125cm 的水柱。当控制棒插入堆芯时，石墨挤掉水柱，石墨的中子吸收截面比水的中子吸收截面小得多，因而引入正反应性）。这些负面效应早在 1983 年同类型的立陶宛依格纳里娜核电站的反应堆上被发现了，有关研究设计单位也进行了研究并提出过改进措施，但没有引起管理机构的重视，因而没有采取任何措施，甚至没有把这方面的信息通告各运行单位。

1986 年 4 月 25 日乘计划停堆进行检修之前的机会，做汽轮发电机惰走带厂用负荷试验。在 4 月 25 日 1 时开始降低功率做试验准备至 26 日 1 时 23 分开始进行试验长达 24h 的过程中，操作人员由于安全意识不强和监测显示系统落后而造成的不当操作主要是反应堆热功率曾降到 30MW（中子功率为零），随后升高到 200 MW（按试验大纲规定应当在 700 MW 进行）；为了克服当时反应堆严重的氙中毒使功率提高而把原来插在堆芯的控制棒大部分提升到堆芯之上（按安全要求，堆内至少应有 30 根手动棒，而在 4 月 26 日 1 时 22 分 30 秒堆芯内仅有 6~8 根）。

4 月 26 日 1 时 23 分开始做汽轮发电机惰走试验时，反应堆处于正汽泡反应性效应占优势的状态，功率反应性系数为正值。1 时 23 分 40 秒，值班长命令按下紧急停堆按钮，使所有控制棒和事故保护棒插入堆芯。由于大多数控制棒高悬于堆芯之上，在初始插入时因前面所述的挤水棒正反应性效应在堆芯下部功率峰值处（此堆轴向功率分布当时具有双峰）引入正反应性，与当时反应堆内的正汽泡反应性和正功率反应性效应相结合，在十几秒钟时间内导致中子功率剧增，核燃料熔化。熔融的燃料与冷却剂剧烈反应引起蒸汽爆炸，石墨燃烧，一回路系统和反应堆厂房被破坏，大量放射性物质释入大气。爆炸飞射出的灼热碎片散落到邻近汽轮发电机厂房和其他辅助设施上，引起多处着火。

苏联有关部门及时有效地组织了控制事故和消除事故后果的工作。大火于 4 月 26 日晨 5 时被扑灭。向毁坏的反应堆投掷堆集了碳化硼、白云石、铅、砂子、黏土等材料约 5000t，用以封闭反应堆厂房和抑制裂变产物外逸。1986 年 11 月在 4 号堆废墟上建起了钢和混凝土构成的密封建筑物，把废堆埋藏在里面。对切尔诺贝利核电厂厂区和周围地区持续地进行放射性污染清理。参加消除事故后果的总人数达 20 万之多。1986 年 4 月 27 日至 8 月中从切尔诺贝利核电厂周围地区（约 30km 半径）疏散了 116000 名居民。

事故初期（4 月 26—5 月 4 日）释放到大气的放射性物质随风飘移，先向北，后向西转西南及其他方向散布。事故放射云于 4 月 27 日到达瑞典和芬兰。4 月 29—5 月 2 日，污染空气扩散到欧洲其他国家。长时间大范围的大气运动把释出的放射性物质散布到整个北半球，5 月 4 日到达中国。南半球未受到气载放射云的污染。

在切尔诺贝利事故中，有 237 名职业人员受到有临床效应的超剂量辐照。其中 134 人呈现急性辐射病征兆，当中 28 人在 3 个月内死亡，另外两名工作人员在爆炸事故中直接致死。

（三）日本福岛核电厂事故

2011 年 3 月 11 日 13 时 46 分，日本发生 8.8 级地震，震中位于日本本州岛仙台港以东 130km 处，地震引发海啸，造成约 1 万人死亡或失踪。福岛第一、第二核电厂是当时世界上最大的核电厂，位于日本东北部的福岛工业区，共有 10 个反应堆，均为 20 世纪 70 年代建造的沸水堆核电厂，大都已接近或超过服役年限。

该次地震对福岛第一核电厂造成强烈破坏。地震发生后，福岛第一核电厂的 1、2、3 号机组和第二核电厂的全部机组均成功实现"停堆"；事发时，第一核电厂另外的 4、5、6 号机组处于定期检修状态。在停堆后，核燃料棒仍然放出大量自衰变热量，需要继续冷却，直至实现"冷温停止"的稳定状态，所以在"停堆"后需要启动柴油发电机以维持冷却水循环。但不幸的是，在 1h 后，海啸带来的洪水淹没了柴油发电机，导致水泵缺乏电力供应，第一核电厂的 1、2 号机组和第二核电厂的 1、2、4 号机组丧失冷却功能。这一故障，导致反应堆压力容器内水温和压力上升，混凝土安全壳蒸汽压力上升。

由于温度过高，第一核电厂 1 号机组反应堆压力容器内的冷却水蒸发速度加快，出现水位下降情况，核燃料棒上部露出水面处于干烧状态。下午 15 时许，1 号机组探测到附近放射性元素铯-137，这表明燃料棒的锆合金外壳已经熔毁，堆芯融化险情首次出现。

随后几天，第一核电厂 1、2、3 号机组厂房相继发生氢气爆炸，这是锆合金在高温下与水发生反应产生的氢气，这些氢气泄漏至最上层的操作厂房发生爆炸，使整个厂房的外壁顶部被炸飞。

本次核事故现场造成 10 多人伤亡，核泄漏影响区域甚广，最终定级为第七级，与苏联切尔诺贝利核电站核泄漏事故等级相同。造成事故的原因，首先是特大地震加上海啸这种突如其来的天灾，其次是机组本身的缺陷所致。福岛第一核电站的第 1~4 号机组在 1971~1978 年间投入运行的沸水堆机组，且均已达到或接近服役寿命。另外，沸水堆机组本身的安全性能也比压水堆要差。从此次核事故发展进程来看，福岛第一核电站厂在震后的最初 5 天时间里，是依次出现险情并逐步扩大的。说明日本政府应对处理事故的能力存在明显不足。

从福岛核事故的发生、发展、处理等进程来看，"天灾"固然是主要原因，但"人祸"也是重要原因，其影响极其深远。欧洲能源专员冈瑟-厄廷格将此次福岛核电站厂事故形容为"现代启示录"，各国政府应该从这次核事故中吸取教训，更好地保证核电厂的安全。

三、核安全

核安全的总目标是：在核电厂里建立并维持一套有效的防护措施，以保证工作人员、居民及环境免遭放射性危害。

核安全的辅助目标：①辐射防护目标。确保核电厂在正常运行时及从核电厂释放的放射性物质引起的辐射照射保持在合理可行尽量低的水平，并且低于规定限值，还保证事故引起的辐射程度得到缓解。②技术安全目标。有很大把握预防核电厂事故的发生；对于核电厂设计中考虑的所有事故，甚至对于发生概率极小的事故都要确保其放射性后果（如果有）是小的；确保会带来严重放射性后果的严重事故发生的概率非常低。

根据 GB 6249—2011《核动力厂环境辐射防护规定》，采用最大可信任事故的放射性后果作为分析和评价。所谓最大可信任事故，就是反应堆堆芯熔化，但是有安全壳和安全设施可用，其发生概率小于 10^{-5}/（堆·年），是核电厂寿期内极不可能发生的假想事故。

（一）核反应堆的安全设计

核反应堆的最大特点是运行时要产生大量放射性裂变物质，反应堆和一回路是个巨大的辐射源。核电厂的首要问题是在正常工况或事故工况下，都能把这些放射性物质安全地控制起来，确保工作人员与公众的安全。

核电厂采用的安全设计原则是：纵深设防，多重屏障。

1. 纵深设防

通常纵深设防是通过三级安全防线的考虑来贯彻。

（1）第一级安全性考虑：在核电厂的设计、建造和运行中采用多种有效措施，把发生事故的概率降到最低程度。

要求：反应堆及动力装置的设计必须包括内在的安全特性；系统对于损伤必须有的最大耐受性；设备必须有冗余度和可检查性及运行前整个工作寿命内的可实验性。冗余度是指平行而独立的采用两个或两个以上的类似部件或系统，一旦一个失败也不会影响正常运行。

内容：①反应堆需要负的瞬时温度系数与空泡份额；②运行条件下性能确实稳定的材料

才允许做燃料、冷却剂及与安全有关的结构物；③仪表控制系统必须满足要求，有充分的冗余度；④建造与设备安装按工程实践的最高标准进行，必须保证部件质量、能够连续安装、定期检测。

（2）第二级安全性考虑：核电厂必须设置可靠的安全保护系统。一旦发生事故，该系统能对人身与设备进行安全保护，防止或减少事故的危害。

内容：①反应堆有两套独立的停堆系统；②必须备有两套独立的电源，包括两路分开的厂外电源、厂内事故电源，以及能够快速启动且有一定冗余数量的柴油发电机组。此外，还应有为仪表供电的蓄电池直流电源。

（3）第三级安全性考虑：在发生某些假想事故而一些保护系统又同时失效时，必须有另外的专设安全措施投入动作。如应急堆芯冷却系统（ECCS），以防止失水事故下燃料的熔化及裂变产物的释放。

根据三级安全性考虑的纵深设防原则，可以制造出一套通用的设计准则，并对核电厂的各种部件、系统建立起设计、制造、试验、运行等各种安全措施。

2. 多重屏障

为了防止正常运行或设备事故状态下放射性物质泄漏外逸，所有的反应堆系统都采用了多重屏障。

（1）第一重屏障：燃料芯块。裂变碎片射程很短（10^{-3}cm）。除表面外，绝大部分裂变碎片包容在芯块之中。气态裂变产生如碘、氪、氙等核素，一部分会因扩散从燃料芯块中逸出。第一重屏障大约能留住98%以上的裂变产物。

（2）第二重屏障：用锆合金制成的燃料元件包壳管，可以防止气体裂变产物及裂变碎片进一步外逸。对于高温气冷堆，燃料呈颗粒状，每颗粒子都有热解碳涂层包壳。压水堆正常运行时，数以万计的燃料棒中有少数几根如果发生破裂，使少量放射性物质从第二层屏障泄漏。这时，压力容器和一回路管道就会起到很重要的屏障保护作用。

（3）第三重屏障：压力容器与一回路管道组成的压力边界。流经燃料元件的一次冷却剂是被限制在压力容器与一个或数个一回路环路内流动的，这个压力容器与一回路管道组成了又一道密封屏障，可进一步防止放射性物质外逸。后者包括从燃料棒中泄漏出来的裂变产物，同时也包括从冷却剂中产生或进入冷却剂的活化物质。在绝大多数反应堆中，大部分放射性物质可以通过冷却剂净化系统除去。

（4）第四重屏障：安全壳。所有反应堆都需安全地包容在安全壳壳体之内，安全壳是防止放射性物质向外扩散的最后一道屏障。

安全壳大致是一座顶上呈半球形的圆柱状密封建筑，如图1-32所示。直径为30～40m，总高约60m，通常由厚1m的预应力混凝土结构制成，内有厚约38mm的钢制衬套。整个一回路即为压力容器、稳压器、蒸汽发生器、主泵以及应急堆芯冷却系统的安全注射水箱等全部包容在安全壳之中。

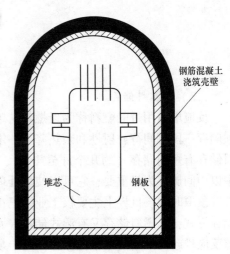

图1-32 安全壳屏障

安全壳内有最主要的安全设施是堆芯应急冷却系统。一旦反应堆发生断管事故，堆内水外漏，该系统可立即把水注入反应堆，使其重新淹没在水中，不致过热而熔化。

（二）核安全文化

1986 年，切尔诺贝利核电厂事故的发生，引发了核安全文化概念的提出和发展。

核安全文化是存在于单位和个人中的种种特性和态度的总和，它建立一种超出一切之上的观念，即核电厂安全问题由于它的重要性要保证得到应有的重视。

核安全文化是所有从事与核安全相关工作的人员参与的结果，它包括核电厂员工、核电厂管理人员及政府决策层。与核安全相比，核安全文化是一种意识形态。核安全文化内容如图 1-33 所示。

核安全文化作用于或表现在以下两个领域：

（1）核电厂领导阶层和国家政策方面。他们必须通过自己的具体行为为每一个工作人员创造有益于核安全的工作环境，培养工作人员重视核安全的工作态度和责任心。领导层对核安全的参与必须是公开的，而且有明确的态度。

（2）个体的行为方面。必须有端正的工作态度、严谨的工作方法及必要的相互交流。只有各个层次的人在自己的岗位上尽职尽责，满足核安全的要求，核安全文化才会得到发展和提高。

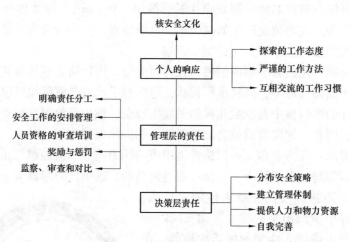

图 1-33　核安全文化的内容

（三）乏燃料储存

反应堆内用过的燃料称为乏燃料。乏燃料的比活度很高，还可以释放大量的衰变热，必须储存一段时间待放射性和余热降到一定程度后再进行操作及处理。按储存时间长短，乏燃料储存有短期储存（约几个月至几年）、中间储存（十几年至几十年）和长期储存 3 种。其中以中间储存为最重要，它可以使后处理推迟几十年，或为寻求放射性废物的最佳最终处置方案争取时间。世界上主要核工业国正在研究各种类型的中间储存装置，有些已经建成。按储存方式，乏燃料储存又有湿式储存（水池储存）和干式储存之分。自 1942 年建造第一座核反应堆起便开始使用水池储存。七十余年来，储存水池不仅在结构和设备上有所发展，而且增加了泄漏监测系统、池水清洁设备，设计了抗震的储存格架，用密集储存取代了普通储存。经验证明，水池储存是安全可靠的。但水池储存需要连续运行和维修，且产生二次废物，所以又发展了干式储存。到 20 世纪 80 年代，干式储存已发展到了利用空气自然冷却的金属屏蔽容器，直接储存在地面的建筑物内。

1. 湿式储存

湿式储存，即水池储存。由于世界上核电厂增加速度很快，而后处理能力很小，有些国家的现政策又不允许建立后处理厂，因此多年来各国对乏燃料湿式储存采取了一系列的措施以增加储存能力。如：①改进原核电厂的储存水池，使用密集格架；②将乏燃料组件拆成燃料棒再装入钢制容器中，储存到水池中；③按密集储存方式新建和扩建储存水池等。

(1) 储存水池。储存水池有两种结构：①在构筑物内建造内衬不锈钢的混凝土结构储存水池。水池内分割成若干小水池，每个小水池均装有储存格架。水池之间有水闸门隔开。储存水池设有冷却、通风、剂量监测、泄漏监测、补水及装卸料系统和检查及修复等装置。②利用地下岩洞建造的储存水池。岩洞有防止外部冲击的良好性能，在内部意外事故下也可隔离环境，从而使环境免受污染。

(2) 储存格架。储存格架有不含中子吸收材料和含中子吸收材料的两种。前者利用乏燃料间的距离来控制临界；后者将中子吸收材料制成方形孔道并依次焊在一起，底部与厚钢板底座相连。底座上开孔，以便水通过孔道冷却乏燃料。

由于乏燃料带有强放射性和余热，对储存水池的设计及其运行必须遵循以下要求：①抗震，地震等自然灾害能直接破坏水池，或因格架、起重机等掉入而损坏水池，故储存水池应按一级抗震要求设计；②核设计，在乏燃料最大储存容量下确保将其布置得处于次临界状态，为此，在设计中假定燃料是未经过辐照的和水池充满纯水，此时格架及转运装置形成的增殖系统的有效增殖系数不超过 0.90；③热工水力设计，水池冷却系统必须考虑在正常运行条件下，当水池存满乏燃料时，水池的最高温度不超过 50℃；④其他，如对起重机操作、防护水层高度和水位监测、避免乏燃料损伤等都有一定的要求。

2. 干式储存

世界各国已建成的干式储存设施主要有空气冷却储存室、干式混凝土容器、干井及金属容器四种。

(1) 空气冷却储存室。空气冷却储存室是将乏燃料储存在重混凝土屏蔽的空气冷却储存室，空气通过自然对流将乏燃料的衰变热带走，由烟囱排出。储存室内分隔成若干圆柱形孔道，带有外包装容器的乏燃料组件垂直存放在孔道内。储存室可设置在地面，也可在地下。储存库设有气体监测系统以监测放射性和包装容器的泄漏。

(2) 干式混凝土容器。干式混凝土容器由圆柱形钢筋混凝土本体及顶盖构成。外径/内径×高为 3m/1m×7.6m，总质量约 130t。空气从其底部进入，由顶部排出。带走乏燃料释放的余热。装有乏燃料组件的容器可储存在普通的地面建筑物内。储存厂房应设有装料设备间、转运通道、容器装车间及控制室等，所有工作间均采用钢筋混凝土结构。

(3) 干井。干井由混凝土构成，内放置碳钢制井筒，井口有混凝土塞子。装有乏燃料组件的格架储存在干井中。干井储存库一般由接收、转运及储存三部分组成。带有外包装的乏燃料组件在接收设施内放入格架，在转运设施中进入屏蔽运输容器，最后用门式吊车运到干井储存。储存区内也设有连续的放射性气溶胶监测器。

(4) 金属容器。金属容器由内衬不锈钢套的球墨铸铁或锻钢制成。壁厚约 300~400mm，壁外有散热片。盖子分两层，内层为屏蔽层，外层起固定作用。容器内装有由厚 15mm 的含硼铝板制成的格架，为装载乏燃料组件之用。对设计好的金属容器要根据屏蔽、临界计算、热力和强度分析及正常和事故条件下的试验进行安全分析。

外径/内径×高为 2500mm/1200mm×7000mm 的金属容器质量为 120t，可装压水堆燃料组件 12 束或沸水堆燃料组件 33 束。装有乏燃料组件的金属容器运到储存库储存。典型的储存库大小为长 180m、宽 38m、高 20m，由卸料区、容器服务站、控制室和储存区四部分组成。从运输车卸下储存容器，经过密封性、剂量等检查，合格的容器进入储存区储存。上述的储存库可储存 420 个容器，每个容器上均设有密封监测装置，由控制室集中进行监测。储存区应有良好的通风，库内有 γ、中子监测系统，墙和屋顶要有附加屏蔽，确保厂外周围剂量率小于 0.01mSv/h。

与湿式储存相比，干式储存的乏燃料不直接与空气接触，几乎无二次废物，其运行和维修也比较简单，环境污染也较少，扩建的灵活性较大，又适于长期储存，但容器的制造费用颇高。

两种储存方式各具优缺点。水池储存在设计、建造及运行方面都积累了丰富的经验，其技术还在不断发展，今后仍将继续使用。早期建造的一些储存水池正在陆续改装成密集存放。干式储存的形式较多，各主要工业国仍在探求新的方式。德、法、美、日等国均开展了容器储存技术的研究。为了降低容器的制造费用、储存费用以及储存空间，目前，容器中装载的乏燃料组件的冷却时间已由原来的 6 个月延长至 5、8 年甚至 10 年。这样，外径、高度与质量相近的容器就可由装载 12 组压水堆乏燃料组件扩大为 28 组，从而充分利用了储存库。

 能力训练

1. 查找相关资料详细介绍苏联的切尔诺贝利核电厂事故发生过程。

2. 查找相关资料详细介绍日本福岛核电厂事故发生过程，对如何防止发生类似事故提出自己的观点。

3. 为防止正常运行或设备事故状态下放射性物质泄漏外逸，分析反应堆系统都采用了哪些安全屏障？

任务六　核电技术的发展

 任务目标

熟悉世界核电技术的发展过程，熟悉三代和三代+核电技术的代表性核电机组类型，了解第四代核电技术的技术目标和堆型。

知识准备

核裂变能发电技术，自 20 世纪 50 年代以来，已经历了两个阶段，即早期的原型核电厂阶段，以及随后大量建设并延续至今的商用核电厂阶段。从 21 世纪开始，进入第三阶段，即先进核电厂阶段。大部分的堆型均经历了前两个阶段，比较有发展前途的压水堆、沸水堆、重水堆则正在过渡到第三个阶段。在这几个阶段中，每种堆型的基本概念没有本质变化，国际上将它称为"代"，即第一代、第二代、第三代。

目前，国际上广为关注的新一代核电技术，即第四代核电技术，还处于研究开发和概念设计阶段，它们与前几代核电厂在概念上有很大的不同，有些堆型在20世纪曾建过一些实验装置或试验堆，个别的如钠快中子堆还建立过原型堆和示范堆。但目前第四代反应堆还尚未达到工程批量建设的水平。

第一代核能发电技术是利用原子核裂变能发电的初级阶段，从为军事服务走向和平利用，时间大致在20世纪50年代到60年代中期，以早期开发的原型堆核电厂为主。例如，美国西屋电气公司开发的希平港（Shipping port）核电厂，通用电气公司（GE）开发的民用沸水堆核电厂，苏联于1952年在莫斯科附近奥布宁斯克建成第一座压力管式石墨水冷堆核电厂。

第二代核电厂基本仿照了第一代核电厂的模式，只是技术上更加成熟，容量逐步扩大，并逐步引入先进技术。

第二代核能发电是商用核电厂大发展时期，从20世纪60年代中期到90年代末，所兴建的核电厂大多属于第二代的核能发电机组。就大部分压水堆而言，自美国西屋公司开发的标准型的Mode 312、314、412、414后，形成压水堆核电机组的主流。前后共形成两次核电厂建设高潮，一次是在美国轻水堆核电厂的经济性得到经验之后，另一次是在1973年世界第一次石油危机后，使得各国将核电作为解决能源问题的有力措施。

第二代核电厂的建设形成了几个主要的核电厂类型，它们是压水堆核电厂、沸水堆核电厂、重水堆（CANDU）核电厂、气冷堆核电厂及压力管式石墨水冷堆核电厂。到目前为止，在运行的反应堆有440多座，最大的单机组功率为1500MW，总运行业绩达到上万堆·年。

石墨气冷堆核电厂由于其建造费用和发电成本竞争不过轻水堆核电厂，20世纪70年代末已停止兴建。石墨水冷堆核电厂由于其安全性存在较大缺陷，自切尔诺贝利核事故以后，已不再兴建。

从20世纪80年代开始，世界核电进入一个缓慢的发展时期，除亚洲国家外，其他地区核电建设的规模较小。

一、第三代核电技术

一些发达国家的核电设备供应商利用自己的技术储备和积累的经验，先后开发了符合要求的、具备严重事故预防和缓解措施的先进轻水堆核电厂。同时在提高核电厂的经济性方面也采取了一系列措施，主要有：采用固有安全性理念，简化核电厂的设计；提高单堆容量，降低单位造价；加大燃耗，延长换料周期，缩短停堆换料时间，提高核电厂的可利用率；延长核电厂的寿命至60年，以及采用模块化设计、缩短建造周期。

第三代核电技术是现阶段建造核电厂的主要技术，其主要类型有先进压水堆核电厂、先进沸水堆核电厂、先进坎杜型重水堆核电厂。

（一）先进压水堆核电厂

1. AP600与AP1000先进非能动压水堆核电厂

AP600与AP1000先进非能动压水堆核电系统由美国西屋公司设计制造，其电功率分别为600MW和1000MW。主要特点如下：

（1）紧凑布置的反应堆冷却剂系统。反应堆冷却剂系统采用二回路，各由一台蒸汽发生器、两台屏蔽式电动泵、一条热管段和两条冷管段组成，电动泵的吸入管直接连接在蒸汽发生器下端，省去了泵的单独支撑。

（2）非能动的安全系统。由重力、自然循环和储能等按自然规律来驱动的安全系统，包括非能动余热排出系统、非能动安全注射系统以及非能动的安全壳冷却系统。

（3）熔融物堆内滞留。在严重事故下将堆芯熔融物保持在堆内，通过对压力容器外表进行冷却，是 AP1000 缓解严重事故的重要策略。

2. EPR 压水堆核电厂

EPR（European Pressurized Reactor）是法马通公司和西门子公司联合设计开发的面向 21 世纪的新一代改进型压水堆核电厂。它以法国 N4 型和德国 KONVOI 型核电厂为主要的设计参考，并充分吸收了法国和德国核电发展多年的设计、建造和运行经验，充分考虑到了当前的工业水平并采用了先进的技术，提高了总体安全水平，在经济性上具有竞争力。EPR 总体设计目标和安全指标都达到了第三代核电厂的要求。

EPR 是通过对现有技术较为成熟的压水堆加以改进而开发出来的，基本上沿用能动安全系统，增加其冗余度；降低燃料棒的线功率密度，提高安全余量；加大单机组容量；电功率达到 1500~1750MW，以降低单位功率造价，并采取相应的严重事故预防和缓解措施。其特点如下：

（1）简化冗余的安全系统结构。安全系统采用 $n+2$ 的概念，如 4 个系列的安全注射系统，安全壳内设置硼化水储存水箱，余热排出系统与低压安全注射系统组合在一起，设计基准事故不需要安全喷淋。

（2）双层安全壳。内层为金属衬里预应力钢筋混凝土安全壳，外层为钢筋混凝土安全壳，两层之间设有过滤排放系统，以防止安全壳超压，并保护环境。

（3）限制严重事故后果的设计。①在稳压器顶部设有专门的卸压阀，以防止严重事故情况下高压熔堆。②堆芯熔融物扩散捕集。反应堆地坑里充满"牺牲性"混凝土和耐熔材料，用以在堆芯熔融物在压力容器向外扩展时，收集熔融物，并转运至熔融物冷却区（堆芯捕集器）。③稳压器下部有循环冷却水通道，用以保护核岛基础底板；换料水箱中的水靠重力注入熔融物，使其冷却固定。④安全壳内装有氢复合器，以便在任何时候使氢的平均浓度保持在 10% 以下，从而避免发生氢爆的风险。

3. APWR 和 APWR+（USA PWR）压水堆核电厂

APWR 和 APWR+（USA PWR）压水堆核电系统是日本三菱公司与美国西屋公司合作开发的新一代压水堆核电厂。日本敦贺 3、4 号核电厂即采用先进压水堆 APWR 设计，于 2014 年和 2015 年投入商业运行。

APWR 同样是通过对现有四环路压水堆核电厂进行优化改进开发出来的，它采用 257 个 17×17 的燃料组件，电功率为 1580MW。其特点主要有 4 个系列专设安全系统：APWR 将应急堆芯冷却系统和安全壳喷淋系统，均设计成 4×50% 的机械系列，并将出水管线直接注入压力容器；换料水池设置在安全壳内；安注箱经优化设计，加大了注水范围，以满足早期迅速大量注入冷却水，尽早再淹没堆芯，及至堆芯再淹没后，以较小流量长时间注水使堆芯冷却下来。

APER+是在 APWR 基础上进行改进而成。它将燃料组件有效长度从 3.7m 增加到 4.3m，电功率增加到 1750MW。换料周期为 24 个月，可利用率的目标为 95%。安全系统的特点是利用蒸气发生器二次侧卸压，以导出衰变热；在大破口失水事故时，回路系统被低压安注泵注入的大量水淹没，破口出来的蒸汽被回路淹没水凝结。鉴于换料水池位于安全壳运转层上，即使低压安注泵失效，换料水池的水也能依靠重力能动地流入堆芯。安全壳通风系统的冷却水源采用多样化设计，以提高其可靠性。在主蒸汽管道破裂时，为保证堆芯硼酸的注入，硼酸注入箱利用减压沸腾原理维持硼注入箱压力，可非能动地注入堆芯。

4. APR1400 压水堆核电厂

APR1400 压水堆核电厂是在韩国标准两回路压水堆核电厂（KSNP）的基础上发展起来的，电功率为 1450MW。韩国标准核电厂的原型设计是"系统 80"，APR1400 则相当于"系统 80+"。

该型核电厂的安注系统采用 4 系列反应堆直接注入方式，并通过安装在安注箱内的流量调节设备，在发生失水事故时，调节安注流量，有效地利用冷却水；采用安全壳内设置换料水池，将稳压器排放管路连接到换料水池及非能动氢复合器，熔融物堆内滞留及堆外冷却等缓解严重事故措施。

几种先进压水堆核电厂的主要参数见表 1-13。

表 1-13 　　　　　　　　　　几种先进压水堆核电厂的主要参数

堆型	AP1000	EPR	APR1400	APWR/APWR$^+$
热功率（MW）	3400	4616	4500	4450/5000
电功率（MW）	1117	1700	1450	1530/1750
环路数	2（冷段 4）	4	2（冷段 4）	4
燃料组件	157	241	241	257
活性区高度（m）	4.27	4.2	3.81	3.66/4.27
线功率密度（kW/m）	18.7	16.67	18.4	16.4/15.8
进/出口温度（℃）	280.7/321.1	295.8/327.8	291/324	280.2/325 或 284.3/326.7
环路流量（m³/h）	2×17884	28326	2×18900	25800
冷却剂压力（MPa）	15.5	15.5	15.5	15.4
蒸汽压力（MPa）/温度（℃）	5.27/272.9	7.62/292.8	7.03	6.1 或 7.0
换料周期（月）	18~24	18~24	18	18~24

（二）先进沸水堆核电厂

1. ABWR 沸水堆核电厂

ABWR 沸水堆核电系统为改进型（先进）沸水堆，由美国通用电气公司、日本东芝公司和日立公司联合开发。已有两个机组在日本柏崎刈羽核电厂建成，称日本柏崎刈羽 6 号和 7 号机组，电功率为 1315MW，分别在 1996 年 12 月和 1997 年 7 月投产运行。ABWR 主要特点如下：

（1）采用先进的燃料和堆芯设计。采用最新的错衬垫燃料设计，以减少芯块——包壳相互作用，燃料棒沿轴向采用分区富集度布置，使轴向功率分布趋于均匀。采用内置式再循环泵，取消堆外再循环系统，简化了结构。再循环泵电动机采用湿式结构，电动机的绕组浸在水中，不需要轴密封。

（2）采用电力—水力组合的控制棒驱动机构。运行时用精密电动机驱动控制棒，而紧急停堆时利用液压驱动使控制棒迅速插入，从而实现快速停堆和精细调节的功能。

（3）采用 3 个独立的应急堆芯冷却和余热排出系统，每个系统负责堆芯 1 个区。每个区都有 1 个高压补给水系统和 1 个低压补给水系统。3 个高压补水系统当中，2 个为电动高压喷淋系统，1 个为汽动隔离冷却系统。3 个低压补水系统由余热泵排出热交换器组成，又称为低压堆芯淹没系统。

（4）采用先进的数字化检测控制系统。

（5）采用钢筋混凝土结构的安全壳，具有必要的强度以承受压力，内部衬有钢衬里，保证安全壳的气密性。

2. ESBWR 经济简化型沸水堆核电厂

1992 年，美国通用电气公司开始设计自然循环的沸水堆，其特点是采用非能动的安全系统，电功率 670MW，称简化型沸水堆（SBWR）。这一开发计划后来改变了，转向设计大功率、经济规模的、采用成熟技术和 ABWR 设备的 ESBWR，电功率 1560MW，热功率为 4500MW，设计寿命为 60 年。

ESBWR 的设计基于自然循环和非能动安全特性，以提高核电厂的性能和简化设计。ESBWR 的安全系统是非能动的。它包括以下内容：

（1）自动卸压系统。由安装在主蒸汽管上的 10 个安全释放阀门和 8 个卸压阀组成，分别将蒸汽排放到抑压池和干井。

（2）重力驱动的冷却系统。在自动卸压系统将反应堆容器卸压后，补给水靠重力流入容器。

（3）分离的冷凝系统。它由 4 个非能动的独立的高压环路组成，每个环路有一台热交换器。在反应堆停闭和全厂失电后，蒸汽将在管侧冷凝，热交换器管束放在安全壳外的大水池中，通过自然循环导出余热，可以在 72h 内不需要操作人员干预。

（4）非能动安全壳冷却系统。由 6 条安全相关的独立的低压环路组成，每个环路由一台热交换器与安全壳相通，凝结水及释放阀管线淹没在抑压池内，热交换器设置在安全壳外的大水池内。通过自然循环导出失水事故后安全壳内热量，并维持 72h 运行。

（三）先进坎杜型重水堆（ACR）核电厂

ACR 除继续保持坎杜（CANDU）型重水堆的水平压力管，不停堆装卸料，独立的低温、低压重水慢化回路等特点外，在设计上还做了如下改进：

（1）采用低富集度（1.65%）的二氧化铀燃料组件，新型的燃料组件（CANFLEX 型）棒束从 37 根增加到 43 根，平均线密度功率从 57kW/m 降到 51kW/m，使燃耗增加 3 倍，乏燃料减少 2/3。

（2）采用轻水冷却剂回路，提高蒸汽的压力和温度，提高核电厂的热效率。

（3）除了控制棒停堆系统外，还采用了在慢化剂中注入液态硝酸钆的第二停堆系统。

（4）将轻水屏蔽水箱作为严重事故时的后备热阱。

（5）全堆芯具有负的冷却剂空泡系数。

（6）安全壳采用钢衬里预应力混凝土结构。

二、第四代核反应堆技术

第四代核反应堆技术是目前还处于研究开发和概念设计阶段的新一代核电技术。它们与前几代核电技术在概念上有很大的不同。有些堆型曾建过一些实验装置或试验堆，个别的如钠块中子堆还建过原型堆或示范堆，但目前第四代反应堆还未达到工程批量建设的水平，是今后 20 年的发展堆型。

2000 年 1 月由美国、英国、瑞士、韩国、南非、日本、法国、加拿大、巴西、阿根廷 10 国，以及欧洲联盟共同组成了第四代核能开发的国际论坛（GIF），会上讨论了第四代核能系统研究开发的国际合作，并于 2001 年 7 月签署了合作宪章。

第四代核能系统具有挑战性的技术目标表现为四个方面：①可持续发展。要求充分利用核资源，减少核废物，特别是锕系元素的处置。②经济性。提高核电厂的发电效率和可利用率，降低建设成本和风险，以及核能的多种利用，特别是利用核能制氢。③安全性和可靠性。提高核电厂的固有安全性，增加公众对核能的信心。④防止核扩散。加强对恐怖主义的实体防卫。

第四代核反应系统（Gen-IV）是当前正在被研究的一组理论上的核反应堆。核工业界普遍认同，目前世界上运行中的反应堆为第二代和第三代反应堆系统，以区别于已退役的第一代反应堆系统。预期在 2030 年左右，向商业市场提供能够很好解决核能经济性、安全性、废物处理和防止核扩散问题的第四代核反应堆。

在第四代核反应堆的堆型方面，最初人们设想过多种反应堆类型。但是经过筛选后，重点选定了 6 个技术上有前途，且最有可能符合 Gen-IV 初衷目标的反应堆。它们是 3 种快中子反应堆和 3 种热中子反应堆：

（1）钠冷快中子反应堆系统（sodium-cooled fast reactor system，SFR）。

（2）气冷快中子反应堆系统（gast-cooled fast reactor system，GFR）。

（3）铅冷快中子反应堆系统（lead-cooled fast reactor system，LFR）。

（4）超临界水冷反应堆系统（supercritical-water-cooled reactor system，SCWR）。

（5）超高温气冷反应堆系统（very-high-temperature gas-cooled reactor system，VHT-GR）。

（6）熔盐反应堆系统（molted salt reactor system，MSR）。

第四代核反应堆代表国际核电技术的最新研究和开发进展，将是未来数十年的发展方向。

🔧 能 力 训 练

1. 概括世界核电技术的发展过程。

2. 查阅相关资料，阐述你怎样理解第三代核电技术和第四代核电技术？

综 合 测 试

一、名词解释

1. 自持链式反应；2. 核燃料；3. 核燃料的燃耗深度；4. 反应堆的反应性；5. 可燃毒物；6. 热中子核反应堆；7. 快中子核反应堆；8. 反应堆慢化剂；9. 反应堆冷却剂；10. 压

水堆核电厂；11. 沸水堆核电厂；12. 重水反应堆；13. 核电厂稀有事故；14. 核电厂极限事故

二、填空

1. 1896 年，科学家（　　　）发现了硫酸钾铀的天然放射性。

2. 哈恩、约里奥·居里及其同事哈尔班等人发现：在铀核裂变释放出巨大能量的同时，还放出（　　　）个中子。

3. 核聚变，目前主要是指（　　　）原子核结合成较重的原子核（　　　），同时放出巨大能量的过程。

4. 1g^{235}U 完全裂变所产生的能量为 $2.276×10^4$kW·h，相当于（　　　）kg 标准煤燃烧放出的热量。

5. 目前实际可用的易裂变核素有^{233}U、^{235}U 和^{239}Pu。天然铀是^{235}U、^{238}U 和^{234}U 的混合物，其中（　　　）和（　　　）的含量分别占 0.006% 和 0.71%，其余是（　　　）。^{233}U 和^{239}Pu 在自然界几乎不存在，但可以用（　　　）和（　　　）为原料在核反应堆中靠^{235}U 裂变时释放的中子来生产。因此，（　　　）和（　　　）称为可转换核素。可见天然铀是最基本的核燃料。

6. 核燃料在反应堆内（　　　）等运行条件下使用，一般需将核燃料装入由金属或合金制成的（　　　）内，两端焊接密封做成（　　　），再组装成燃料组件后在堆内使用。

7. 世界上绝大多数核电厂反应堆"燃烧"的核燃料是（　　　）。

8. 现有核电厂的（　　　）堆约占 61%，其次是（　　　）堆占 21%，（　　　）堆占 9%。

9. 沸水堆系统比压水堆简单，特别是省去了（　　　），减少了一大故障源。

10. 压水堆核电厂主要由（　　　）、（　　　）（简称一回路系统）、（　　　）（简称二回路系统）、循环水系统、发电机和输配电系统及其辅助设施组成。通常将一回路系统及核岛辅助系统、专设安全设施和厂房称为（　　　）；二回路系统和厂房与常规火电厂相似，称为（　　　）。电厂的其他部分，统称为（　　　）。

11. 堆芯由（　　　）、（　　　）及（　　　）等组成，在这些组件的空间充有作为（　　　）和（　　　）的水，形成反应堆内能进行链式反应的区域。

12. 控制组件是用于（　　　）和调节（　　　）的部件。将（　　　）（如银-铟-镉合金）封装在不锈钢包壳内形成（　　　）。若干根（　　　）固定在连接柄上构成控制棒组件。

三、问答

1. 为什么说核能是资源丰富的能源？
2. 简述^{235}U 的裂变反应过程。
3. 简述核裂变受控链式反应原理。
4. 简述沸水堆核电厂的工作流程。
5. 总结概括沸水堆与压水堆的异同点。

6. 简述压水堆核电厂一回路系统的主要作用。

7. 简述压水堆核电厂堆芯中燃料棒的构成、燃料组件的构成。

8. 简述压水堆核电厂中蒸汽发生器、冷却剂泵、稳压器、汽水分离再热器的作用。

9. 为防止正常运行或设备事故状态下放射性物质泄漏外逸，简述反应堆系统都采用了哪些安全屏障？

项目二　地　热　发　电

项目目标

了解地热资源的形成及类型；掌握地热发电方式及其特点；会识读、识绘地热发电系统图；熟悉地热能利用的发展状况和工程技术。

任务一　地　热　资　源

任务目标

熟悉地球的构造及地热能资源的形成，掌握地热能资源的类型，了解地热能的蕴藏量及其分布。

知识准备

一、地球的构造及地热能

（一）地球的构造

地球是一个巨大的实心椭球体，它的表面积约为 $5.11×10^8 km^2$，体积约为 $1.0833×10^{12} km^3$，赤道半径为 6378km，极半径为 6357km。地球的构造好像是一只煮熟的鸡蛋，主要分为 3 层，即地壳、地幔和地核，如图 2-1 所示。

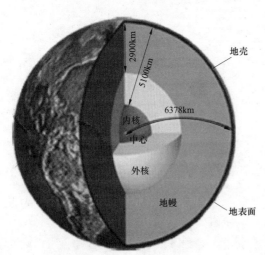

图 2-1　地球构造示意图

地球的最外面一层，即地球外表相当于鸡蛋壳的部分，叫作"地壳"，地壳由土层和坚硬的岩石组成，它的厚度各处不一，介于 10～70km 之间，陆地上平均为 30～40km，高山底下可达 60～70km，海底下仅为 10km 左右。地球的中间部分，即地壳下面相当于鸡蛋白的部分，叫作"地幔"，也叫作"中间层"，它大部分是熔融状态的岩浆，可分为"上地幔"和"下地幔"两部分，地幔的厚度约为 2900km，它由硅镁物质组成，温度在 1000℃以上。地球的中心，即地球内部相当于鸡蛋黄的部分，叫作"地核"，地核的温度在 2000～5000℃之间，外核深 2900～5100km，内核深 5100km 以下至地心，一般认为是由铁、镍等重金属组成的。地球内部各层温度示意如图 2-2 所示。

（二）地热能

地球内部所包含的热能称为地热能。它有两种不同的来源，一种来自地球外部，一种来自地球内部。地球表面的热能主要来自太阳辐射，位于表面以下约 15～30m 的范围内，温度随昼夜、四季气温的变化而交替发生明显的变化，这部分热能称为"外热"。从地表向内，太阳辐射的影响逐渐减弱，到一定深度，这种影响消失，温度终年不变，即达到所谓"常温层"。从常温层再向下，地温受地球内部热量的影响而逐渐升高，这种来自地球内部的热能称为"内储热"。

地球的内部是一个高温、高压的世界，是一个巨大的热能库，蕴藏着无比巨大的热能。据估计，全世界地热资源的总量，大约为 1.45×10^{26} J，相当于 4.948×10^{15} t 标准煤燃烧时所放出的热量。如果把地球上储存的全部煤炭燃烧时所放出的热量作为标准来计算，那么，石油

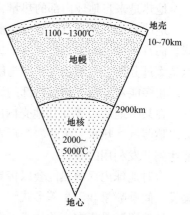

图 2-2　地球内部温度示意图

的储存量约为煤炭的 3%，目前可利用的核燃料的储存量约为煤炭的 15%，而地热能的总储存量则为煤炭的 1.7 亿倍。可见，地球是一个名副其实的巨大热能库。

关于地热能的来源问题，目前都一致承认，地球物质中放射性元素衰变产生的热量是地热的主要来源。放射性元素有铀 238（^{238}U）、铀 235（^{235}U）、钍 232（^{232}Th）和钾 40（40K）等，这些放射性元素的衰变是原子核能的释放过程。放射性物质的原子核无须外力的作用，就能自发地放出电子、氦核和光子等高速粒子并形成射线。在地球内部，这些粒子和射线的动能和辐射能，在同地球物质的碰撞过程中便转变成了热能。一般认为，地下热水和地热蒸汽主要是由在地下不同深处被热岩体加热了的大气降水所形成的。

在地壳中，地热的分布可分为 3 个带，即可变温度带、常温带和增温带。可变温度带由于受太阳辐射的影响，其温度有着昼夜、年份、世纪，甚至更长的周期性变化，其厚度一般为 15～20m；常温带，其温度变化幅度几乎等于 0，深度一般为 20～30m；增温带在常温带以下，它的温度随深度增加而升高，其热量的主要来源是地球内部的热能。

根据各种资料推断，地壳底部至地幔上部的温度大约为 1100～1300℃，地核的温度大约在 2000～5000℃之间。假如按照正常的地热增温率来推算，80℃的地下热水，大致埋藏在 2000～2500m 左右的地下。

陆地上的不同地区可划分为地热正常区和地热异常区。大地热流值是衡量地热正常区和地热异常区的一个重要指标。大地热流值是指单位时间内通过地球表面单位面积所散失的热量，用符号 HFU 表示，称为一个热流单位 ［1HFU = 4.1868×10^{-7} J/（cm^2 · s）］。从全球来看，地表大地热流平均值约为 0.06J/（m^2 · s），地表平均地温梯度为 1.5～3.0℃/km。凡接近上述平均热流值和地温梯度的地区，均称为地热正常区；凡是热流值和地温梯度超过上述平均值的地区，称为地热异常区。在地热正常区，较高温度的热水或蒸汽埋藏在地壳的较深处；在地热异常区，由于地热温增率较大，较高温度的热水或蒸汽埋藏在地壳的较浅部位，有的甚至露出地面。一般把那些天然露出的地下热水和蒸汽叫作温泉。除温泉外，人们也较容易通过钻井等人工方法把地下热水或蒸汽引导到地面上来并加以利用。在地热异常区，如果具备良好的地质构造和水文地质条件，就能够形成有大量热水或蒸汽的具有重大经济价值

的热水田或蒸汽田，统称为地热田。

二、地热资源的类型

地热是来自地球内部的热量，但是并非所有的地球热量都作为能源进行利用。

地球表面的热量有一部分会散发到周围的大气中，这种现象称为大地热流。据分析，地球表面每年散发到大气的热量，相当于370亿t煤燃烧所释放的能量。这种能量虽然很大，但是太过分散，目前还无法作为能源来利用。

很多能量埋藏在地球内部的深处，开采困难，也很难被人类利用。

在某些地质因素（如地壳内的火山活动和年轻的造山运动）作用下，地球内部的热能会以热蒸汽、热水、干热岩等形式向某些地域聚集，集中到地面以下特定深度范围内，有些能达到开发利用的条件。

有时地球内部的热能会以传导、对流和辐射的方式传递到地面上来，表现为可见的火山爆发、间歇喷泉和温泉等形式。

地热资源是指在当前技术经济和地质环境条件下，能够从地壳内开发出来的热能量和热流体中的有用成分。地质资源是集热、矿、水为一体的矿产资源。

经过地质调查和勘探验证，地质构造和热资源储量已经查明的地热资源，称为已查明地热资源或确认地热资源；经过了初步调查或是根据某些地热现象推测、估算的地热资源，称为推测地热资源。

从技术经济角度，目前地热资源勘查的深度可达到地表以下5000m，其中深度在地表以下2000m以内的为经济型地热资源，深度为2000~5000m的为亚经济型地热资源。

地热资源存在于一定的地质构造部位，有明显的矿产资源属性，因而对地热资源要实行开发和保护并重的科学原则。

（一）地热资源的存在形态

根据在地下的存在状态，地热资源可分为热水型、干蒸汽型、地压型、干热岩型和岩浆型等几类。其中，热水型和蒸汽型也常统称为水热型或热液型。

1. 热水型

热水型地热资源是存在于地热区的水从周围储热岩体中获得热量形成的，包括热水及湿蒸汽。

地壳深层的静压力很大，水的沸点很高，即使温度高达300℃，水也仍然呈液态。高温热水若上升会因压力减小而沸腾，产生饱和蒸汽，开采或自然喷发时往往连水带汽一同喷出，这就是所谓的"湿蒸汽"。

热水型地热资源，按温度可分为高温（高于150℃）、中温（90~150℃）和低温（90℃以下）三类。高温型一般有强烈的地表热显示，如高温间歇喷泉、沸泉、沸泥塘、喷气孔等。我国藏滇一带的地热具有这种特点。个别地区的地热资源温度可高达422℃，如意大利的那不勒斯地热田。

热水型地热资源很常见（如天然温泉），储量丰富，分布广泛，主要存在于火山活动地区和沉积盆地，开发比较便利，用途也多。

地热水中常含有大量的二氧化碳（CO_2）及一定数量的硫化氢（H_2S）等不凝性气体。此外，还会有0.1%~40%不等的盐分，如氯化钠、碳酸钠、硫酸钠、碳酸钙等，这类含盐的地热水具有一定的医疗作用。在利用地热水时，必须要考虑不凝性气体和盐分对热利用设备的影响。

2. 干蒸汽型

干蒸汽型地热资源是存在于地下的高温蒸汽。在含有高温饱和蒸汽而又封闭良好的地层，当热水排放量大于补给量的时候，就会因缺乏液态水分而形成"干蒸汽"。

地热蒸汽的温度一般在 200℃以上，干蒸汽几乎不含液态水分，但可能掺杂有少量的其他气体。

干蒸汽型地热资源的形成需要特殊的地质条件，因而资源储量少，只占全部地热资源的0.5%左右，而且地区局限性大，比较罕见，目前仅在少数几个国家发现。

干蒸汽对汽轮机腐蚀较轻，可以直接进入汽轮机，而且效果理想。因此，这类地热资源的利用价值最高，很适合用于汽轮机发电。现有的地热电站中有 3/4 属于这种类型，如世界著名的美国加利福尼亚州盖赛尔地热电站、意大利的拉德瑞罗地热电站。

3. 地压型

地压型地热资源主要是以高压水的形式储存于地表以下 2~3km 深处的可渗透多孔沉积岩中，往往被不透水的岩石盖层所封闭，形成长达上千千米、宽几百千米的巨型热水体，因而承受很高的压力，一般可达几十兆帕，温度为 150~260℃。地压水除了具有高压、高温等特点之外，还溶有大量的甲烷等碳氢化合物，每立方米地压水中含气量可达 1.5~1.6m³（标准状态）。因此，地压型资源中的能量，包括机械能（高压）、热能（高温）和化学能（天然气）三个部分，而且在很大程度上体现为天然气的价值。

地压型资源是在钻探石油时发现的，往往可以和油气资源同时开发，开采时需要注意对周围环境和地质条件的潜在影响。

4. 干热岩型

地壳深处的岩石层温度很高，储存着大量的热能。由于岩石中没有传热的流体介质，也不存在流体进入的通道，因而被称为"干热岩"。在国外多称之为热干岩（hot dry rock，HDR）。

现阶段，干热岩型地热资源主要指埋藏深度较浅、温度较高的有开发经济价值的热岩石。埋藏深度为 2~12km，温度远远高于 100℃，多为 200~650℃。

干热岩地热资源十分丰富，比上述三类地热资源大得多，是未来人们开发地热资源的重点对象。

提取干热岩中的热量需要有特殊的办法，技术难度较大。一般要在岩层中建立合适的渗透通道，使地表的冷水与之形成一个封闭的热交换系统，通过被加热的流体将地热能带到地面，再与地面的转换装置连接而加以利用。渗透通道的形成，可以通过爆破碎裂法或者凿井，使热流体在干热岩中循环，然后从干热岩取热。这是一种对环境十分安全的办法，它既不会污染地下水或地表水，也不会排出对环境有害的气体和固体尘埃。

5. 岩浆型

在地层深处呈黏性半熔融状态或完全熔融状态的高温熔岩中，蕴藏着巨大的能量。

岩浆型地热资源约占地热资源总量的 40%，其温度为 600~1500℃。大多埋藏在目前钻探还比较困难的地层中。在一些多火山地区，这类资源可以在地表以下较浅的地层中找到，有时火山喷发还会把这种熔岩喷射到地面上。

当熔岩上升到可开采的深度（小于 20km）时，可用于和载热流体进行热交换。可以考虑在火山区域钻出几千米的深孔，并抽取熔岩。

耐高温（1000℃）、耐高压（400MPa）且抗强腐蚀性的材料比较难找，而且人类对高温高压熔岩的运动规律还了解很少，目前还没有可行的技术对岩浆型地热资源进行开发。

目前人类开发利用的地热资源，主要是地热蒸汽和地热水两大类，已经有很多的实际应用。干热岩型和地压型两大类资源尚处于试验阶段，开发利用很少，不过干热岩地热资源储量巨大，未来可能有大规模发展的潜力。岩浆型资源的应用还处于课题研究阶段。

（二）地热田

从几千米的地层深处打井取热，在技术上和经济上可能都不划算，最好是能够在地壳表层和浅层寻找"地热异常区"。那里地热资源埋藏较浅，若有良好的地质构造和水文地质条件，就能够形成富集热水或蒸汽的地热田。地热田就是在目前技术经济条件下具有开采价值的地热资源集中分布的地区。

目前可开发的地热田主要是热水田和蒸汽田。

1. 热水田

热水田提供的地热资源主要是液态的热水。沿着岩石缝隙向深处渗透的地下水，不断吸收周围岩石的热量，越到深处，水温越高。特定的地质构造使水层上部的温度不超过气压下的沸点。被加热的深层地下水体积膨胀，压力增大，沿着其他的岩石缝隙向地表流动，成为浅埋藏的地下热水，一旦流出地面，就成为温泉。这种深循环型的热水田是最常见的情况。

此外还有一些特殊热源形成的热水田。如地层深处的高温灼热岩浆沿着断裂带上升时，若压力不足以形成火山喷发，就会停留在上升途中，构成岩浆侵入体，把渗透到地下的冷水加热到较高的温度。

热水田比较普遍，开发也较多，既可直接用于供暖和工农业生产，也可用于地热发电。

世界上第一个成功开发的大型热水田，是新西兰的怀拉基（Wairakei）地热田。该地热田位于新西兰北岛的中部，陶波湖的东北侧。开发面积为16km²，地热水温最高可达265℃，开采深度多在600~1200m之间，因而成本较低。利用地下热水发电的方式最早是从这里开始的。

2. 蒸汽田

蒸汽田地热资源包括水蒸气和高温热水。能够形成蒸汽田的地质结构，一般是周围的岩层透水性和导热性很差，而且没有裂隙，储水层长期受热，从而聚集大量蒸汽和热水，该地层周围被不渗透的岩层紧紧包围，上部为蒸汽，压力大于地表的气压，下部为液态热水，静压力大于蒸汽压力。

如果喷出的是纯蒸汽，就称为干蒸汽田。喷出的是蒸汽与热水的混合物，就称为湿蒸汽田。干、湿蒸汽田的地质条件类似，有时，一个地热田在某个时期喷出干蒸汽，而在另一个时期又喷出湿蒸汽。一些干蒸汽田（如意大利的拉德瑞罗地热田），蒸汽的温度最高可达300℃以上。

目前，蒸汽田开发不如热水田广泛。实际上，蒸汽田的利用价值可能更高，当然开发利用技术难度也比较大。

地热资源的开发潜力主要体现在地热田的规模大小。而地热资源温度的高低是影响其开发利用价值的最重要因素。

划分地热温度等级的方法，目前在国际上尚不统一。GB 11615—89《地热资源地质勘查规范》规定，地热资源按温度分为高温（大于150℃）、中温（90~150℃）、低温（小于90℃）三级。按地热田规模分为大型（大于50MW）、中型（10~50MW）、小型（小于50MW）三类。

由于地质条件所导致的地球化学作用的影响，不同地热田的热水和蒸汽的化学成分各不相同。

目前世界最大的地热田是盖瑟尔斯地热田，面积超过 140km²，估计最大发电潜能为 250 万~300 万 kW。该地热田位于美国加利福尼亚的旧金山以北 120km，是全球为数不多的已被开发的干蒸汽型地热田之一。

三、地热能资源的分布

据估计，全世界地热资源的总量大约为 $1.45×10^{26}$ J，相当于 5000 万亿 t（$4.948×10^{15}$ t）标准煤燃烧时所放出的热量。仅地下 10km 深度范围内所包含的热量就在 $2.6×10^{25}$ J 以上，而 3km 浅层内可利用的地热能为 $8.37×10^{20}$ J 左右，目前人类关注和利用的还主要是几千米范围内的浅层地热资源。

（一）世界地热资源分布

全球地热资源的分布很不平衡，但有一定的规律。

从全球地质构造观点来看，大于 150℃的高温地热资源带主要出现在地壳表层各大板块的边缘，即分布在地壳活动的地带，如板块的碰撞带、板块开裂部位和现代裂谷带。小于 150℃的中、低温地热资源则分布于板块内部的活动断裂带、断陷谷和坳陷盆地。

在地质板块的交接处形成的地热资源丰富的地热带，称为板间地热带。特点是热源温度高，多由火山或岩浆造成。环球性的板间地热带有 4 个，即环太平洋地热带、地中海-喜马拉雅地热带、大西洋中脊地热带、红海-亚丁湾-东非裂谷地热带，如图 2-3 所示。

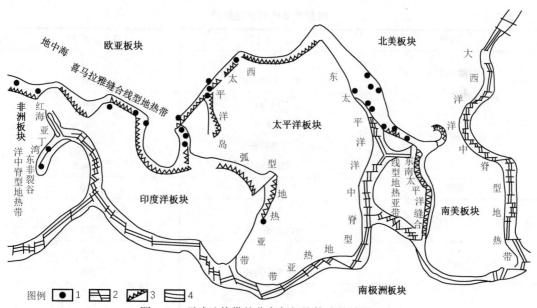

图 2-3　环球地热带的分布与板块构造的关系示意

1—高压地热带；2—增生的板块边界：洋脊扩张带、大陆裂谷及转换断层；3—俯冲消亡的板块边界：
深海沟—火山岛孤界面、海沟—火山岛大陆边缘界面及大陆与大陆碰撞的界面；4—环球地热带

1. 环太平洋地热带

环太平洋地热带位于太平洋板块与美洲、欧亚、印度板块的碰撞边界。世界上许多著名的大型地热田都分布在这里，如美国的盖瑟尔斯、长谷、罗斯福地热田；墨西哥的塞罗普列

托地热田；新西兰的怀拉基地热田；菲律宾的蒂维和汤加纳地热田；日本的松川、大岳地热田；中国的台湾马槽、大屯地热田等。

2. 地中海 - 喜马拉雅地热带

地中海 - 喜马拉雅地热带位于亚欧板块与非洲板块和印度板块的碰撞边界，呈"缝合线型"。这个地热带中比较著名的地热田有意大利的拉德瑞罗地热田，中国的西藏羊八井及云南腾冲地热田等。

3. 大西洋中脊地热带

大西洋中脊地热带是大西洋海洋板块的开裂部位，大部分在洋底，中脊露出海面的部分主要是冰岛。从冰岛至亚速尔群岛有许多地热田，其中最著名的是冰岛首都的雷克雅未克地热田，此外还有冰岛的纳马菲亚尔、克拉弗拉和亚速尔群岛一些地热田。

4. 红海 - 亚丁湾 - 东非裂谷地热带

红海 - 亚丁湾 - 东非裂谷地热带位于阿拉伯板块与非洲板块的边界，北起红海和亚丁湾地堑，向南经埃塞俄比亚地堑与非洲裂谷系连接，包括吉布提、埃塞俄比亚、肯尼亚等国的地热田，如著名的肯尼亚阿尔卡利亚高温地热田等。

板块内部靠近板块边界的部位，在一定地质条件下也可能形成相对的高热流区，称为板内地热带。包括在板块内部地壳隆起区和沉降区内发育的中低温地热带和少量由特殊原因形成的高温地热带，如中国东部的胶东半岛、辽东半岛、华北平原，以及东南沿海的某些地区。

表 2-1 给出了世界上一些主要的高温地热田。

表 2-1　　　　　　　　　　　　　　世界主要的高温地热田

国别	地热田名称	储热温度（℃）
意大利	拉德瑞罗	245
	蒙特阿米亚特	165
新西兰	怀拉基	266
	卡韦劳	285
	维奥塔普	295
	布罗德兰兹	296
菲律宾	蒂维和汤加纳	320
中国	西藏羊八井	329
	台湾土场—清水	226
墨西哥	帕泰	150
	塞罗普列托	388
冰岛	雷克雅未克	286
	亨伊尔	146
	雷克亚内斯	230
	纳马菲亚尔	286
	克拉弗拉	280
日本	松川	250
	大岳	206

（二）我国的地热资源

世界上四大板块地热带中，太平洋地热带和地中海—喜马拉雅地热带都经过我国版图。我国拥有丰富的地热资源。

全国地热可采储量，是已探明煤炭可采储量的 2.5 倍，其中距地表 2000m 以内储藏的地热能为 2500 亿 t 标准煤。我国是以中低温地热资源为主，可供高温发电的约 580 万 kW 以上，而可供中低温直接利用的盆地型潜在地热资源的埋藏量在 2000 亿 t 标准煤当量以上。

按地热资源的成因、分布特点等因素，我国的地热资源可以大致划分为 7 个地热带。

1. 藏滇地热带

藏滇地热带（又称喜马拉雅地热带）位于欧亚和印度两大板块的边界，属于地中海—喜马拉雅地热带，主要包括喜马拉雅山脉以北，冈底斯山脉、念青唐古拉山脉以南，西起西藏阿里地区，向东至怒江和澜沧江，呈弧形向南转入云南腾冲火山区，特别是雅鲁藏布江流域。这里水热活动强烈，地热显示集中，已经发现温泉 700 多处，其中高于当地沸点的地热区有近百处。

藏滇地热带是我国地热活动最强烈的地带。西藏可能是世界上地热最丰富的地区。云南省地热资源也十分丰富，东部主要是中低温热水区，西部以高温地热田居多。腾冲地区是我国有名的高温地热区，平均热流值达到 73.5MW/m^2，著名的热海热田、瑞滇热田就在这一区域。

在西藏拉萨附近的羊八角的地热田，在 ZK4002 孔井深 1500~2000m 处，探获 329.8℃的高温地热流体，流体的干度达 47%，是目前我国温度最高的地热井。此外，羊易地热田 ZK203 孔，在井深 380m 处就获得了 204℃高温地热流体，也很有利用价值。

2. 台湾地热带

台湾地热带位于太平洋板块和欧亚板块的边界，是环太平洋地热带西部弧形地热亚带的一部分。这里是中国地震最为强烈、最为频繁的地带。地热资源非常丰富，主要集中在东、西两条强震集中发生区，在 8 个地热区中有 6 个温度在 100℃以上。

岛上水热活动处有 100 多处，其中大屯火山高温地热田，面积超过 50km^2，钻热井深 300~1500m，已探到 293℃高温地热流体，地热流量 350t/h 以上，热田发电潜力可达 8 万~20 万 kW，已在清水建有装机 3MW 地热试验电站。

3. 东南沿海地热带

东南沿海地热带主要包括福建、广东、海南、浙江以及江西和湖南的一部分，已有大量地热水被发现，其分布受北东向断裂构造的控制，一般为中低温地热水，福州市区的地热水温度可达 90℃。

4. 鲁皖鄂断裂地热带

鲁皖鄂断裂地热带也称鲁皖庐江断裂地热带，自山东招远向西南延伸，贯穿皖、鄂边境，直达汉江盆地，包括湖北英山和应城。这条地壳断裂带很深，至今还有活动，也是一条地震带。

这里蕴藏的主要是低温地热资源，除招远的热水可达 90~100℃外，其余一般均为 50~70℃，初步分析该断裂的深部有较高温度的地热水存在。

5. 川滇青新地热带

川滇青新地热带主要分布在昆明到康定一线的南北向狭长地带，经河西走廊延伸入青海和新疆境内，扩大到准噶尔盆地、柴达木盆地、吐鲁番盆地和塔里木盆地。该地热带以低温热水型资源为主。

6. 祁吕弧形地热带

祁吕弧形地热带包括热河一带山地、吕梁山、汾渭谷地、秦岭及祁连山等地，甚至向东北延伸到辽南一带，有的是近代地震活动带，有的是历史性温泉出露地，主要地热资源为低温热水。

7. 松辽及其他地热带

松辽盆地跨越吉林、黑龙江大部分地区和辽河流域。整个东北大平原属新生代沉积盆地，沉积厚度不大，一般不超过1000m，主要为中生代白垩纪碎屑岩热储，盆地基底多为燕山期花岗岩，有裂隙地热，形成温度为40～80℃。

此外，还有一些像广西南宁盆地那样的孤立地热区。

 能 力 训 练

1. 说明地球的构造及地热能的来源。
2. 对照世界版图（或地球仪），简要说明环球地热带的分布。
3. 对照中国版图（或地球仪），简要说明我国的地热资源分布情况。

任务二　地热发电系统

 任 务 目 标

熟练掌握地热发电的工作原理，掌握蒸汽型地热发电系统、热水型地热发电系统、联合循环地热发电系统、干热岩地热发电系统各自的特点，会识读、识绘它们的工作过程系统图。

知 识 准 备

地热发电是以地下热水和蒸汽为动力的发电技术，是高温地热资源最主要的利用方式。

一、地热发电的工作原理

地热发电的工作原理与常规的火力发电是相似的，都是用高温高压的蒸汽驱动汽轮机（将热能转变为机械能），带动发电机发电。不同的是，火电厂是利用煤炭、石油、天然气等化石燃料燃烧时所产生的热量，在锅炉中把水加热成高温高压蒸汽。而地热发电不需要消耗燃料，而是直接利用地热蒸汽或利用由地热能加热其他工作流体所产生的蒸汽。

地热发电的过程，就是先把地热能转变为机械能，再把机械能转变为电能的过程。

要利用地下热能，首先需要有载热体把地下的热能带到地面上来。目前能够被地热电站利用的载热体，主要是地下的天然蒸汽和热水。地热发电的流体性质，与常规的火力发电有所差别。火电厂所用的工作流体是纯水蒸气，而地热发电所用的工作流体是地热蒸汽（含有硫化氢、氢气等气态杂质，这些物质通常是不允许排放到大气中的）或者是低沸点的液体工质（如异丁烷、氟利昂）经地热加热后所形成的蒸汽（一般也不能直接排放）。

地热电站的蒸汽温度要比火电厂锅炉出来的蒸汽温度低得多，因而地热蒸汽经汽轮机的转换效率较低，一般只有 10% 左右（火电厂汽轮机的能量转换效率为 35%～40%），也就是说，三倍的地热蒸汽流才能产生与火电厂的蒸汽流对等的能量输出。因而地热发电的整体热效率低，对应不同类型的地热资源和汽轮发电机组，地热发电的热转换效率一般为 5%～20%，说明地热资源提供的大部分热量浪费掉了，没有变成电能。

地热发电一般要求地热流体的温度在 150℃ 甚至 200℃ 以上，这时具有相对较高的热转换效率，因而发电成本较低，经济性较好。在缺乏高温地热资源的地区，中低温（如 100℃ 以下）的地热水也可以用来发电，只是经济性较差。

由于地热能源温度和压力较低，地热发电一般采用低参数小容量机组。

经过发电利用的地热流都将重新被注入地下，这样做既能保持地下水位不变，还可以在后续的循环中再从地下取回更多的热量。

按照载热体的类型、温度、压力和其他特性，地热发电的方式主要是蒸汽型地热发电和热水型（含水气混合的情况）地热发电两大类。此外，全流发电系统和干热岩发电系统也在试验研究中。

二、蒸汽型地热发电系统

蒸汽型地热发电是把高温地热田中的干蒸汽直接引入汽轮机发电机组发电。在引入发电机组前先要把蒸汽中所含的岩屑、矿粒和水滴分离出来。

这种发电方式最为简单，但干蒸汽地热资源十分有限，而且多存在于比较深的地层，开采技术难度大，其发展有一定的局限性。蒸汽型地热发电系统可分为背压式汽轮机发电系统和凝汽式汽轮机发电系统。

（一）背压式汽轮机发电系统

背压式汽轮机发电系统主要由净化分离器和汽轮机组成，如图 2-4 所示。

其工作原理是：首先把干蒸汽从蒸汽井中引出，先加以净化，经过分离器分离出含有的固体杂质，净化后的蒸汽进入汽轮机做功，驱动发电机发电。做功后的蒸汽，可直接排入大气，也可用于工业生产中的加热过程用汽。这种系统大多用于地热蒸汽中不凝结气体含量很高的场合，或者综合利用于工农业生产和生活用热的场合。

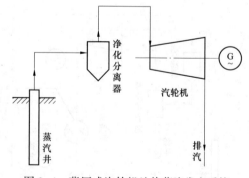

图 2-4 背压式汽轮机地热蒸汽发电系统

背压式汽轮机的地热发电系统由于汽轮机排汽直接排向大气，汽轮机出力和发电效率比较低；一般的地热蒸汽中往往含有大量的有害杂质，蒸汽直接排向大气还容易造成环境污染。采用凝汽式汽轮机的地热蒸汽发电系统就能比较好地克服上述两个缺点。

（二）凝汽式汽轮机发电系统

图 2-5 所示为凝汽式汽轮机地热发电系统。在这种系统中，汽轮机排汽排入混合式凝汽器，并在其中被冷却水泵（循环水泵）打入的冷却水冷却而凝结成水，然后排走。为保

证凝汽器较低的冷凝压力，一般设有两级带有冷却器的射汽抽气器来抽气，把由地热蒸汽带来的各种不凝结气体和外界漏入系统中的空气从凝汽器抽出。

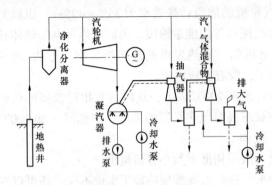

图 2-5　凝汽式汽轮机地热蒸汽发电系统

三、热水型地热发电系统

热水型地热发电系统是目前地热发电的主要方式，包括纯热水和湿蒸汽两种情况，适用于分布最为广泛的中低温地热资源。

低温热水层产生的热水或湿蒸汽不能直接送入汽轮机，需要通过一定的手段，把热水变成蒸汽或者利用其热量产生别的蒸汽，才能用于发电。主要有闪蒸地热发电系统和双循环地热发电系统两种方式。

（一）闪蒸地热发电系统

闪蒸地热发电方法也称为"减压扩容法"，就是把低温地热水引入密封容器中，通过抽气降低容器内的压力（减压），使地热水在较低的温度下（如 90℃）沸腾生产蒸汽［如果气压降低，液体的沸点也会随着降低。例如，在 50000Pa 的气压下（约为标准大气压的一半），水的沸点会降为 81℃］，体积膨胀的蒸汽做功，推动汽轮发电机组发电。

闪蒸地热发电系统，不论地热资源是湿蒸汽田还是热水田，都是直接利用地下热水所产生的水蒸气来推动汽轮机做功，得到机械能。闪蒸后剩下的热水和汽轮机中的凝结水可以供给其他热水用户利用。利用完后的热水再回灌到地层内，适合于地热水质较好且不凝结性气体含量较少的地热资源。

图 2-6 所示为湿蒸汽型闪蒸地热发电系统；图 2-7 所示为热水型闪蒸地热发电系统。

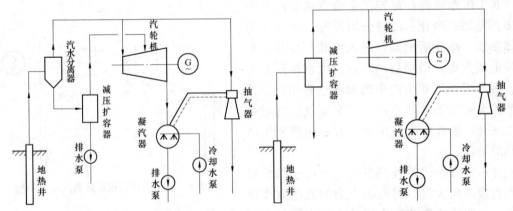

图 2-6　湿蒸汽型闪蒸地热发电系统　　　　图 2-7　热水型闪蒸地热发电系统

两种形式的差别在于蒸汽的来源或形成方式。如果地热井出口的流体是湿蒸汽，则先进入汽水分离器，分离出的蒸汽送往汽轮机，分离下来的水再进入扩容器，扩容后得到的闪蒸蒸汽送入汽轮机发电。

闪蒸地热发电的特点是，系统比较简单，运行和维护较方便，而且扩容器比表面式蒸发器结构简单，金属消耗量少，造价低。存在的主要缺点是，低压蒸汽比体积大，所以蒸汽管道、汽轮机的尺寸也大，使投资增加；设备直接受水质影响，易结垢腐蚀；当蒸汽夹带的不凝结气体较多时，需要容量大的抽气器维持高真空，因此自身能耗大。

　　一般来讲，地热田所提供的地热蒸汽和热水的参数，相对于常规火电厂的参数还是很低的，地热发电的效率也远低于常规火电厂，因此，如何最大限度地利用地热能量，尤其是对湿蒸汽田和热水田更是突出的问题。采用多级闪蒸系统，就是一种有效利用地热能量的方法，如图2-8所示。

　　当井口为热水时，先让热水进入第一级减压扩容器，产生的蒸汽进入汽轮机的高压部分，而从第一级扩容器底部出来的闪蒸后的剩余热水再进入第二级扩容器，产生二次闪蒸蒸汽，并进入汽轮机低压部分做功。若进口来的是湿蒸汽，则直接进入汽水分离器（参见图2-6），分离出来的蒸汽进入汽轮机高压部分，热水再进入减压扩容器。扩容器分离出来的热水压力如果高于大气压力，热水可以自行排出；如果低于大气压力，就需要用排水泵抽出。扩容器的级数增多，有利也有弊，现场实际采用的扩容级数一般不超过四级。

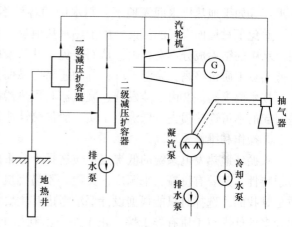

图2-8　多级闪蒸发电系统

　　（二）双循环地热发电系统

　　双循环地热发电系统就是利用地下热水来加热某种低沸点工质，使其进入汽轮机工作的地热发电系统，又称为中间介质法或低沸点工质循环。双循环地热发电系统可以克服闪蒸地热发电系统的部分缺点。

　　图2-9所示为双循环地热发电系统。地下热水用深井泵抽到地面进入电站内的蒸发器，加热某一种低沸点介质（如氟利昂11），使之变为低沸点介质蒸汽（标准大气压下，水的沸点是100℃，而氯乙烷的沸点是12.4℃，氟利昂11的沸点是24℃，都远远低于水的沸点。这种易于气化的物质常作为双循环发电的低沸点工质），然后进入汽轮机做功发电，汽轮机排出的乏汽经凝汽器冷凝为液体，用工质泵再打回蒸发器重新加热，循环使用。为充分利用地热水的余热，让从蒸发器排出的地热水经过一个预热器先预热来自凝汽器的低沸点工质液体，使其温度上升到接近蒸发器内的工质饱和温度，再进入蒸发器。为了保证从地热井来的地热水在输

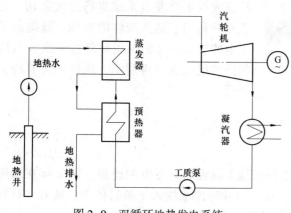

图2-9　双循环地热发电系统

送过程中不闪蒸成蒸汽和不使溶解气体从水中逸出，在管道中的热水始终保持承受超过其温度对应的饱和压力。

与闪蒸系统相比，双循环系统的优点是：①低沸点工质的蒸汽比容比闪蒸系统减压扩容后的蒸汽比容小得多，而汽轮机的几何尺寸主要取决于末级叶轮和排汽管的尺寸，因此，双循环发电系统的管道和汽轮机尺寸都十分紧凑，造价也低；②地下热水与低沸点工质在蒸发器内是间接换热，地热水并不直接参加膨胀做功过程，所以汽轮机内避免了地热水中气、固杂质所导致的腐蚀问题；③可以适应各种不同化学类型的地下热水；④能利用温度较低的地热水；⑤如果地热排水回灌地下，则水中的各种不凝结气体仍保留在热水中并一起回到地下，避免了对地面大气的污染。由于热水从地热井抽出一直到回灌地下始终处于压力之下，因而水中的结垢成分不会析出，从而避免了井管及管道系统中的结垢。这种系统的缺点是：①低沸点工质价格高，来源不广，有的还易燃易爆，或有毒性，因而要求系统各处的密封性好，技术要求高。②由于蒸发器、凝汽器和预热器都必须采用间壁式换热器，增加了传热温差引起的不可逆热损失。低沸点工质一般传热性能较差，换热面积要求较大，从而增加了投资。③操作和维修要求高。

双循环地热发电系统的低沸点工质选择十分重要，它既要有化学稳定性以及有较好的热力学特性，又要有价廉、来源广、无毒、不易燃烧等特点。要满足上述所有要求的低沸点工质是难找的，选择时只能根据设计要求考虑其主要方面。在现有一些双循环的热电站中，采用较多的低沸点工质有异丁烷、正丁烷、氟利昂 11、氟利昂 114 等。为了充分利用不同工质的不同优点，采用混合工质（如异丁烷和异戊烷）也是正在发展的有前途的一种选择。

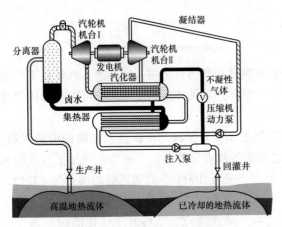

图 2-10　联合循环地热发电系统

四、联合循环地热发电系统

20 世纪 90 年代中期，以色列奥玛特（Ormat）公司把地热蒸汽发电和地下热水发电系统整合，设计出一种新的联合循环地热发电系统，如图 2-10 所示。

这种系统的最大优点是：可以适用于大于 150℃ 的高温地热流体发电，经过一次发电后的流体，在不低于 120℃ 的工况下，再进入双工质发电系统进行二次做功，这就充分利用了地热流体的热能，既提高了发电的效率，又能将以往经过一次发电后的排放尾水进行再利用，从而大大节约了资源。

【知识拓展】

一、干热岩地热发电系统

美国洛斯阿拉莫斯国家实验室首先提出利用地下高温岩石发电的设想。1972 年在新墨西哥州北部开凿了两口约 4000m 的深斜井，从一口井将冷水注入干热岩体中，从另一口井取出自岩体加热产生的 240℃ 的蒸汽，用以加热丁烷变成蒸汽推动汽轮机发电。

二、全流式地热发电系统——一种未进入商业应用阶段的地热发电系统

根据热力学原理，由井口状态直接膨胀到废弃状态，就有可能将最大份额的可用能转换出来，而扩容系统不论级数多少，总是有部分可用能量随最后一级扩容器分离出来的液体被排掉。全流发电系统就是试图将来自地热井的地热流体通过一台特殊设计的膨胀机，使其一边膨胀一边做功，最后以气体的形式从膨胀机的排汽口排出。这种系统的设备尺寸大，容易结垢、受腐蚀，对地下热水的温度、矿化度以及不凝性气体含量等有较高要求。

三、世界第一座地热电站

意大利的拉德瑞罗（Larderello）地热田是世界著名的干蒸汽地热田，由 8 个地热区组成，其中拉德瑞罗的规模最大也最有名，因此以其命名整个地热田。皮耶罗·孔蒂（Prince Piero Conti）王子于 1904 年在此建成世界上第一座地热流体发电试验电站。这座地热试验电站，利用天然的地热蒸汽发电，是目前世界上为数不多的干蒸汽地热电站之一。第一台机组的发电功率约为 552W，1913 年建成功率为 250kW 的商业性地热电站，并正式投入运行，被认为是世界地热发电的开端。几经扩建，到 20 世纪 60 年代，装机容量已经达到 380.6MW。

四、中国第一个地热电站

广东丰顺汤坑邓屋地热电站是我国第一座地热试验发电站（闪蒸系统）。

1970 年，中国科学院在广东省丰顺县汤坑镇邓屋村建起了发电量 60kW 的地热发电站。这是我国第一座地热试验发电站。邓屋村 800 多 m 深处热水为 102℃，到地面达 92～93℃。当地人民利用温泉热水进行种子发芽、谷物烘干等，已获得成功。

汤坑镇位于丰顺县南部，明代以来已有圩集。乾隆《潮州府志》载有金鼎寨汤坑埠、汤坑市之名。原属海阳县（今潮州市），乾隆三年（1738 年）割属丰顺县。乾隆二十七年（1762 年）置汤坑巡司。前称汤坑市，1949 年丰顺县驻地从丰良迁来，后建镇名汤坑，至今不变。《清一统志》载温泉："在丰顺县金鼎寨东门外山麓，曰汤坑，有泉从地涌出，可以熟物。"或云：居民挖土坑以盛温泉，朝夕取用，赖天然之利，故名汤坑。

汤坑温泉又称汤湖。明末里人罗万杰、柯化鹏集资修建。清乾隆后几度重修。1910 年在四周围筑围墙，壁上刻有"澡身浴德"四个字。1959 年扩建，比原来大两倍，面积达1300 多平方米。地底铺沙石，围墙加瓦顶，四壁窗榶宽敞，空气畅通，池边曲道回环，石阶洁净。入夜电灯通明，热气腾升，犹如层层薄纱。水含硫黄 7.8%，对皮肤病、风湿性关节炎有疗效。温度最高处达 90℃，半小时可把鸡蛋煮熟。

中国科学院广州能源研究所 1982 年在广东省丰顺县建成的中国第一座热力发电站——广东丰顺热力发电站三号机组，经过 3 年的科研试验性运行，于 1986 年 3 月正式并入国家电网，投入生产性运行。

五、中国最大的地热电站

中国最大的地热电站是西藏的羊八井地热电站，这也是我国自行设计建设的第一座商业化高温地热电站。羊八井地热电站位于藏北羊井草原深处，海拔 4300m，距离拉萨市区 90多 km。1977 年国庆节前夕，1000kW 的高温地热发电试验机组试发电成功。这是我国大陆第一台兆瓦级地热发电机组，开创了中温浅层热储资源发电的先例，也是当今世界唯一利用中温浅层热储资源进行工业性发电的电厂。后来陆续完成 8 台机组安装，到 1991 年总装机容量达到 25.1MW，年发电量在 1 亿 kWh 左右。在当时拉萨电力紧缺的情况下，曾担负拉

萨平时供电的50%和冬季供电的60%。到2008年底，共为西藏发电12亿kWh，年发电量在拉萨电网中占45%。

 **能力训练**

1. 绘图说明蒸汽型地热发电系统（背压式汽轮机发电系统、凝汽式汽轮机发电系统）的流程，标注清楚各设备的名称。

2. 绘图说明热水型地热发电系统（闪蒸地热发电系统、双循环地热发电系统）的流程，标注清楚各设备的名称。

任务三　地热电站的发展及地热能的一般利用

 任务目标

了解地热能的一般利用方式，熟知地源热泵系统，了解地热应用于农业、养殖业和温泉洗浴及医疗的基本情况。

 知识准备

一、地热电站的发展

（一）地热发电的发展历史及现状

1904年，意大利在拉德瑞罗建设了世界上第一座小型地热蒸汽试验电站；1913年，拉德瑞罗的250kW地热电站正式投入运行，开创了世界地热发电的历史。此后，新西兰、菲律宾、美国、日本等国家相继开发地热资源，各种类型的地热电站不断出现，但发展速度并不快。直到20世纪70年代后，由于发生了世界能源危机，矿物燃料价格的大幅度上涨，使得一些国家对包括地热在内的新能源开发利用更加重视，世界地热发电装机容量才逐年有较大的增长。据统计，20世纪60年代建成投运的地热电站总装机容量为400MW，20世纪70年代末为1900MW，1980年达到1960MW，1990年为5833MW，1998年达到8239MW。其中：美国的地热发电装机容量居世界首位，菲律宾居第二位，意大利居第三位。

（二）我国的地热电站

我国的地热发电事业开始于20世纪60年代末期至70年代，全国有地热条件的地区均开发地热用于发电，并根据国外技术进行地热发电技术的研究。广东丰顺建设了50、500kW地热发电机组，其他还有山东招远、辽宁熊岳、江西温汤、湖南灰汤、广西象州、北京怀柔。这些地热试验电站由于地热水参数低、热水流量小，电站的容量一般比较小，都在50~100kW左右。由于进汽参数低，大部分采用一次扩容发电，仅江西省温汤采用双工质循环。在地热发电的技术方面，各有关部门对两次扩容、双工质循环、全流发电等方式进行了研究，从实践看，两次扩容发电方式较适合我国的情况和技术状况。1977年7月1日，西藏羊八井建成了国内容量最大、参数最高的第一台1MW的试验地热发电机组，1983年又建成了自行设计制造的两次扩容3MW的地热机组。

1983年全国地热工作会议明确了地热发展的方向和途径：作为缺乏能源的西藏地区，羊八井地热电站应作为重点发展对象，而其他内地的地热电站仅作为一种发电形式的试验电站而保留。在这一方针的指导下，地热电站的主要力量集中于西藏羊八井，并获得了国家的大力支持，解决了大量资金，形成了25.18MW的规模。

20世纪80年代，西藏阿里地区建成了一台地热发电机组，单机容量为1MW，为我国设计生产的两级扩容机组。20世纪80年代末至90年代初期，在西藏的那曲地区又安装了一台从以色列进口的1MW双工质循环地热机组。阿里地区地热发电机组因选择厂址不当，加之地热生产井的井口参数低（仅为0.1MPa）、井口结垢等问题，只能间断运行，长期稳定发电问题始终没有实现。那曲地区的双工质循环地热机组技术问题也较多，运行和检修技术难题均未得到根本解决。

西藏羊八井地热电站是我国自行设计建成的第一座用于商业运行的、装机容量最大的高温地热电站，年发电量达到1亿kWh，占拉萨电网总电量的40%以上，对缓和拉萨地区电力紧缺的状况起了重要作用。图2-11为羊八井地热电站。

图2-11　羊八井地热电站

羊八井地热电站所在的羊八井地热田位于西藏拉萨西北约90km，当地海拔4300m，处在一个北东—南西向延展的狭窄山间盆地里。由于该地热电站的井口压力及流体的热焓均较低，地热汽水混合物在井口即被分离并分别输送到电站。

羊八井第一电站（总装机容量10MW）由一台1MW（1号机组）和三台3MW机组（2、3号和4号机组）构成。1号机组于1977年10月1日投入运行，2号和3号机组分别于1981年12月和1982年11月建成发电。1985年又扩建了4号机组，总容量达到10MW。20世纪80年代中期，羊八井第二电站开始建造，站址位于羊八井地热田的北部、中尼公路以北约45km，距第一电站约3km。该电站第一期工程安装了一台日本生产的3.18MW机组，自动化程度较高，以后又相继安装了4台功率为3MW的国产机组，目前总容量为15.18MW。到1998年年末，整个羊八井地热电站的总容量已达25.18MW。

羊八井第一电站1号机组是最初的实验机组，采用单级扩容。以后建造的3MW机组，都采用双级扩容，它较单级扩容可增加20%的电力。首级扩容时蒸汽中的气体含量约为1%~1.5%。用射水抽气器抽取凝汽器中非凝结气体。机组全部采用凝汽式，其冷却水直接从藏布曲（河）抽取，其3号机组的系统如图2-12所示，机组设计特点及主要参数见表2-2。

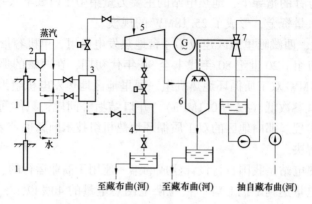

图 2-12　羊八井地热电站 3 号机组系统图

1—地热井；2—汽水分离器；3——级扩容器；4—二级扩容器；5—汽轮机；6—凝汽器；7—射水抽汽器

表 2-2　　　　　　　　　　　　　羊八井地热电站 3 号机组主要参数

项目	电站类型	双级扩容
汽轮机数据	类型	二重混压式
	额定功率（kW）	3000
	转速（r/min）	3000
	主蒸汽压力（kPa）	421.7
	主蒸汽温度（℃）	145
	第一级蒸汽压力（kPa）	166.7
	第一级蒸汽温度（℃）	114.6
	第二级蒸汽压力（kPa）	49.0
	第二级蒸汽温度（℃）	80.8
	第一级蒸汽流量（t/h）	22.7
	第二级蒸汽流量（t/h）	22.3
凝汽器数据	类型	压力喷射式
	压力（平均）（kPa）	2.94
	冷却水进口温度（℃）	10
	循环水泵功率（kW）	150
抽气器数据	类型	射水型
	单机数量	3
	气体流量（t/h）	单机 0.185
	水压力（kPa）	392
	水流量（t/h）	750
	水泵功率（kW）	100
冷却系统	类型	直流式

二、地热能的一般利用

（一）地热能的利用方式

地热能的利用可分为低热发电和直接利用两大类，不同温度地热流体的利用方式也有所不同，如表2-3所示。

表2-3 不同温度地热流体的可能利用方式

温度（℃）	直接发电	双循环发电	制冷	供暖	工业干燥	热加工	脱水加工	温室	医疗	其他
200~400	√									综合利用
150~200		√	√		√	√				综合利用
100~150		√	√	√	√		√			回收盐类
50~100					√	√			√	供热水
20~50							√	√	√	淋浴、养殖、农业

总体来说，地热能在四个方面的应用最为成功。

（1）地热发电。这是地热能利用的最重要方式，高温地热流体应首先应用于发电，并努力实现综合利用。

（2）地热供暖。将地热能用于采暖、供热或提供热水，是最普遍的地热应用方式，其发展前景非常广阔。

（3）地热用于农业，包括温室种植、水产养殖、土壤加温、农田灌溉，应用范围也十分广阔。

（4）温泉洗浴和医疗。

（二）地热用于供暖

将地热能用于采暖、供热或提供热水，是最普遍的地热应用方式，具有很好的发展前景。

1. 地热水供暖系统

地热水供暖是最直接的地热利用方式之一。由于热源温度和利用温度一致，这种方式易于实现，经济性好，在许多国家很受重视，尤其是具有地热资源的高寒地区国家。冰岛是发展地热采暖最早也是最成功的国家，早在1928年就在首都雷克雅未克建成了世界上第一个地热供热系统。我国的地热供暖和供热水发展迅速，已成为京津地区最普遍的地热利用方式。目前，我国与冰岛合作建设地热供暖系统，这一项目位于陕西省咸阳市，利用此地丰富的地热资源，提高当地人的生活质量，也为世界环保做出贡献。

实际供热量与地热水可供热量的比值，称为地热水利用率。地热水利用率一般为40%~70%，主要取决于回水温度，回水温度越低，则地热水利用率越高。

如果地热水井的供水量稳定、水质好、没有腐蚀性，可以把天然的地热水经管道系统直接送往用户，这种方式称为直接供暖系统。通过调节地热水流量可以实现供热量的调节。

如果地热水的腐蚀性较强，就应该把地热水和供暖循环水分开，通过换热器将地热水的热量传递给洁净的循环水，然后再把地热水排放或实现综合利用。这种方式称为间接供暖系统。循环水与地热水的流量比一般为1~1.3。

2. 地源热泵系统

所谓热泵，就是根据逆卡诺循环原理（电冰箱工作原理），利用某种工质（如氟利昂、异丁烷）从地下吸收热量，并把经过压缩转化的能量传导给人们能够利用的介质。在热泵的两端，一端制热，另一端制冷，同时得以利用，能十分有效地提高地热资源的品位及其直接利用的效率。

地源热泵利用地热能有三种方式：①采用埋地换热器的闭式回路；②抽出地热水，通过热泵地面换热器（即蒸发器）将地热能释放给热泵工质；③将吸热装置浸入表层地热水池中。

除了直接利用地热水外，还可以把土壤作为低温热源。一般是在土壤中埋设盘管或 U 形管，把从土壤吸收的热能通过热泵供给室内，如图 2-13 所示。

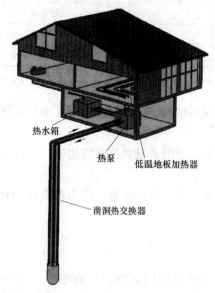

图 2-13　采用埋地换热器的地源热泵系统

只从土壤中取热而不取水，既不会影响地面形态，也不会造成环境污染，热泵系统也不会受到地热水的腐蚀。这种通过换热器和周围土壤的热交换获取地热能的方式获得了广泛应用。

3. 地源热风供暖系统

耗热量大的建筑物和有防水要求的供暖场合，多采用热风供暖的方式。可以集中送风，即将空气在一个大的热风加热器中加热，然后输出到各个供暖房间。也可以分散加热，即把地热引向各个房间的暖风机或风机盘管系统，以加热房间的空气。

（三）地热用于农业和养殖业

地热在农业和养殖业中的应用范围十分广阔。利用温度适宜的地热水灌溉农业，可使农作物早熟增产；利用地热水养鱼，在 28℃ 水温下可加速鱼的育肥，提高鱼的出产率；利用地热建造温室，可育秧、种菜和养花；利用地热给沼气池加温，可提高沼气的产量等。如北京、河北、广东等地用地热水灌溉农田，调节灌溉水温，用 30~40℃ 的地热水种植水稻，以解决春寒时的早稻烂秧问题。我国凡是有地热资源的地区，几乎都建有用于栽种蔬菜、水果、花卉的地热温室。

（四）温泉洗浴和医疗

温泉是地球上分布最广又最常见的一种地热显示。一般温度在 20℃ 以上的地热水才能称为温泉，我国和日本的温泉标准都是 25℃，45℃ 以上称为热泉，温度达到当地水沸点的称为沸泉。

地热水中常含有铁、钾、钠、氢、硫等化学元素，因此很多天然温泉具有一定的医疗保健作用。如用氢泉、硫化氢泉洗浴可治疗神经衰弱和关节炎、皮肤病等。

有些地热水还可以开发作为饮用矿泉水，并有特殊的健康效果。如含有碳酸的矿泉水供饮用，可调节胃酸、平衡人体酸碱度，对心血管及神经等系统的疾病治疗也是有效的。饮用含铁矿泉水，可治疗缺铁贫血病。

热矿泉水被视为一种宝贵的资源，世界各国都很珍惜，地热在医疗领域的应用具有诱人的前景。由于温泉的医疗作用及伴随温泉出现的特殊的地质、地貌条件，使温泉常常成为旅游胜地，吸引大批的疗养者和旅游者。在日本就有 1500 多个温泉疗养院，每年吸引 1 亿人

图中标注：热水箱　热泵　低温地板加热器　凿洞热交换器

到这些疗养院休养。在我国已知的 2700 多处温泉中，有文字记载开发利用最早的是陕西的华清池温泉。

 能 力 训 练

1. 通过网络等各种媒体，查阅西藏羊八井地热电站的有关资料，开展班级或学习小组活动，制作 PPT，交流学习成果。

2. 通过网络等各种媒体，查阅地热能资源利用在哪些方面比较成功，开展班级或学习小组活动，制作 PPT，交流查阅到的成功案例及心得体会。

任务四　地热利用的工程技术

 任 务 目 标

了解地热开采自流井、非自流井、中高温地热井的技术要求；熟知地热电站凝汽器、抽气器的选择形式；熟知抽取地热水过程中防腐蚀的原因及一般防腐蚀的技术方法；熟知地热水防结垢的一般技术方法；了解地热水回灌的必要性；熟知地热开发过程中空气污染、化学污染、热污染、噪声污染、地面沉降等方面环境保护要求及技术方法。

知 识 准 备

一、地热开采

地热资源经查明后，为确定地热田的开发方案，必须进行钻探。通过钻探打成地热井，取出地热，就叫作地热开采。地热井的结构包括钻孔直径和套管两大方面。钻孔直径不能太大，也不能太小。太小影响出水量，太大增加钻井时间和费用。但对热水井来说，钻孔口径应大一些，才能保证热流体顺利通过。钻井过程中最重要的环节，是将合适的套管下到适当的深度。每一口井常有表层套管、中间套管、生产套管和尾管四种套管。一般低温地热的开采比较简单，如 100℃ 以下的地热水，多半是自流井，地热水经过井管自动流出，通过一个主阀门即可进入输水管道，送往电站使用。也有一些低温地热水是不能自流的，或开始几年自流，以后水位下降就不能自流，则需用井下泵将热水取出，这就要有井口装置。特别是开采中、高温地热时，往往会出现地热蒸汽和热水中含有较复杂的混合物的情况，甚至会遇到井下的高压。这样，地热开采技术就比较复杂，而且地热水中往往会含有腐蚀和结垢成分，所以在现代地热开采中应用了许多高新技术。

1. 自流井

通过钻探打成的能使热水从地下向上喷的井，叫自流井。由于多数地下热储是封闭式的，一旦人工打出通道，地下固有的压力就会把热水挤向地面。当然，通过一段时间的开采，随着水位的下降，压力也将随之减弱。自流井持续自喷时间的长短，取决于地热资源的状况和对其开采的强度。在自流时间，地热井不需设置泵房，井口装置也很简单，只需在井口井管离地面的约 0.2m 处加装一个法兰即可，法兰以上接弯头及阀门。由于自流井经过一段时间的运行，自流量会逐年减少，甚至变为非自流井，最好要配以自流、抽水两用型井口装置。在冬季高峰负荷时起动井下泵，还可以增加供水量，起到调峰的作用。地热自流井井口装置如图 2-14 所示。

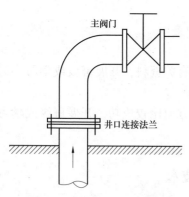

图 2-14　地热自流井井口装置

2. 非自流井

非自流井指那些地下热储压力小、致使热水不能自流而出的地热井。开采这种地下热水，必须使用水泵取水，因而在井口要附加一些相关的设施，并要建设泵房。泵房中的关键设备是水泵，其选型十分重要。不论选用潜水泵还是深井泵，都必须考虑地下热水的温度和水质特性。普通水泵均按常温条件下设计，同时在材质上一般也不考虑防腐蚀的要求。但对用于地热水的水泵来说，首先就要考虑温度的影响，例如橡皮轴承与动轴之间的间隙必须适当，否则就很难运行。一般的潜水泵虽然具有使用方便、拆装简单、扬程较高、质量较轻以及维修费用低等优点，但由于它所配用的异步交流电机的适应温度低于 80℃，不能满足地热开发的要求，因此应选用地热专用的水泵。地热井的泵座也不同于普通水井，应采用钢筋混凝土结构，并设有两段管路，一段用于测量井中的水位，一段用于输出热水。井管与泵座应采取软连接的方式，即在井管周围绕以石棉绳，以防止井管由于热胀冷缩或泵座基础下沉而损坏。必要时，系统中还应配备除砂器。

3. 中、高温地热井

温度在 100℃ 以上的中、高温地热井的井口装置较复杂，因为井下喷出的不仅是热水，有的还伴随着大量的高压蒸汽或甲烷、二氧化碳、硫化氢等化学物质。仅气体和热水两种成分的混合物，就涉及汽水分离问题，因此在设计中必须采取两相流动的管道和各种换热器。井口要安装汽水分离器，蒸汽走蒸汽管道输送，热水通过集水罐和消声器放出，或通过扩容器送入第二级分离器以获得低压蒸汽。运行时旁通阀关闭，主阀门、检修阀和截止阀打开。地热流体经主阀门、检修阀到分离器。其中，气相部分经浮球阀到蒸汽主管道；液相部分到集水罐后，经控制孔板和截止阀到消声器后排放。如果液相压力和温度很高，为了充分利用能量，还可进行多级分离。高温地热井井口装置系统如图 2-15 所示。图中还设置有一些安全措施：①膨胀补偿器，是为井管热胀冷缩时补偿硬性连接之用。②安全盘，是在两片法兰中间夹一层薄金属板，当井口工作压力失常超过

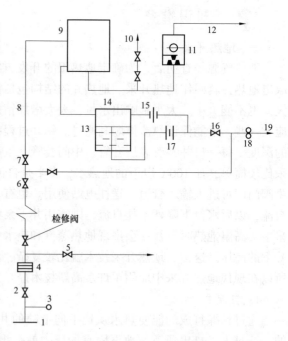

图 2-15　高温地热井井口装置系统示意图

1—地热井；2—主阀门；3—压力表；4—膨胀补偿器；
5—旁通阀；6—截流阀；7—控制阀；8—汽水混合物；
9—分离器；10—安全阀；11—浮球阀；12—蒸汽；
13—多孔出液管（除石器）；14—集水罐；15—安全盘；
16—截止阀；17—水控制孔板；18—消声器；19—水（排放）

额定值时，安全盘的金属薄板破裂，液相地热流体短路经截止阀和消声器排放掉，并同时开启安全阀，使气相地热流体经安全阀放空。③浮球阀，其作用是保证液相流体不能进入蒸汽主管，因为液相流体增多会使浮球托起而阻止通路。④水控制孔板，用来控制气相流体，使之不进入消声器。如果气相流体通过水控制板，则因气相流体比液相流体的体积大很多倍，通过孔板的流量就减少很多，而地热井的流量是基本恒定的，集水罐中的液位必然上升，液体的重力压力又使液体以正常情况经水控制孔板和截止阀进入消声器。⑤检修阀，用来切断地热流体使井口装置便于检修，此时地热流体可从旁通阀排出。如遇主阀门发生故障，则只有采取冷水降温法使地热井降低压力，待压力表的指针指到 0 时迅速更换主阀门。

二、凝汽器

除低沸点工质循环外，地热电站的凝汽器几乎全是混合式凝汽器。这是因为：①地热电站的凝结水不像常规火电站那样回收作为锅炉给水，凝结水不怕污染，因而无须采用昂贵的表面式凝汽器。②在地热电站投资中，低压饱和蒸汽循环凝汽器所占的比重，远超过一般火电站中高压过热蒸汽循环中凝汽器所占的比重，所以要力求降低凝汽器的造价。③通常用的表面式凝汽器采用铜合金管，而铜合金与地热接触会被硫化氢腐蚀，为防止硫化氢对金属的腐蚀，凝汽器的内表面应有防腐蚀衬里，并且衬里还应经受注射水的冲击，所以多采用奥氏体不锈钢制造。凝汽器的外壳可采用铸铁或碳钢制造。凝汽器上的连接管，也应采用奥氏体不锈钢制造，或用铝管制造。

凝汽器真空的选择取决于冷却水源。由于地热电站单位发电量所需的冷却水量比常规火电站高很多，所以地热电站的凝汽器多采用较高的温升（11~14℃或更大）来降低水泵所耗的动力。也就是说，地热电站的凝汽器真空不高。真空不高还有助于减少抽出凝汽器里大量气体所需的蒸汽或电力。冷却水的温升偏高一些，对于冷却塔特别是自然通风冷却塔的工作也会有所帮助。再有，真空高时，循环热效率虽可提高，但汽机末级叶片则有可能太长，这也是使地热电站凝汽器的真空不能选得像火电机组那样高的一个原因。

三、抽气器

常规火电站抽气器的主要功能，是抽出法兰、轴封和凝汽器管子垫圈等处漏进的空气。漏进的空气量大约为每小时通过蒸汽质量的 0.025%，数量很小。然而地热电站蒸汽中的不凝结气体的质量，很少有小于蒸汽总质量的 0.33% 的，有的甚至可高达 4%~6%。又因为地热电站采用的是混合式凝汽器，冷却水中溶解的空气也将带进凝汽器，一般为冷却水容积的 3% 左右，因此地热电站抽气器的选择十分重要，其作用远比火电站的抽气器大得多。应采用抗二氧化碳和硫化氢腐蚀的材料制造。目前常用的有射水抽气器和射汽抽气器两种，这两种抽气器均具有结构简单、运行可靠、维护方便的优点。但射汽抽气器要消耗大量的新鲜蒸汽，约为汽轮机全负荷时蒸汽量的 4.5%~6.5%；而射水抽气器则需要一个专用水泵，投资相对较大。为减少抽气器的汽耗，也可像火电站那样采用多级抽气的方式。

四、地热水防腐蚀

在地热流体中含有多种能导致金属及其他物质腐蚀的成分，这些腐蚀成分主要有氧（O_2）、氢离子（H^+）、氯离子（Cl^-）、硫化氢（H_2S）、二氧化碳（CO_2）、氨（NH_3）和硫酸盐（SO_4^{2-}）等。在这些物质中，氧气是影响最为严重的物质，当有氧气存在时，金属的腐蚀将大大加剧，氯离子（Cl^-）的腐蚀作用也相应增加，即使是不锈钢，也将产生严重的点蚀。氢离子（H^+）、二氧化碳（CO_2）的存在对钢材有较大的腐蚀作用，而硫化氢（H_2S）和氨（NH_3）则对铜和铜基合金产生腐蚀。

腐蚀分为化学腐蚀和电化学腐蚀两大类。化学腐蚀包括气体腐蚀（金属在干燥气体中发生的腐蚀）及在非电解质溶液中的腐蚀；电化学腐蚀包括大气腐蚀（腐蚀在潮湿空气中进行）、土壤腐蚀（埋在地下的金属腐蚀）及在电解质溶液中的腐蚀，它们都是因为金属表面与电解质发生化学作用而产生的破坏。按腐蚀破坏的形式又可分为全面腐蚀和局部腐蚀两大类，后者包括小孔腐蚀（点腐蚀）、缝隙腐蚀、应力腐蚀破裂、晶间腐蚀、电偶腐蚀、脱成分腐蚀（选择性腐蚀）、氢脆和磨蚀等。

防腐的方法很多，要根据不同的腐蚀类型采取不同的对策。如对电偶腐蚀，应在选材和工程设计时避免异种金属相互接触，切忌大阴极—小阳极的不利面积比；对缝隙腐蚀，则应在设计时就要尽量减少缝隙，避免形成积液死角区，垫圈宜采用不透性材料，如橡胶、聚四氟乙烯等；对点腐蚀，则除了选用耐点腐蚀合金材料外，要尽量降低介质中氯离子（Cl^-）和溴离子含量，排除系统中氧气（O_2）（空气）等。需要指出的是，地热流体一般来自深层，溶解在这些流体中的 O_2 是很少的，然而由于地面流体输送设备（井口装置、管道接口、阀门等）的不严密，会使大量空气漏入，从而导致含氧量的增加。在地热工程中，一般的防腐蚀方法是：①选用耐腐蚀金属和非金属；②在金属表面涂以防腐蚀涂料；③使系统尽量密封，隔绝外界空气的进入；④在介质中加入缓蚀剂。

地热电站的设计应包括防腐蚀工程设计，所选择的防腐蚀措施，既要简便可行、使用寿命长，又要成本较低、经济性好。

五、地热水防结垢

结垢是地热发电系统中常遇到的问题。垢是由多种化合物混合组成，但往往以某种成分为主。按化学成分，可将垢分为碳酸钙垢、硫酸钙垢、硅酸盐垢和氧化铁垢等种类，其物性指标是硬度和孔隙度。

碳酸钙垢是最常见的一种硬垢，其成因是地热流体中的钙离子（Ca^{2+}）浓度与碳酸根离子（CO_3^{2-}）浓度的乘积超过了溶度积，使碳酸钙从溶液中结晶析出，附着于传热面或金属表面之上。金属表面越粗糙不平或覆有一层氧化膜，垢的附着力就越强。碳酸钙的溶解度与地热水的温度、水中钙离子浓度、碳酸根离子浓度以及其他可溶性物质的浓度有关。当水温升高时，碳酸钙在水中的溶解度就下降，垢容易析出，由于井口温度最高，所以一般容易结垢。碳酸根离子浓度与流体 pH 值有关，pH 值控制了 CO_3^{2-} 与 HCO_3^- 的分配。当流体 pH 值升高时，CO_3^{2-} 浓度也上升，$CaCO_3$ 垢层就容易生成。地热水的 pH 值也受到压力的控制，当地热水喷出地面时，往往因压力下降而导致 CO_2 逸出，使流体的 pH 值升高，从而造成 $CaCO_3$ 垢的沉积。

防结垢的方法很多，最常见的方法除机械除垢外，主要还有以下几种：

（1）化学方法处理。化学防垢是一种常见的方法，如在地热水中投放酸性溶液，使水的 pH 值下降，可使 $CaCO_3$ 不致沉淀出来；也可加入某些化学药物，使 Ca^{2+}、Mg^{2+} 等成分变成软泥状渣而不成垢。用于防垢的化学药物有很多种，配方也各有不同，但其共同缺点是经济性差，同时容易增加流体的腐蚀性。

（2）在地热利用系统前部增加阀门。这种方法可使地热流体保持一定的压力，防止 CO_2 逸出，以避免 $CaCO_3$ 等沉积出来。但这种方法不利于利用系统所需流体输送压头。如果采用回灌的闭合系统，让地热水在保持压力的状态下通过换热器换热，使温度降低后的地热水直接回灌地下，那么井管和输送管道的结垢情况就会得到较为满意的解决，但这种方法的一次性投资较大。

（3）物理方法除垢。常见的磁法除垢就属于物理方法除垢的一种。在地热流体输送管道外，沿管道周围安置几块磁性很强的磁块，让地热水流过装有磁铁的管道区段时进行磁化处理，使垢减轻或成疏松状，以便于清洗。这种方法的效果与管径、热水流量、输送距离以及磁铁的磁性等因素有关，因而在工程应用中效果各异。

（4）根据热力学原理计算与控制井口压力。通过这种方法可以使水垢在设定的位置形成，然后在该区段上接装一个容器，内装秸秆、稻草、旧棉絮等松散状杂物，使析出的水垢附着其上，定期取出更换，即可取得较好效果。

虽然除垢的方法很多，但对地热发电来说，除垢仍然是一个尚未彻底解决的问题，有的方法受经济性的制约，有的则因为井孔内压力变化引起的结垢很难控制而影响其效果。少数地热田因地热井严重结垢而不得不放弃使用的案例，也是存在的。

六、地热水回灌

地热田的大量开采，必将会造成热储寿命缩短，地下水位下降，并导致地面沉降。如把地热发电后的地热弃水回灌地下，就可大大减轻这些弊端，并减轻地热弃水对环境的污染。

确定回灌方案之前，应首先弄清热储的情况，这样才能提出回灌模型，选择合适的回灌方式。回灌地热发电等利用后排出的地热弃水以保持热储的压力和水位并不难，重要的是不要因为回灌温度较低的水而使生产井的水温过快地降低。

不同的地热田采用的回灌方式会有所不同。回灌井的平面布置，有"混杂排列"和"边对边排列"两种。"混杂排列"是指生产井和回灌井穿插排列，并保持一定的距离。"边对边排列"是指生产井在一边，而回灌井在另一边，中间隔有较远的距离。回灌井深度的选择非常重要，根据实际情况的需要，它可以比生产井源浅或与生产井相同。美国吉塞斯地热田的回灌井，曾一度较浅，结果回灌进去的水又被重新开采出来，后来改为采用深层回灌，就再未发生这样的情况。这种情况的发生可能是由于温度较低的回灌水比重大，容易向下运移的缘故，回灌井浅，注入的水向下流动，正好进入生产井所处的层位，就会影响热储的温度；反之，就不会影响生产井。总之，回灌方式的选择，取决于地质、环境和经济等综合因素，但一般来说边对边的、深一些的回灌井布局在多数情况下可较好地避免热干扰。

七、地热电站尾水综合利用

地热电站发电后排出的尾水，温度一般都在 $60\sim70℃$ 左右或更高，适合于工农业生产以及生活中利用，或从中提取有用的化学元素等。应根据具体情况，因地制宜地采取不同方式，对地热电站发电后排出的尾水进行综合利用。不仅要利用地热资源的热能，还应把地下热水作为宝贵的矿产资源和水资源加以充分利用，使其发挥更大的经济效益。如广东丰顺邓屋地热试验电站将排出的热水与冷水混合，每小时约有 300t 水供给农田灌溉；湖南灰汤地热试验电站将排出的热水供当地疗养院和温室利用；江西温汤地热试验电站，将发电后排出的余热水用于繁育水稻良种和治疗皮肤病、关节炎等。

八、地热开发环境保护

地热能虽然被认为是清洁能源，但它的开发仍然会带来一些环境问题，如不加以重视，有可能对地热田带来各种危害。地热田对环境的影响主要有空气污染、化学污染、热污染、噪声污染、地面沉降等几种。

1. 空气污染

在地热田的开发过程中有多种气体和悬浮物排放到大气中，主要有水蒸气，还有硫化氢、二氧化碳等不凝结气体。硫化氢是污染空气的主要气体，它能麻痹人的嗅觉神经，散发出一种臭鸡蛋味，对铜基材料有严重的腐蚀作用。如果让这些气体散逸到空气中，对电气装置会产生严重后果。在地热电站建造时，都要有处理硫化氢的装置来净化排放的气体。

2. 化学污染

有些地热流体含有许多有害的化学物质，将它们排放到地面或河流中都会造成水的化学污染，如氟（F）、硼（B）、砷（As）、汞（Hg）、镉（Cd）、铬（Cr）等。防止水化学污染的办法有：①将弃水引入污水排放系统或稀释后排入河流或海洋；②经处理装置去除超标的成分后排放；③将弃水回灌地下。

3. 热污染

地热电站的排水往往温度还很高，不仅浪费资源，还造成环境的污染，使附近的生物生态受到不良的影响。现行的热污染排放标准是弃水温度不能超过35℃。防止热污染的最好办法，是排水的综合利用，如将电站的排水引入建筑物采暖，为地热温室、越冬鱼池、地热孵化育雏设施加热等。

4. 噪声污染

噪声主要发生在井口压力很高的高温地热井，或电站扩容器的排水口。当地热蒸汽井或湿蒸汽井放喷时造成的尖声，往往使人的耳朵受到伤害，对家畜和野生动物也产生有害影响。消除噪声的办法是，在井口或扩容器排水口安装消声器。消声器是用两个有底的圆柱形空筒做成，热流体通过管线以切线方向进入两个圆筒，不同旋转方向的热水在两个筒内可以进一步扩容消能。消声器可以是钢圈水泥维护结构或松木结构，为了防止被冲蚀，可在高速热流体冲刷处焊有耐腐蚀合金，内壁涂以环氧树脂。

5. 地面沉降

大量开采地热流体会造成地层压力或水位下降，从而引起地面下沉或水平移动。在大规模开发地热的地区，必须进行地面沉降的监测。监测网由一个精确的水准点和三角点基准网格组成，范围应扩大到非开采区，最好能扩展到邻近的地质构造稳定地区。为查明是天然的地质构造活动或浅层冷水抽汲所造成的地沉影响，必须在地热田开发前重复地测量这些基准点。防止地面下沉的最有效办法，是实行地热水回灌。

能力训练

1. 开展班级或学习小组活动，给同学们讲述有关你与地热能利用的亲身经历（如温泉洗浴等）。

2. 通过查阅学习期刊杂志论文、网络等媒体资料，汇报交流一个或多个地热利用工程中解决实际工程技术问题的成功案例。

3. 查阅材料，说明什么是地热水回灌井的"混杂排列"和"边对边排列"。

4. 查阅材料，说明消声器的工作原理。

综 合 测 试

一、名词解释

1. 地热能；2. 大地热流；3. 热水型地热资源；4. 地压型地热资源；5. 地热田；6. 板间地热带；7. 自流井；8. 化学防垢

二、填空

1. 地球的构造好像是一只煮熟的鸡蛋，主要分为 3 层，即（　　）、（　　）和（　　）。

2. （　　）的热能称为地热能。它有两种不同的来源，一种来自（　　），一种来自（　　）。

3. 在地壳中，地热的分布可分为 3 个带，即（　　）、（　　）和（　　）。

4. 目前可开发的地热田主要是（　　）田和（　　）田。

5. 全世界地热资源的总量大约为 1.45×10^{26} J，相当于（　　）标准煤燃烧时所放出的热量。

6. 从全球地质构造观点来看，大于 150℃ 的高温地热资源带主要出现在地壳表层各大板块的边缘，即分布在（　　）。小于 150℃ 的中、低温地热资源则分布于（　　）。

7. 世界上四大板块地热带中，（　　）地热带和（　　）地热带都经过我国版图。我国是以（　　）地热资源为主。

8. 蒸汽型地热发电系统可分为（　　）发电系统和（　　）发电系统。

9. 热水型地热发电系统是目前地热发电的主要方式，包括（　　）和（　　）两种情况，适用于分布最为广泛的（　　）地热资源。

10. 双循环地热发电系统就是利用地下热水来加热（　　）工质，使其进入汽轮机工作的地热发电系统，又称为（　　）。

11. （　　）地热电站是我国自行设计建成的第一座用于商业运行的、装机容量最大的高温地热电站，年发电量达到（　　）kWh。

12. 总体来说，地热能在四个方面的应用最为成功，即（　　）、（　　）、（　　）、（　　）。

13. 除低沸点工质循环外，地热电站的凝汽器几乎全是（　　）凝汽器。

14. 对于地热电站，目前常用的有（　　）抽气器和（　　）抽气器两种。

三、问答题

1. 简述地热发电的工作原理。

2. 绘制湿蒸汽型闪蒸地热发电系统和热水型闪蒸地热发电系统流程图，简述其工作过程，说明各设备的作用。

3. 绘制双循环地热发电系统的流程图，说明其工作过程。
4. 简述西藏羊八井地热电站的基本情况。
5. 绘制高温地热井井口装置系统示意图，说明其工作过程。
6. 如何做好地热水利用的防结垢问题。
7. 谈谈地热开发环境保护都包括哪些方面。

项目三　风　力　发　电

　项 目 目 标

了解风力发电的发展状况；熟知风的形成原因和测量设备，掌握风的描述术语；掌握风力机的工作原理，掌握风力发电机组的型式；掌握风力发电机组的结构组成，掌握风力发电机组各组成部分的作用及主要技术；了解海上风力发电的发展状况，熟知海上风电场构成的技术特点。

任务一　风力发电的发展

　任 务 目 标

了解全球及我国风力发电的发展情况；熟知风电技术现状及风电发展的趋势。

　知 识 准 备

一、风电发展概况

风力发电是当今世界可再生能源开发中，除水能资源外技术最成熟、最具大规模开发和商业化发展前景的发电方式。风能是一种可再生、无污染的绿色能源，是取之不尽、用之不竭的，而且储量十分丰富。据估计全球可利用的风能总量为每年53亿kWh。风能的大规模开发利用，将会减少化石能源的使用、减少温室气体排放、保护环境。充分利用风能、大力发展风力发电已经成为各国政府的重要选择。

风力发电是比较年轻而发展迅速的工业。在过去近二十年间，风电发展不断超越其预期的发展速度，而且一直保持着世界能源利用增长最快的地位。随着国际上风电技术和装备水平的快速发展，风力发电已经成为目前技术最为成熟、最具规模化开发条件和商业化发展前景的新能源技术。目前，风电在全球100多个国家和地区都有应用，在电力供应中占有很高的比例，根据北极星风力发电网报道，2016年，在全球发电量中，风电占比为4%。其中，风能在丹麦能源供应中占比达到37.6%；西班牙的电力供应中风电占19.3%；中国的风力发电量为2410亿kWh，占全部发电量的4.1%，并且风力发电增长迅速，总体保持20%的增长速度。未来各国风电发展目标更加宏伟，丹麦计划2025年风电占到整个电力的50%，美国提出了2030年风电占整个电力的20%目标，欧盟2020年20%可再生能源电力的目标中将有一半来自风电。全球风能理事会主席Klaus Rave说，"2030年之前，我们预期全球一半以上的风电场会建立在发展中国家和新兴经济体内"。

中国风电经历十多年迅猛发展，曾经取得可喜的成就，一度风生水起，特别是在被称为"黄金五年"的2006年到2010年间，风电行业突进的速度让人惊讶。2012年中期，中国风电并网总装机容量跃居世界第一。从2012年起，中国成为全球最大的清洁能源投资国；

2015 年，中国清洁能源投资额占世界清洁能源投资总额 30% 以上。根据中国风能协会的统计数据，截至 2015 年年底，中国风电累计装机已达到了 1.45 亿 kW，同比上升 26.6%。

"十三五"期间，在《中华人民共和国国民经济和社会发展第十三个五年规划纲要》的指导下，编制了《能源发展"十三五"规划》。《能源发展"十三五"规划》指出，牢固树立和贯彻落实创新、协调、绿色、开放、共享的发展理念，遵循能源发展"四个革命、一个合作"（节约低碳，推动能源消费革命；多元发展，推动能源供给革命；公平效能，推动能源体制革命；创新驱动，推动能源技术革命）战略思想，深入推进能源革命，着力推动能源生产利用方式变革，建设清洁低碳、安全高效的现代能源体系，是能源发展改革的重大历史使命。

清洁低碳，绿色发展是能源发展"十三五"规划的基本原则之一。把发展清洁低碳能源作为调整能源结构的主攻方向，坚持发展非化石能源与清洁高效利用化石能源并举。逐步降低煤炭消费比重，提高天然气和非化石能源消费比重，大幅降低二氧化碳排放强度和污染物排放水平，优化能源生产布局和结构，促进生态文明建设。到 2020 年，非化石能源发电量比重由 2015 年的 27% 上升到 31%。

积极推进能源供应革命，对于风电，《能源发展"十三五"规划》指出，要"坚持统筹规划、集散并举、陆海齐进、有效利用"。调整优化风电开发布局，逐步由"三北"地区为主转向中东部地区为主，大力发展分散式风电，稳步建设风电基地，积极开发海上风电。加大中东部地区和南方地区资源勘探开发，优先发展分散式风电，实现低压侧并网就近消纳。

稳步推进"三北"地区风电基地建设，统筹本地市场消纳和跨区输送能力，控制开发节奏，将弃风率控制在合理水平。加快完善风电产业服务体系，切实提高产业发展质量和市场竞争力。2020 年风电装机规模达到 2.1 亿千瓦以上，风电与煤电上网电价基本相当。

《能源发展"十三五"规划》制定的风能资源开发重点是：稳定推进内蒙古、新疆、甘肃、河北等地区风电基地建设。重点推进四川省凉山州风水互补、雅砻江风光水互补、金沙江风光水互补、贵州省乌江与北盘江"两江"流域风水联合运行等基地规划建设。鼓励"三北"地区风电和光伏发电参与市场交易和大用户直供，支持采用供热、制氢、储能等多种方式，扩大就地消纳能力。大力推进中东部和南方地区分散风能资源的开发，推进低风速风机和海上风电技术进步。

能源发展"十三五"规划关于风电部分科技创新重点任务是：建设大型、超大型海上风电等重大示范工程；建造低速及 7~10MW 级风电机组等重大装备。

相比于陆上风电，海上风电的建设和维护成本都更高，"十二五"期间，海上风电发展较慢。因此，国家能源局提出的海上风电发展目标是，到 2020 年，海上风电能够确保并网 500 万 kW，力争开工 1000 万 kW 的规划目标。

随着风力发电技术的改进，风力发电机组将越来越便宜和高效。增大风力发电机组的单机容量就减少了基础设施的投入费用，而且同样的装机容量需要更少数目的机组，这也节约了成本。随着融资成本的降低和开发商的经验丰富，项目开发的成本也相应得到降低。风力发电机组可靠性的改进也减少了运行维护的平均成本。总体上，风力发电成本将得到大幅降低。

二、全球风电发展情况

近年来，全球风电产业一直持续增长。据北极星风电网统计，2015 年全球风电产业新增装机 63013MW，同比增长 22%，见表 3-1。2015 年全球风电新增装机容量前十国家及其占比如图 3-1 所示。其中，中国风电新增装机容量达 30500MW。到 2015 年年底，全球风电累计装机容量达到 432419MW，累计同比增长 17%，见表 3-2，截至 2015 年年底全球风电累计装机容量前十国家及其占比如图 3-2 所示。

表 3-1   **2015 年全球风电新增装机容量前十国家**

国别	新增装机容量（MW）	全球市场份额（%）
中国	30500	48.4
美国	8598	13.6
德国	6013	9.5
巴西	2754	4.4
印度	2623	4.2
加拿大	1506	2.4
波兰	1266	2.0
法国	1073	1.7
英国	975	1.5
土耳其	956	1.5
全球其他	6749	10.7
全球前十	56264	89.0
全球总计	63013	100.0

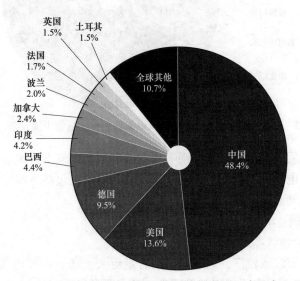

图 3-1   2015 年全球风电新增装机容量前十国家及占比

表 3-2   **截至 2015 年年底全球风电累计装机容量前十国家**

国别	新增装机容量（MW）	全球市场份额（%）
中国	145104	33.6
美国	74471	17.2

续表

国别	新增装机容量（MW）	全球市场份额（%）
德国	44947	10.4
印度	25088	5.8
西班牙	23025	5.3
英国	13603	3.1
加拿大	11200	2.6
法国	10358	2.4
意大利	8958	2.1
巴西	8715	2.0
全球其他	66951	15.5
全球前十	365468	84.5
全球总计	432419	100.0

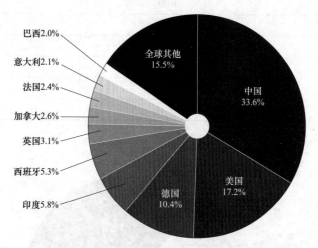

图 3-2　截至 2015 年年底全球风电累计装机容量前十国家及占比

　　总体来看，风电发展快的国家都有强有力的政府激励政策支持风电的开发与利用。这些政策包括德国的固定电价和美国的生产环节减免税，同时也包括一些互不相同的投资和风电设备制造业方面的激励政策。

三、我国风电发展

（一）我国风能资源状况

　　我国风能资源分布区域较广，风能资源蕴含量巨大。陆地年平均风速 6m/s 以上的地区约占全国总面积的 1%，仅次于美国和俄罗斯，技术可开发面积约 20 万 km²。我国 10m 低空范围初步探明风能资源技术可开发在陆上约为 2.53 亿 kW，沿海估计为 7.5 亿 kW，总计约为 10 亿 kW。如果扩展到 50~60m 以上高空，风电资源将至少再增加一倍，可望达 20 亿~25 亿 kW。我国风能资源丰富的地区主要分布在"三北"地区（即东北、西北、华北）以及东南沿海地区。"三北"地区可开发利用的风能资源约 2 亿千瓦，占全国陆地可开发利用风能的 79%。我国适宜发展大规模风电的地区主要分布在蒙东、蒙西、吉林、辽宁、河北、甘肃、新疆等"三北"（东北、华北、西北）地区以及江苏和山东等沿海地区，这些地区风能资源潜在开发量约占全国的80%。

（二）我国风电现状及规划目标

"十二五"期间，我国培育了全球最大规模的风电市场，2015年中国风电新增装机容量30500MW，首次突破30000MW大关，达到中国风电新增装机容量最高水平。2015年中国风电累计装机容量145104MW，实现了规划中提出的并网装机容量达到1亿kW的发展目标。而超出的装机基本全部安排在了华东、华中和华南等并网消纳情况良好的地区，从而保证了产业布局的优化调整。这一点，从各省区的规划装机与实际完成装机的对比中可以看得更为清楚，主要分为三种情况：一是风能资源较好并能基本保障并网消纳的地区，诸如内蒙古、辽宁、山西、河北等各省区的实际装机量与规划目标基本一致；二是在弃风问题较为严重的"三北"地区，一些省份在"十二五"结束时的累计装机要少于当年规划的目标；三是贵州、湖南、湖北、四川、河南、广东、福建等消纳情况较好的省区，各自的风电累计装机容量都略高于五年前的"规划"水平。而这样的调整效果可以说也早在计划之中，在近几年的历次项目核准计划中，华东、华中、华南等地区的风电项目占比逐步提高，到第五批年度核准计划时已占到65%。产业布局的调整和重心转移，有力带动了低风速机组技术的快速进步，与之相关的复杂地形微观选址等技术也得到重视和发展，分布式开发商业模式、精细化管理方式都与之相伴而生并正逐步走上前台。

电力"十三五"规划指出在"十三五"期间要加大水电、风电、太阳能、核电、天然气等新能源的比重。

2016年作为"十三五"开局之年，既是我国能源转型发展的关键时期，也是风电等可再生能源产业持续健康发展的关键期。

2016年上半年，全国风电新增并网容量774万kW，累计并网容量同比增长30%；上半年，全国风电上网电量约1200亿kWh，同比增长23%；平均利用小时数917h，同比下降85h；风电弃风电量323亿kWh，同比增加148亿kWh；平均弃风率21%，同比上升6个百分点。

2016年上半年，新增并网容量较多的省份是云南（215万kW）、江苏（68万kW）、吉林（61万kW）和山东（54万kW）。风电平均利用小时数较高的省份是云南（1441h）、四川（1377h）、天津（1266h）和福建（1166h）；平均利用小时较低的省份是新疆（578h）、甘肃（590h）、吉林（677h）和宁夏（687h）。

目前，中国风电累计装机量世界第一，又有很好的风电运营基础，积累了丰富的经验教训。西方国家有大量的市场需求，同时，随着我国推行"一带一路"走出去的战略，沿途发展中国家亦有可观的市场空间。中国风电产业将为世界清洁能源的发展做出贡献。

风电行业快速发展的同时，国家能源局也强调，目前弃风限电现象有所加剧，一季度平均弃风率为18.6%，同比上升6.6个百分点。能源局正组织编制包括风电在内的可再生能源发展"十三五"规划，将统筹可再生能源本地消纳和外送电需求。

长期追踪风电行业的分析师表示，第五批3400万kW的核准计划创历年新高，直接反映出国家层面对风电建设的高扶持态度，更为后续风电建设提供了强大的项目储备。前四批核准计划分别为2883万kW、2528万kW、2872万kW、2760万kW。

上述分析师同时表示，新核准计划的出炉，也将给金风科技、天顺风能等风电企业带来直接利好。

"十三五"期间整个风电乃至新能源产业的发展，不再以规模为导向，不再只注重新建规模，更要重视利用，特别是就近和就地的利用，会逐年统计和发布各省（区、市）非水可再生能源的占比指标，以此来监测风电等新能源的利用情况。在规划目标上，采取有保有压的政策，对于风电利用情况较好、不存在弃风限电问题的省份，将把规划目标作为最低目标，鼓励各省制定更高的发展目标。对于弃风限电比较严重的省份，还是希望"十三五"时期以解决存量风电项目的消纳为主，要通过各类示范和深化体制改革尽快解决风电的消纳问题。

值得注意的是，"十三五"海上风电发展的政策思路是积极稳妥推进。

此外，补贴退出将成为贯穿整个"十三五"风电产业发展的主旋律。

为了加快补贴的退出，国家能源局最近也在深入研究国际上比较普遍采用的可再生能源发电配额考核和绿色证书交易制度，希望采取市场化的方式来确定补贴的额度，同时逐步减少对财政直接补贴资金的需求。

风能应用技术不断扩充，风电的最大缺点是不可控性和间歇性，因此，为了改善风电对电网的影响和扩大风能的应用，将风能与其他能源组成互补系统是一种解决的技术途径。目前，除在技术上已较成熟的风电/光伏发电互补系统、风电/柴油发电互补系统外，近年来又提出了风电/水电互补系统和风电/燃气轮机发电互补系统等。互补系统不仅可以并网应用，也可以组成分布式电源系统，独立运行，有较好的应用前景。

另外一种解决的技术途径是风电的直接应用与大规模蓄能技术相结合。风能应用除了发电外，还将应用在海水淡化、制氢储能等诸多方面。

四、风电技术现状

（一）水平轴机组是风电机组的主要型式

水平轴机组是目前大型风电机组采用的主要型式，基本上占有市场的全部份额。同期发展的垂直轴风电机组因其风能转换效率偏低，结构动力学特性复杂以及启动和停机控制难等问题，还没有得到市场认可和推广应用。但是，由于垂直轴风电机组无偏航系统、齿轮箱及发电机可以置于地面等优点，因此，国际上一直没有停止其相关研究和开发。

（二）风电机组单机容量持续增大

增大风电机组单机容量，可显著提高风能利用效率，不断降低风力发电成本。20世纪80年代初，商业化风电机组的单机容量以55kW（风轮直径15~16m）为主，20世纪80年代中期到90年代初发展到以100~450kW为主，90年代中后期则以500~1000kW（风轮直径30~60m）为主。目前，则以单机容量为1500~2500kW（风轮直径达70~100m）已成为世界风能利用的主要形式。3000~6000kW的风电机组也已进入运行阶段，并且，10~12MW级风电机组的设计和制造也已经开始。

（三）变桨变速风电机组逐步替代定桨定速风电机组

随着风能利用技术和电力电子技术的不断进步，风机叶片变桨距技术和风电机组变速恒频等先进技术在兆瓦级风电机组中已得到广泛的应用。近年来全球新安装的风电机组中，有90%以上的风电机组已采用变桨变速恒频技术，其中最主要是双馈变速型风电机组，其次是直驱变速型风电机组。

双馈式变速恒频异步发电技术能连续平滑地调节风电机组的无功出力，功率因数调节范围较广。而且，机组并网特性优于以往各类机型，避免了大规模风电场接入时引起局部电网电压问题，包括局部电网的电压崩溃，机组产生的电压闪变也小于同容量的以往其他机组。

无齿轮箱的直驱变速型风电机组能有效地减少由于齿轮箱造成的机组故障，可有效提高系统的运行可靠性和寿命，大大减少维护成本，得到了市场的青睐。在直驱变速型风电机组中，需要采用全功率变流的并网技术，使发电机的调速范围增大，提高风能的利用效率，改善风电场供电的质量。

（四）风电机组关键部件的性能不断提高

随着风电机组单机容量的不断增大，关键部件的性能有了相应的提高，通过对叶片及变桨距系统的优化设计，使风轮风能利用系数提高。近几年由于控制系统的不断完善和控制技术的提高，机组安全性能也有明显的改进。

（五）风电场建设和运行技术水平日益提高

随着投资者对风电场建设前期的评估工作和建成后运行质量越来越高的要求，已经针对风能资源评估开发了先进的检测设备和评估软件。在风电场选址，特别是在复杂地形下的选址和风电机组接入系统的设计方面，已开发出商业化的应用软件。另外，还开始研究对风电机组和风电场的短期及长期风电功率及发电量的预测，精确度可达90%左右。

（六）标准、检测与认证体系逐步完善

风电机组标准、检测和认证是提高风电机组性能、保证风电机组产品质量、规范风电市场和推动风电发展的重要基础。国际电工委员会（IEC）已发布了多项风电方面的国际标准，风能利用先进的国家都有相应的检测中心和认证机构，同时采取了相应的贸易保护性措施。

五、风电发展趋势

（一）积极稳妥推进近海风电场建设

由于海上风电具有风能资源丰富、风速稳定、湍流强度小、不与其他发展项目争地、易于大规模开发等技术经济优势，海上风电开发日益受到世界各国的关注，在欧洲已呈现出风电机组从陆上移向近海的趋势。"十三五"海上风电发展的政策思路是积极稳妥推进，规划目标是到2020年确保并网500万kW，力争开工1000万kW。

（二）风能应用技术不断扩充

风电的最大缺点是不可控性和间歇性，因此，为了改善风电对电网的影响和扩大风能的应用，将风能与其他能源组成互补系统是一种解决的技术途径。目前，除在技术上已较成熟的风电/光伏发电互补系统、风电/柴油发电互补系统外，近年来又提出了风电/水电互补系统和风电/燃气轮机发电互补系统等。互补系统不仅可以并网应用，也可以组成分布式电源系统，独立运行，有较好的应用前景。

另外一种解决的技术途径是风电的直接应用与大规模蓄能技术相结合。风能应用除了发电外，还将应用在海水淡化、制氢储能等诸多方面。

（三）恶劣气候环境下的风电机组可靠性越来越受到重视

恶劣气候通常是指台风、低温、覆冰、雷暴、沙尘暴、盐雾等。恶劣气候环境已对风电机组造成很大的危害，包括增加维护工作量、减少全年发电量，严重时还导致风电机组损坏，因此，恶劣气候环境下的风电机组可靠性设计和防范措施是风电技术发展的一个重要方面。

此外，风电设备制造产业重组也是风电行业的一个重要趋势。例如，2003 年丹麦的维斯塔斯（Vestas）兼并了 NEG 麦康（NEGMicon），成为世界上最大的风机制造商，占有了世界 1/3 的风机市场，拥有 20 种产品，生产从单机 600kW 到单机 4200kW 的风机。美国的通用电气（GE）是世界第二大风机制造商，而德国的风电设备制造业也很发达。

总之，风力发电技术是一个集计算机技术、空气动力学、结构力学和材料科学等综合性学科的技术。我国有丰富的风能资源，风力发电在我国有着广阔的发展前景，而风能利用必将为我国的环保事业、能源结构的调整，减少对进口能源依赖做出巨大的贡献。展望未来随着风电机组制造成本的不断降低，化石燃料的逐步减少及其开采成本的增加，将使风电渐具市场竞争力，因此其发展前景将是十分巨大的。

能力训练

1. 查阅相关资料，说明我国对"十三五"期间有关风力发电部分的相关规划。

2. 列举我国风力发电机组总装有关企业的名称，说明各主流企业的主打机型及安装应用情况。

任务二　风能与风的测量

任务目标

熟知风的形成原因；熟知风的测量设备；掌握风的描述术语。

知识准备

一、风的形成

空气的流动现象称为风，一般指空气相对地面的水平运动。尽管大气运动是很复杂的，但大气运动始终遵循着大气动力学和热力学变化的规律。

（一）大气环流

风的形成是空气流动的结果。空气流动的原因是地球绕太阳运转，由于日、地距离和方位不同，地球上各纬度所接受的太阳辐射强度也就各异。在赤道和低纬地区比极地和高纬地区太阳辐射强度强，地面和大气接受的热量多，因而温度高，这种温差形成了南北间的气压梯度，使得较轻的热空气在赤道附近上升，并向两极流动；而较重的冷空气作为替代，从两极流向赤道。

地球自转形成的地转偏向力叫作科里奥利力，简称偏向力或科氏力。在此力的作用下，在北半球，使气流向右偏转，在南半球使气流向左偏转。所以，地球大气的运动，除受到气压梯度力的作用外，还受地转偏向力的影响。

地转偏向力在赤道为零，随着纬度的增高而增大，在极地达到最大。当空气由赤道两侧上升向极地流动时，开始因地转偏向力很小，空气基本受气压梯度力影响，在北半球由南向北流动，随着纬度的增加，地转偏向力逐渐加大，空气运动也就逐渐地向右偏转，也就是逐渐转向东方。在纬度 30°附近，偏角到达 90°，地转偏向力与气压梯度力相当，空气运动方向与纬圈平行，所以在纬度 30°附近上空，赤道来的气流受到阻塞而聚积，气流下沉，形成这一地区地面气压升高，就是所谓的副热带高压。

副热带高压下沉气流分为两支，一支从副热带高压向南流动，指向赤道。在地转偏向力的作用下，北半球吹东北风，南半球吹东南风，风速稳定且不大，约 3~4 级，这是所谓的信风，所以在南北纬 30°之间的地带称为信风带。这一支气流补充了赤道上升气流，构成了一个闭合的环流圈，称此为哈得来（Hadley）环流，也叫作正环流圈。此环流圈南面上升、北面下沉。

另一支从副热带高压向北流动的气流，在地转偏向力的作用下，北半球吹西风，且风速较大，这就是所谓的西风带。在 60°附近处，西风带遇到了由极地向南流来的冷空气，被迫沿冷空气上面爬升，在 60°地面出现一个副极地低压带。

副极地低压带的上升气流，到了高空又分成两股，一股向南，一股向北。向南的一股气流在副热带地区下沉，构成一个中纬度闭合圈，正好与哈得来环流流向相反，此环流圈北面上升、南面下沉，所以叫反环流圈，也称费雷尔（Ferrel）环流圈；向北的一股气流，从上升到达极地后冷却下沉，形成极地高压带，这股气流补偿了地面流向副极地带的气流，而且形成了一个闭合圈，此环流圈南面上升、北面下沉与哈得来环流流向类似的环流圈，因此也叫正环流。在北半球，此气流由北向南，受地转偏向力的作用，吹偏东风，在北纬 60°~90°之间，形成了极地东风带。

综合上述，在地球上由于地球表面受热不均，引起大气层中空气压力不均衡，因此，形成地面与高空的大气环流。各环流圈伸屈的高度，以热带最高，中纬度次之，极地最低，这主要由于地球表面增热程度随纬度增高而降低的缘故。这种环流在地球自转偏向力的作用下，形成了赤道到纬度 30°环流圈（哈得来环流）、30°~60°环流圈和纬度 60°~90°环流圈，这便是著名的"三圈环流"，如图 3-3 所示。

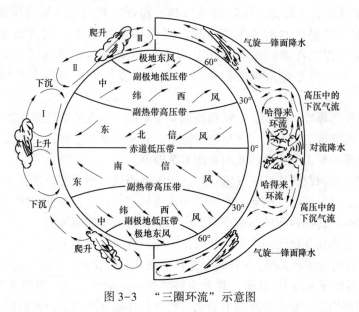

图 3-3　"三圈环流"示意图

当然，所谓"三圈环流"乃是一种理论的环流模型。由于地球上海陆分布不均匀，因此，实际的环流比上述情况要复杂得多。

（二）季风环流

在一个大范围地区内，盛行风向或气压系统有明显的季节变化，这种在一年内随着季节不同，有规律转变风向的风，称为季风。季风盛行地区的气候又称季风气候。

季风是由海陆分布、大气环流、大陆地形等因素造成的，以一年为周期的大范围对流现象。亚洲地区是世界上最著名的季风区，其季风特征主要表现为存在两支主要的季风环流，即冬季盛行东北季风和夏季盛行西南季风，并且它们的转换具有暴发性的突变过程，中间的过渡期很短。一般来说，11 月至翌年 3 月为冬季风时期，6～9 月为夏季风时期，4～5 月和 10 月为夏、冬季风转换的过渡时期。但不同地区的季节差异有所不同，因而季风的划分也不完全一致。

季风是大范围盛行的、风向随季节变化显著的风系，和风带一样同属行星尺度的环流系统，它的形成是由冬夏季海洋和陆地温度差异所致。季风在夏季由海洋吹向大陆，在冬季由大陆吹向海洋。

季风活动范围很广，它影响着地球上 1/4 的面积和 1/2 人口的生活。西太平洋、南亚、东亚、非洲和澳大利亚北部，都是季风活动明显的地区，尤以印度季风和东亚季风最为显著。中美洲的太平洋沿岸也有小范围季风区，而欧洲和北美洲则没有明显的季风区，只出现一些季风的趋势和季风现象。

冬季，大陆气温比邻近的海洋气温低，大陆上出现冷高压，海洋上出现相应的低压，气流大范围从大陆吹向海洋，形成冬季季风。冬季季风在北半球盛行北风或东北风，尤其是亚洲东部沿岸，北向季风从中纬度一直延伸到赤道地区，这种季风起源于西伯利亚冷高压，它在向南爆发的过程中，其东亚及南亚产生很强的北风和东北风。非洲和孟加拉湾地区也有明显的东北风吹到近赤道地区。东太平洋和南美洲虽有冬季风出现，但不如亚洲地区显著。

夏季，海洋温度相对较低，大陆温度较高，海洋出现高压或原高压加强，大陆出现热低压；这时北半球盛行西南和东南季风，尤以印度洋和南亚地区最显著。西南季风大部分源自南印度洋，在非洲东海岸跨过赤道到达南亚和东亚地区，甚至到达我国华中地区和日本；另一部分东南风主要源自西北太平洋，以南风或东南风的形式影响我国东部沿海。

夏季风一般经历爆发、活跃、中断和撤退 4 个阶段。东亚的季风爆发最早，从 5 月上旬开始，自东南向西北推进，到 7 月下旬趋于稳定，通常在 9 月中旬开始回撤，路径与推进时相反，在偏北气流的反击下，自西北向东南节节败退。

影响我国的夏季风起源于三支气流：一是印度夏季风，当印度季风北移时，西南季风可深入到我国大陆；二是流过东南亚和南海的跨赤道气流，这是一种低空的西南气流；三是来自西北太平洋副热带高压西侧的东南季风，有时会转为南或西南气流。

季风每年 5 月上旬开始出现在南海北部，中间经过 3 次突然北推和 4 个静止阶段，5 月底至 6 月 5～10 日到达华南北部，6 月底至 7 月初抵达长江流域，7 月上旬中至 20 日，推进至黄河流域，7 月底至 8 月 10 日前，北上至终界线——华北一带。我国冬季风比夏季风强烈，尤其是在东部沿海，常有 8 级以上的北或西北风伴随寒潮南下；南海以东北风为主，大风次数比北部少。

（三）局地环流

1. 海陆风

海陆风的形成与季风相同，也是大陆与海洋之间的温度差异的转变引起的。不过海陆风的范围小，以日为周期，势力也薄弱。

由于海陆物理属性的差异，造成海陆受热不均，白天陆上增温较海洋快，空气上升，而海洋上空气温度相对较低，使地面有风自海洋吹向大陆，补充大陆地区上升气流，而陆上的上升气流流向海洋上空而下沉，补充海上吹向大陆气流，形成一个完整的热力环流；夜间环流的方向正好相反，所以风从陆地吹向海洋。将这种白天风从海洋吹向大陆称海风，夜间风从陆地吹向海洋称陆风，将一天中海陆之间的周期性环流总称为海陆风，其形成示意如图3-4所示。

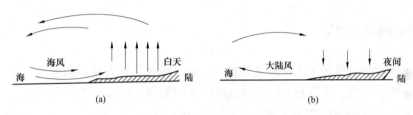

图3-4 海陆风形成示意图
（a）白昼海陆风；（b）夜间陆海风

海陆风的强度在海岸最大，随着离岸的距离而减弱，一般影响距离在 20～50km 左右。海风的风速比陆风大，在典型的情况下海风风速可达 4～7m/s，而陆风一般仅 2m/s 左右。海陆风最强烈的地区，发生在温度日变化最大及昼夜海陆温差最大的地区。低纬度日射强，所以海陆风较为明显，尤以夏季为甚。

此外，在大湖附近同样日间有风自湖面吹向陆地称为湖风，夜间自陆地吹向湖面称为陆风，合称湖陆风。

2. 山谷风

由于山谷与其附近空气之间的热力差异而引起白天风从山谷吹向山坡，这种风称"谷风"；到夜晚，风从山坡吹向山谷称"山风"。山风和谷风总称为山谷风。

山谷风的形成原理跟海陆风类似。白天，山坡接受太阳光热较多，成为一只小小的"加热炉"，空气增温较多；而山谷上空，同高度上的空气因离地较远，增温较少。于是山坡上的暖空气不断上升，并在上层从山坡流向谷地，谷底的空气则沿山坡向山顶补充，这样便在山坡与山谷之间形成一个热力环流。下层风由谷底吹向山坡，称为谷风（见图3-5）。到了夜间，山坡上的空气受山坡辐射冷却影响，"加热炉"变成了"冷却器"，空气降温较多；而谷地上空，同高度的空气因离地面较远，降温较少。于是山坡上的冷空气因密度大，顺山坡流入谷地，谷底的空气因汇合而上升，并从上面向山顶上空流去，形成与白天相反的热力环流。下层风由山坡吹向谷地，称山风，如图3-5所示。

谷风的平均速度约 2～4m/s，有时可达 7～10m/s。谷风通过山隘的时候，风速加大。山风比谷风风速小一些，一般为 2～4m/s，但在峡谷中，风力还能增大些。

值得重视的是，我国除山地以外，高原和盆地边缘也可以出现与山谷风类似的风，风向、风速有明显的日变化。出现在青藏高原边缘的山谷风，特别是与四川盆地相邻的地区，对青藏高原边缘一带的天气有着很大的影响。

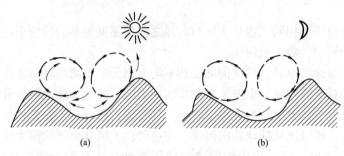

图 3-5　山谷风形成示意图
(a) 谷风；(b) 山风

二、对风的描述与测量

1. 风速

通常用风速来表示风的大小，风速是指风的移动速度，即在单位时间内空气在水平方向移动的距离，用 v 表示，单位是 m/s，即每秒移动的距离（m）。

气象学上对风速还给出如下定义。

(1) 平均风速，相应于有限时段内的风速的平均值，通常指 2min 或 10min 的平均值，用 $\bar{v}$ 表示。

(2) 瞬时风速，相应于无限小时段内的风速。

(3) 最大风速，在给定的时间段或某个期间里面，平均风速中的最大值。

(4) 极大风速，在给定的时间段内，瞬时风速的最大值。

国际上大多数国家采用的风速数据主要是 10min 平均数据，如果风速的平均周期不一致，相应的风速结果也会不同。

风速是一个随机性很大的物理量，随时间和季节频繁变化，甚至瞬息万变。利用测风设备测得的风速是在一个极短时间段内得到的数值。要想得到平均风速，就要在一定的时间段内多次测量，然后计算其平均值。测风时取空间某一点，某一个测风周期的平均风速（如小时平均风速、月平均风速、年平均风速等）为测风周期内各次观测风速之和除以观测次数，得到

$$\bar{v} = \frac{1}{n} \sum_{i=1}^{n} v_i$$

式中　$\bar{v}$——平均风速；

　　　v_i——时间点 i 对应的瞬时风速；

　　　n——平均风速计算时段内（年、月或日）所选取样本点的总数。

2. 风向

(1) 风向的定义。

风向指风的来向，风向表示方法有度数表示法和方位表示法。

度数表示法是最直接的风向表示方法，0°～360°表示风的来向，这种表示方法通俗简单。为了更加直观地表示风的来向，采用方位表示，就是把 0°～360°的风向离散化，把不同风向值划分到相应的扇区，如图 3-6 所示，通常设 16 扇区，每隔 22.5°为一个扇区，如

348.75°~360°和0°~11.25°区间的风向为北风，以 N 表示，11.25°~33.75°区间的风向为北东北风，以 NNE 表示，33.75°~56.25°区间的风向为东北风，以 NE 表示，其他的依次类推。

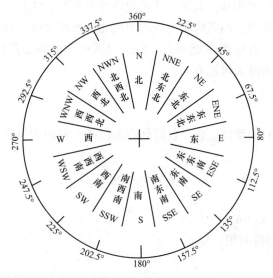

图 3-6　16 扇区方位表示图

（2）风向、风能的分布。

目前比较常用的分析统计风向分布特点的方法是将测风周期所测的风向值离散化，把不同风向值划分到相应的扇区，然后分析在测风时间内风向在不同扇区出现的频率，从而判断风向分布状况。用同样的方法可以判断风能的分布情况，测风周期通常取 1 月或 1 年。

一般采用风向和风能玫瑰图来描述风向、风能在水平面上的分布情况。所谓的玫瑰图是根据风向或风能在各扇区的频率分布，以相应的比例长度绘制的形如玫瑰花朵的概率分布图，如图 3-7 所示。

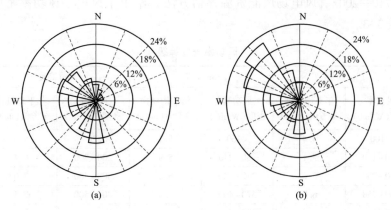

图 3-7　风向、风能玫瑰图实例
（a）风向玫瑰图；（b）风能玫瑰图

需要指出的是当主风向和主风能的方向不一致时，应以风能玫瑰图为主。也就是说，在一个测风周期内风向出现的频率高，对应的风能不一定多，因为风能与风速的三次方成正比，风速比风速频率（指同一时间内发生相同风速的时数，占这段时间刮风总时数的百分比）对主风能方向的影响更明显。

图 3-7 表示的是某测风塔所测得风向、风能分布玫瑰图。从风向玫瑰图来看，南风出现的频率最高，其次为西西北和西北风；从风能玫瑰图来看，西北方向风能频率最高，其次为西西北和南风。综合来看，测风塔的主风向为西北和西西北风。这是因为南风虽然出现的频率较高，但风速较小，对应的风能不大，而西北风出现的频率虽然相对较小，但风速较大，对应的风能较大，为最大风能方向。

3. 风能和风功率密度

（1）风能。

风能是大气运动具有的动能，在单位时间内流过某一截面的风能 E，亦即风功率，其计算公式为

$$E = 0.5 \rho S v^3$$

式中　E——风能，W；

　　　ρ——空气密度，kg/m；

　　　S——气流通过的截面积，m^2；

　　　v——风速，m/s。

风能的大小分别与空气密度、通过的截面积以及气流速度的三次方成正比。

（2）风功率密度。

风功率密度是气流在单位时间垂直通过单位面积的风能，计算公式为

$$P = 0.5 \rho v^3$$

式中　P——风功率密度，W/m^2。

风功率密度的大小与空气密度、气流速度的三次方成正比。

在风能和风功率密度计算中，最重要的因素是风速，风速增加 1 倍，风能或风功率密度增加 7 倍。

GB/T 18710—2002《风电场风能资源评估方法》给出了风电场风功率密度等级划分，共分 7 级见表 3-3。

表 3-3　　　　　　　　　　　　　　风功率密度等级

风功率密度等级	10m 高度		30m 高度		50m 高度		应用于并网风力发电
	风功率密度（W/m^2）	年平均风速参考值（m/s）	风功率密度（W/m^2）	年平均风速参考值（m/s）	风功率密度（W/m^2）	年平均风速参考值（m/s）	
1	<100	4.4	<160	5.1	<200	5.6	
2	100～150	5.1	160～240	5.9	200～300	6.4	
3	150～200	5.6	240～320	6.5	300～400	7.0	较好
4	200～250	6.0	320～400	7.0	400～500	7.5	好
5	250～300	6.4	400～480	7.4	500～600	8.0	很好
6	300～400	7.0	480～640	8.2	600～800	8.8	很好
7	400～1000	9.4	640～1600	11.0	800～2000	11.9	很好

注　1. 不同高度的年平均风速参考值是按风切变指数 1/7 推算的。

　　2. 与风功率密度上限值对应的年平均风速参考值，按海平面标准大气压及风速频率符合瑞利分布的情况推算。

  一般来讲，年平均风速越大，年平均风功率密度也越大，风能可利用的小时数也越多，风电场发电量越高。因此，年平均风速和风功率密度是评价风电场风能资源水平的主要指标。随着风力发电机组技术的提高、轮毂高度的增加以及造价的降低，一般风功率密度等级达到2级，风电场就具备开发价值。

  4. 风的测量

  （1）测风系统的组成。

  自动测风系统主要由六部分组成，包括传感器、主机、数据储存装置、电源、安全与保护装置。

  传感器分风速传感器、风向传感器、温度传感器、气压传感器，输出信号为频率（数字）或模拟信号。

  主机利用微处理器对传感器发送的信号进行采集、计算和储存，由数据记录装置、数据读取装置、微处理器、就地显示装置组成。

  按照 GB/T 18709—2002《风电场风能资源测量方法》规定，风电场风的测量包括逐时 10min 平均风速、每日极大风速、风的湍流强度、风向、温度、气压、湿度等。

  （2）测风设备。

  传统测风仪有风杯式风速仪、螺旋桨式风速仪及风压板风速仪等。新型测风仪有超声波测风仪、多普勒测风雷达测风仪、风廓线仪等。著名的测风仪器供应商主要有 Secondwind、NRG 等公司。

  常用的风杯式风速计如图 3-8 所示。这是一种机械式测风仪，由一个垂直方向的旋转轴和三个风杯组成。风杯式风速计的转速可以反映风速的大小。一般情况下，风速计与风向标配合使用，可以记录风速和风向数据。

  机械式测风仪的优点在于可靠性高，成本低。但同时也存在机械轴承磨损的情况，因此需要定期检测甚至更换。另外，在结冰地区，需要安装加热设备防止仪器结冰。

  非接触式的测风仪器有超声波风速计和激光风速计等（见图 3-9）。超声波风速计通过检测声波的相位变化来记录风速；激光风速计可以检测空气分子反射的相干光波。这些非机械式风速仪的优点在于受结冰天气（气候）的影响较小。

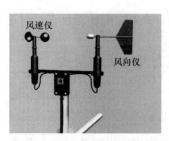

图 3-8　风杯式风速计及风向标

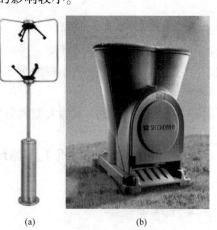

(a)　　　　　　(b)

图 3-9　超声波风速计和激光风速计

（a）超声波风速计；（b）激光风速计

非接触式风速计的缺点是用电量较大，在偏远地区的应用受到限制。

5. 风电场宏观选址

（1）基本概念。

风电场宏观选址即风电场场址选择，是在一个较大的地区内，通过对若干场址的风能资源和其他建设条件的分析和比较，确定风电场的建设地点、开发价值、开发策略和开发步骤的过程。风电场选址的好坏是企业能否通过开发风电场获取经济利益的关键。

（2）基本原则。

1）风能资源丰富，风能质量好。风电场场址轮毂高度年平均风速一般应大于 6.5m/s，风功率密度一般应大于 $300W/m^2$。尽量有稳定的盛行风向，以利于机组布置。风速的日变化和季节变化较小，降低对电网的冲击。垂直风剪切较小，以利于机组的运行，减少机组故障。湍流强度较小，尽量减轻机组的振动、磨损，延长风电机组寿命。

2）符合国家产业政策和地区发展规划。风电场场址是否已做其他规划，或是否与规划中的其他项目有矛盾，应加以考虑。

3）满足接入系统要求。接入系统是风电场实现电能销售收入的必要条件。风电场场址应尽量靠近电网，以减少线损和送出成本。根据电网的容量、结构，确定建设规模与电网是否匹配。

4）具备交通运输和施工安装条件。港口、公路、铁路等交通运输条件应满足风电机组、施工机械和其他设备、材料的进场要求。场内施工场地应满足设备和材料的存放、风电机组吊装等要求。

5）保证工程安全。避免洪水、潮水、地震和其他地质灾害、气象灾害等对工程造成破坏性的影响。

6）满足环境保护的要求。避开鸟类的迁徙路径、候鸟和其他动物的停留地或繁殖区。和居民区保持一定距离，避免噪声、叶片阴影扰民。减少对耕地、林地、牧场等的占用。

7）满足投资回报要求。尽量提高发电量，降低投资和运营成本，以获得较高的利润。

 能力训练

1. 讨论说明，大气环流、季风环流、局地环流的形成原因。

2. 查找相关图例，说明我国风能资源分布情况，并对建设风力发电场提出自己的观点和建议。

3. 查阅资料，列举我国已建成的大型风力发电场，并对它们的选址进行讨论说明。

任务三　风力机工作原理及风力发电机的型式

任务目标

理解掌握翼的升力、风力机输出功率等概念；会进行风力机叶片的受力分析，熟练掌握风力机的工作原理；熟练掌握风力发电机组的型式，熟悉各类风力发电机组的特点。

知 识 准 备

一、风力机的工作原理

(一) 翼的升力和阻力

放在气流中的风力机的翼型，前缘对着气流向上斜放的平板以及在气流中旋转的圆柱或圆球（例如高尔夫球）都会有一个垂直于气流运动方向的力，这个力称为升力。

最早期关于升力产生原因是应用伯努利原理进行解释，如图 3-10 所示。由于机翼上、下表面的长度不同，上表面的长度比下表面的长度长。为了保持空气流过机翼时的连续性，流经上表面的空气流速就比流经下表面的流速高。根据伯努利方程，在不考虑重力影响时，上表面气流的压力就会低于下表面气流的压力，这样就在上、下机翼表面之间产生压力差，这就是升力。这种解释明确了升力是由于空气流动产生的这个基本原理。

风轮叶片是风力机最重要的部件之一。它的平面形状和剖面几何形状与风力机空气动力特性密切相关，特别是剖面几何形状即翼型气动特性的好坏，将直接影响风力机的风能利用。

风力机也是一种叶片机，风力机的风轮一般由三个叶片组成，为了理解叶片的功能，即它们是怎样将风能转变成机械能的，必须了解有关翼型空气动力学的知识。

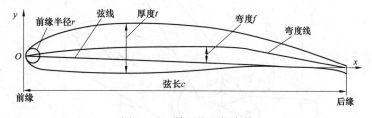

图 3-10 升力产生原因示意图

1. 翼的几何参数

如图 3-11 所示表示出了翼的有关几何参数。

图 3-11 翼型的几何参数

翼的前缘：翼型中弧线的最前点称为翼型的前缘。

弯度线（中弧线）：翼型周线内切圆圆心的连线称为中弧线或弯度线，也可以将垂直于弦线的并连接翼型上、下表面线段的中点的连线称为中弧线。

前缘半径：翼型前缘处内切圆的半径称为翼型的前圆半径，前圆半径与弦长的比值称为相对前缘半径。

后缘：翼型中弧线的最后点称为翼型后缘。

弦长：翼型前后缘之间的连线称为翼型弦线，弦线长度称为翼型弦长，也称翼弦。

厚度：翼型周线内切圆的直径称为翼型厚度，也可以将垂直于弦线的并连接上、下表面的线段长度称为翼型厚度。

弯度：中弧线到弦线的最大垂直距离称为翼型弯度，弯度与弦长的比值称为相对弯度。

翼展：叶片旋转直径称为翼展。

攻角：翼弦与前方来流速度方向之间的夹角即为攻角。

2. 作用在翼上的力

图 3-12 为空气流过一翼型的情形，其攻角为 α。

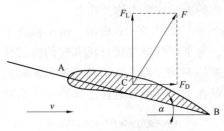

图 3-12　空气流过翼型的情形

根据伯努利理论，翼型上方的气流速度较高，而下方的气流速度则比来流低。由于翼型上方和下方的气流速度不同（上方速度大于下方速度），因此翼型上、下方所受的压力也不同（下方压力大于上方压力），总的合力 F 即为平板在流动空气中所受到的空气动力。此力可分解为两个分力：一个分力 F_L 与气流方向垂直，它使翼上升，称为升力；另一个分力 F_D 与气流方向相同，称为阻力。升力和阻力与叶片在气流方向的投影面积、空气密度及气流速度的二次方成比例。

影响翼的升力和阻力的因素一般有翼型、攻角、雷诺数、翼型表面粗糙度。

（二）风力机的工作原理

1. 风轮在静止情况下叶片的受力情况

风力机的风轮由轮毂及均匀分布安装在轮毂上的若干叶片所组成。图 3-13 所示的是三叶片风轮的起动原理。假设风轮的中心轴位置与风向一致，当气流以速度 v（也称来流速度）流经风轮时，在叶片 Ⅰ 和叶片 Ⅱ 上将产生气动力 F 和 F'。将 F 及 F' 分解成沿气流方向的分力 F_D 和 F_D'（阻力）及垂直于气流方向的分力 F_L 和 F_L'（升力），阻力 F_D 和 F_D' 形成对风轮的正面压力，而升力 F_L 和 F_L' 则对风轮中心轴产生转动力矩，从而使风轮转动起来。

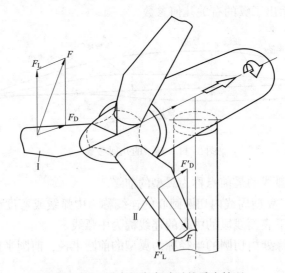

图 3-13　风力机在启动时的受力情况

2. 风轮在转动情况下叶片的受力情况

若风轮旋转角速度为 ω，则相对于叶片上距转轴中心 r 处的一小段叶片元（叶素）的气

流速度 W_r（相对速度）将是垂直于风轮旋转面的来流速度 v 与该叶片元的旋转线速度 ω_r 的矢量和，如图 3-14 所示。可见这时以角速度 ω 旋转的桨叶，在与转轴中心相距 r 处的叶片元的攻角，已经不是 v 与翼弦的夹角，而是 W_r 与翼弦的夹角了。

以相对速度 W_r 吹向叶片元的气流，产生气动力，F 可分解为垂直于 W_r 方向的升力 F_X 及与 W_r 方向一致的阻力 F_y，也可以分解为在风轮旋转面内使桨叶旋转的力 F_{y1} 及对风轮正面的压力 F_{x1}。

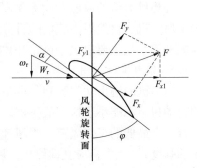

图 3-14　旋转叶片的气流
速度及受力情况

由于风轮旋转时叶片不同半径处的线速度是不同的，而相对于叶片各处的气流速度 v 在大小和方向上也都不同，如果叶片各处的安装角都一样，则叶片各处的实际攻角都将不同。这样除了攻角接近最佳值的一小段叶片升力较大外，其他部分所得到的升力则由于攻角偏离最佳值而不理想。所以这样的叶片不具备良好的气动力特性。为了在沿整个叶片长度方向均能获得有利的攻角数值，就必须使叶片每一个截面的安装角随着半径的增大而逐渐减小。在此情况下，有可能使气流面对整个叶片均以最有利攻角吹向每一叶片元，从而具有比较好的气动力性能。而且各处受力比较均匀，也增加了叶片的强度。这种具有变化的安装角的叶片称为螺旋桨型叶片，而那种各处安装角均相同的叶片称为平板型叶片。显然，螺旋桨型叶片比起平板型叶片要好得多。

尽管如此，由于风速是在经常变化的，风速的变化也将导致攻角的改变。如果叶片装好后安装角不再变化，那么虽在某一风速下可能得到最好的气动力性能，但在其他风速下则未必如此。为了适应不同的风速，可以随着风速的变化调节整个叶片的安装角，从而有可能在很大的风速范围内均可以得到优良的气动力性能，这种叫作变桨距式叶片，而把那种安装角一经装好就不再能变动的叶片称为定桨距式叶片。显然，从气动性能来看，变桨距式螺旋桨型叶片是一种性能优良的叶片。还有一种可以获得良好性能的方法，即风力机采取变速运行方式，通过控制输出功率的办法，使风力机的转速随风速的变化而变化，两者之间保持一个恒定的最佳比值，从而在很大的风速范围内均可使叶片各处以最佳的攻角运行。

3. 风能利用系数

风轮的作用是将风能转换为机械能。由于流经风轮后的风速不可能为零，因此风所拥有的能量不可能完全被利用。也就是说只有风的一部分能量可能被吸收，成为叶片的机械能。

风能利用系数是指单位时间内风轮所吸收的风能 P 与通过风轮旋转面的全部风能 E_1 之比，即

$$C_p = \frac{P}{E_1} = \frac{P}{\dfrac{1}{2}\rho S v_1^3}$$

式中　P——单位时间内风轮所吸收的风能，W；

　　　ρ——空气密度，kg/m^3；

　　　S——风轮扫风面积，m^2；

v_1——上游风速，m/s。

风能利用系数 C_p 不是一个常数，它随风速、风力机转速以及风力机叶片参数、攻角、叶片安装角等的变化而变化。

理想风力机的风能利用系数的最大值 C_{Pmax} 为 0.593，此即为理论极限值。C_p 值越大，表示风力机从自然界中获取的百分比越大，风力机的效率越高。对实际应用的风力机来说，风能利用系数主要取决于风轮叶片的气动特性和机构设计以及制造工艺。

4. 风力机的输出功率

风力机的输出功率受到一定条件的限制。风力机起动时，需要一定的最低扭矩，风力机的起动扭矩不能小于这一低扭矩。而起动扭矩主要与叶片的安装角度和风速有关，因此风力机有一个最低的工作风速。当风速超过一定值，基于安全考虑（主要是风力机的塔架和风轮的强度），风力机应立即停机。所以每一风力机都有一规定的最高运行风速。风力机达到标称输出功率时的风速称为额定风速。

对于风力机，在不考虑机械损失的情况下，其机械输出功率 P_m 等于风轮吸收的风能，

$$P_m = P = \frac{1}{2}\rho S v_1^3 C_p = \frac{1}{8}\pi\rho D^2 v_1^3 C_p$$

式中　D——风轮直径，m。

风力机的输出功率 P_m 与来流速度 v_1 及风轮直径有关。

二、风力发电机组的型式

风能利用就是将风的动能转化为机械能，由机械能再转化为其他能量形式。风能利用有很多种类，最直接的用途就是风车磨坊、风车提水、风车供热，但最主要的用途是风能发电，即风的动能通过风轮转化为机械能，再带动发电机发电（转换为电能）。风力发电机组（简称风力发电机组或风电机组）就是利用风力机驱动的发电机组。风力发电机组主要由两大部分组成：风力机部分（将风能转换为机械能）和发电机部分（将机械能转换为电能）。

根据风力发电机组的风力机部分和发电机部分的不同结构类型、以及它们分别采用的技术方案，风力发电机组可以有多种分类。

（一）按风力机旋转主轴的方向（即主轴与地面相对位置）分类

（1）水平轴式风力发电机组。这种风力发电机组的转动轴与地面平行，叶轮需随风向变化而调整位置。水平轴风力发电机组的风轮围绕一个水平轴旋转。工作时，风轮的旋转平面与风向垂直，如图 3-15 所示。风轮上的叶片是径向安置的，与旋转轴相垂直，并与风轮的旋转平面成一角度。

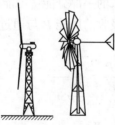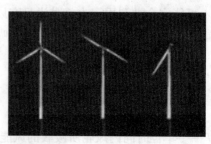

图 3-15　水平轴式风力发电机组

水平轴风力机按照叶轮接受风的方向分类，则分为上风向型和下风向型。

1) 上风向型，叶轮正面迎着风向（即在塔架的前面迎风旋转）。上风向风机一般需要有某种调向装置来保持叶轮迎风。

2) 下风向型，叶轮背顺着风向。下风向风机则能够自动对准风向，从而免除了调向装置。但对于下风向风机，由于一部分空气通过塔架后再吹向叶轮，这样，塔架就干扰了流过叶片的气流而形成所谓塔影效应，使性能有所降低。

（2）垂直轴式风力发电机组。这种风力发电机组的转动轴与地面垂直，设计较简单，叶轮不必随风向改变而调整方向。

垂直轴风力发电机组的风轮围绕一个垂直轴旋转，如图 3-16 所示。其主要优点是可以接收来自任何方向的风，因而当风向改变时，无需对风。由于不需要调向装置，使它们的结构设计简化。垂直轴风力发电机组的另一个优点是齿轮箱和发电机可以安装在地面上，这相对于为离地面几十米高的水平轴风力发电机组进行维护来说，无疑是一个值得高度评价的特点。

图 3-16　垂直轴式风力发电机组

（二）按照功率传递的机械连接方式的不同分类

（1）有齿轮箱型风力发电机组。有齿轮箱型风力发电机组的桨叶通过齿轮箱及其高速轴及万能弹性联轴节将转矩传递到发电机的传动轴，联轴节具有很好地吸收阻尼和震动的特性，可吸收适量的径向、轴向和一定角度的偏移，并且联轴器可阻止机械装置的过载。

（2）无齿轮箱的直驱型风力发电机组。直驱型风电机组另辟蹊径，配合采用了多项先进技术，桨叶的转矩可以不通过齿轮箱增速而直接传递到发电机的传动轴，使风力发电机组发出的电能同样能并网输出。这样的设计简化了装置的结构，降低了故障概率，优点很多，现多用于大型机组上。

（三）按照桨叶接受风能的功率调节方式分类

（1）定桨距（失速型）风力发电机组。定桨距（失速型）机组的桨叶与轮毂的连接是固定的。当风速变化时，桨叶的迎风角度不能随之变化。由于定桨距（失速型）机组结构简单、性能可靠，在 21 世纪之前的风能开发利用中一直处于主导地位。

（2）变桨距风力发电机组。变桨距机组叶片可以绕叶片中心轴旋转，使叶片攻角可在一定范围内（一般 0°~90°）调节变化，其性能比定桨距型提高许多，但结构也趋于复杂，现多用于大型机组上。

（四）按照叶轮转速是否恒定分类

（1）恒速风力发电机组。恒速风力发电机组的设计简单可靠，造价低，维护量少，可直接并网；缺点是气动效率低，结构载荷高，给电网造成电网波动，从电网吸收无功功率。

（2）变速风力发电机组。变速风力发电机组的气动效率高，机械应力小，功率波动小，运行效率高，支撑结构轻；缺点是功率对电压降敏感，电气设备的价格较高，维护量大。现常用于大容量的主力机型。

（五）按照风力发电机组发电机的类型分类

（1）异步发电机型。异步发电机按其转子结构不同又可分为：①笼型异步发电机，转子为笼型，由于结构简单可靠、廉价、易于接入电网，在中、小型机组中得到了大量使用。②绕线式双馈异步发电机，转子为绕线型，定子与电网直接连接输送电能，同时绕线式转子也经过变频器控制向电网输送有功或无功功率。

（2）同步发电机型。同步发电机型按其产生旋转磁场的磁极的类型又可分为：①电励磁同步发电机，转子为线绕凸极式磁极，由外接直流电流激磁来产生磁场。②永磁同步发电机，转子为铁氧体材料制造的永磁体磁极，通常为低速多极式，不用外界励磁，简化了发电机结构，因而具有多种优势。

 能力训练

1. 进行风轮在转动情况下叶片的受力情况分析，根据风能系数、风力机输出功率等概念，讨论说明单台风力发电机组发电量的影响因素。

2. 查阅相关资料，列举几种风力发电机组，说明它们的类型和技术特点。

任务四　风力发电机组的结构

 任务目标

熟练掌握兆瓦级主流风电机型和直驱式风力发电机的基本结构；掌握风轮、机舱、塔架、基础、机械传动系统、偏航系统、变桨距机构、液压和制动系统、发电机、齿轮箱和发电机冷却系统以及控制系统的功能、应用情况，了解它们的基本结构。

知识准备

一、风力发电机组概述

并网型风力发电机组的功能是将风轮获取的空气动能转换成机械能，再将机械能转换为电能，输送到电网中。对风力发电机组的基本要求是能在风电场所处的气候和环境条件下长期安全运行，以较低的成本获取最大的年发电量。

风力发电机组多地处气候变化多端的高山、荒原和海岸，风的速度和方向不断变化，有时甚至非常激烈，装有发电设备的狭小机舱安装在高高的塔架上，各个部件随时承受着复杂多变的载荷作用，出现故障的概率高出地面设备好几倍。并且在机舱内对故障的处理也十分困难，许多情况下要动用大型起重机械，花费大量的人力物力。因此风力发电机组对其零部件要求极其严格，对结构设计、材料选用、加工工艺和质量控制都提出了远高于普通设备的要求。并网型风力发电机组的整体结构分为风轮（包括叶片、轮毂和变桨距系统）、机舱（包括传动系统、发电机系统、辅助系统、控制系统等）、塔架和基础等几大部分。如图3-17所示为风力发电设备示意，机械传动、偏航、液压、制动、发电机和控制等系统大部分都装在机舱内部，机舱外伸部分则是轮毂支撑的风轮。偏航机构直接安装在机舱底部，机舱通过偏航轴承与偏航机构连接，并安装在塔架上，可随时依据风向变化调整迎风方向。

支撑风力发电机的塔架建立在坚实的基础上，塔顶法兰与偏航轴承的固定圈连接，塔架底部与基础牢固结合。用钢筋混凝土制成的塔架基础必须保证机组在极端恶劣的气象条件下能够保持塔筒垂立，使机组稳定运行。

风电机组的主要部件布置要使得机组在运行时，机头（机舱与风轮）重心与塔架和基础中心相一致，整个机舱底部与塔架的连接应能抵御风轮对塔架造成的动力负载和疲劳负荷作用。

机舱外壳是玻璃纤维和环氧树脂制成的机舱罩，具有成本低、质量轻、强度高的特点，能有效地防雨、防潮和抵御盐雾、风沙的侵蚀。机舱上安装有散热器，用于齿轮箱和发电机的冷却；有的机舱内还安装有加热器，在冬季寒冷的环境下，用来保持机舱内适当的温度，以利于机组运转。

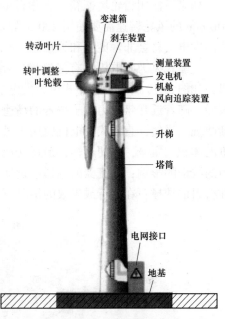

图 3-17 风力发电设备示意

图 3-18 是上风向、三叶片、水平轴、变桨变速带齿轮箱的兆瓦级主流风电机型结构简图。风电机的风轮叶片 1 旋转产生的能量，通过轮毂 2、主轴 5、齿轮箱 6 的高速轴和柔性联轴器 8 传送到发电机 9。之所以使用齿轮箱，是为了将风轮上的低转速高转矩能量，转换为用于发电机上的高转速低转矩能量，这样就可以使用结构较小的普通发电机发电。

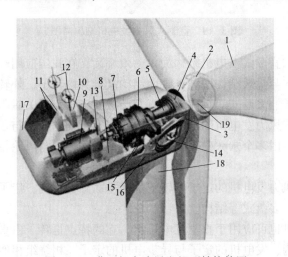

图 3-18 兆瓦级主流风电机型结构简图

1—叶片；2—轮毂；3—机舱内框架；4—轮毂与主轴连接；5—主轴；6—齿轮箱；
7—高速轴刹车盘；8—柔性联轴器；9—发电机；10—散热器；11—冷却水箱；12—测风系统；
13—控制系统；14—液压系统；15—偏航驱动；16—偏航轴承；17—机舱盖；18—塔架；19—变桨距部分

　　如果不使用齿轮增速箱，在很低的风轮转速下只能用一个极数较多的发电机，如对应 30r/min 的风轮转速需要使用 200 极的发电机，而发电机转子的质量与转矩大小成比例，这样的发电机将会非常庞大和笨重。

　　直驱式风力发电机没有齿轮增速箱，由风轮直接驱动发电机，亦称无齿轮箱风力发电机，如图 3-19 所示。直驱式风力发电机始于 20 多年前，由于电气技术和成本等原因，发展较慢。随着近几年电力电子技术的高速发展和大功率电力电子元件成本的降低，其优势才逐渐凸现。当然，直驱式发电机应用于风电机组上还是有一些问题需要研究解决，如减轻发电机的体积和质量，方便运输；最适合的机型（同步、永磁、可变磁阻等）选择；电流和压力的波动的影响；变流器的选择；设计低损耗的发电机；永磁发电机导致过量的铁损耗；磁性材料的选择；在运行或失效的情况下如何防止消磁状况等。

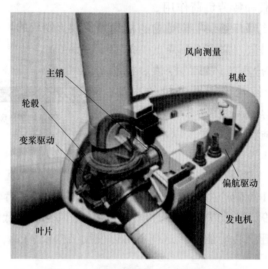

图 3-19　直驱式风力发电机结构简图

　　采用永磁体技术的直驱式发电机结构简单、效率高，在我国应用较广。永磁直驱式发电机在结构上主要有轴向与盘式结构两种，轴向结构又分为内转子、外转子等；盘式结构又分为中间转子、中间定子、多盘式等。此外还有双凸极发电机与开关磁阻发电机等直驱机型。

　　外转子永磁直驱式风力发电机的电机绕组设在内定子上，绕组与普通三相交流发电机类似；转子在定子外侧，由多个永久磁铁与外磁轭构成，外转子与风轮轮毂安装成一体，一同旋转。

　　盘式永磁直驱式风力发电机的定子与转子都是平面圆盘结构，定子与转子轴向排列，有中间转子、中间定子、多盘式等结构。

　　电励磁同步发电机也可应用于直驱发电机组。它的特点是转子由直流励磁绕组构成，一般采用凸极或隐极结构，发电机的定子与异步电机的定子三相绕组相似。电励磁同步发电机的主要优点是通过调节励磁电流来调节磁场，从而实现变速运行时电压恒定，并可满足电网低电压穿越的要求，但电励磁同步发电机需要全功率整流，电机结构比较复杂，成本较高。

　　二、风轮

　　风力机区别于其他机械的最主要特征就是风轮，其作用是将风的动能转换为机械能，如图 3-20 所示。

风轮一般由一个、两个或两个以上的几何形状一样的叶片和一个轮毂组成。风力发电机组的空气动力特性取决于风轮的几何形式，风轮的几何形式取决于叶片数、叶片的弦长、扭角、相对厚度分布以及叶片所用翼型空气动力特性等。

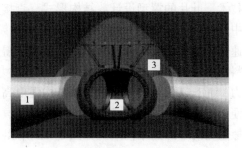

图 3-20　风轮
1—叶片；2—轮毂；3—导流罩

风轮的功率大小取决于风轮直径，对于风力发电机组来说，追求的是最经济的发电成本。风轮是风力发电机组最关键的部件，风轮的费用约占风力发电机组总造价的 20%～30%，而且具有 20 年以上的设计寿命。

风轮的几何参数如下所述。

（1）叶片数。风轮叶片的数目由很多因素决定，其中包括空气动力效率、复杂度、成本、噪声、美学要求等。一般来说，叶片数越多，风能利用系数越大，风力机输出扭矩就大，而且风力机的起动风速越低，其风轮轮毂也就越复杂，制造成本也越大。从经济和安全角度，现代风力发电机组多采用三叶片的风轮。另外，从美学角度上看，三叶片的风电机组看上去较为平衡和美观，如图 3-21 所示。

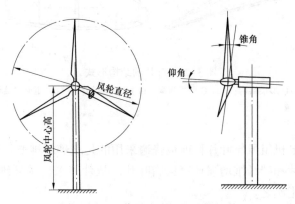

图 3-21　现代风力发电机组的风轮

（2）风轮直径。风轮直径（见图 3-21）是指风轮在旋转平面上投影圆的直径。风轮直径的大小与风轮的功率直接相关，一般而言风轮直径越大，风轮的功率就越大。

（3）风轮扫掠面积。风轮扫掠面积是指风轮在旋转平面上的投影面积。

（4）风轮高度。风轮高度是指风轮旋转中心到基础平面的垂直距离。从理论上讲，风轮高度越高，风速就越大。但风轮高度越高，则塔架高度越高，这就使得塔架成本及安装难度和费用大幅度提高。

（5）风轮锥角。风轮锥角（见图 3-21）是指叶片相对于和旋转轴垂直的平面的倾斜度。其作用是在风轮运行状态下减少离心力引起的叶片弯曲应力，防止叶尖和塔架相碰撞。

（6）风轮仰角。风轮的仰角（见图 3-21）是指风轮的旋转轴线和水平面的夹角。仰角的作用是避免叶尖和塔架的碰撞。

1. 叶片

风力发电机组的风轮叶片是接受风能的主要部件。风轮叶片技术是风力发电机组的核心技术，叶片的翼型设计、结构形式，直接影响风力发电装置的性能和功率，是风力发电机组中最核心的部分之一。要求具有高效的接受风能的翼型，合理的安装角，科学的升阻比、尖速比和叶片扭角。由于叶片直接迎风获得风能，所以还要求叶片具有合理的结构、优质的材料和先进的工艺以使叶片可靠的承担风力、叶片自重、离心力等给予叶片的各种弯矩、拉力，而且还要求叶片质量轻、结构强度高、疲劳强度高、运行安全可靠、易于安装、维修方便、制造容易、制造成本和使用成本低。另外叶片表面要光滑以减少叶片转动时与空气的摩擦阻力。叶片的结构形式如图 3-22 所示。

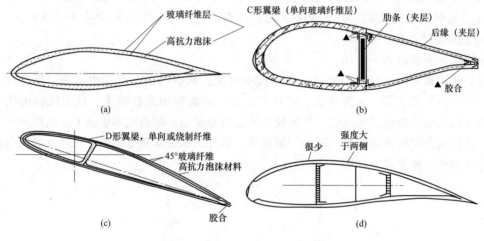

图 3-22　叶片的结构形式
（a）O 形梁结构；（b）C 形梁结构；（c）D 形梁结构；（d）矩形梁结构

（1）叶片结构。

大型并网风力发电机组风轮叶片目前最普遍采用的是玻璃纤维增强聚酯树脂叶片、玻璃纤维增强环氧树脂叶片和碳纤维增强环氧树脂叶片。从性能来讲碳纤维增强环氧树脂最好，玻璃纤维增强环氧树脂次之。

风力发电机组风轮叶片要承受较大的载荷，通常要考虑 50~70m/s 的极端风载。为提高叶片的强度和刚度，防止局部失稳，叶片大都采用主梁加气动外壳的结构形式。主梁承担大部分弯曲载荷，而外壳除满足气动性能外，也承担部分载荷。主梁常用 O 形、C 形、D 形和矩形等形式，如图 3-22 所示。

O 形、D 形和矩形梁在缠绕机上缠绕成型，在模具中成型上、下两个半壳，再用结构胶将梁和两个半壳黏结起来。而 C 形梁结构是在模具中成型 C 形梁，然后在模具中成型上、下两个半壳，再用结构胶将 C 形梁和两个半壳黏结起来。

（2）叶根结构。

1）螺纹件预埋式，以丹麦 LM 公司叶片为代表。在叶片成型过程中，直接将经过特殊表面处理的螺纹件预埋在壳体中，避免了对蒙皮结构层的加工损伤。经试验机构试验证明，这种结构型式连接最为可靠，唯一缺点是每个螺纹件的定位必须准确，如图 3-23（a）所示。

2）钻孔组装式，以荷兰 CTC 公司叶片为代表。叶片成型后，用专用钻床和工装在叶根部位钻孔，将螺纹件装入。这种方式会在叶片根部的蒙皮结构层上加工出几十个孔，破坏了蒙皮的结构整体性，大大降低了叶片根部的结构强度，而且螺纹件的垂直度不易保证，容易给现场组装带来困难，如图3-23（b）所示。

（3）叶片的防雷击系统。

近年来，随着桨叶制造工艺的提高和大量新型复合材料的运用，雷击成为造成叶片损坏的主要原因。

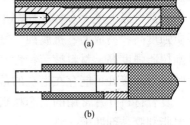

图3-23 叶根结构
(a) 螺纹件预埋式叶根；
(b) 钻孔组装式叶根

雷击造成叶片损坏的机理是，一方面雷电击中叶片叶尖后，释放大量能量，使叶尖结构内部的温度急骤升高，引起气体高温膨胀，压力上升，造成叶尖结构爆裂破坏，严重时使整个叶片开裂；另一方面雷击造成的巨大声波，对叶片结构造成冲击破坏。实际使用情况表明，绝大多数的雷击点位于叶片叶尖的上翼面上。雷击对叶片造成的损坏取决于叶片的形式，与制造叶片的材料及叶片内部结构有关。如果将叶片与轮毂完全绝缘，不但不能降低叶片遭雷击的概率，反而会增加叶片的损坏程度。

据统计，遭受雷击的风力发电机组中，叶片损坏的占20%左右。对于沿海高山或海岛上的风电场来说，地形复杂，雷暴日较多，应充分重视由雷击引起的叶片损坏现象。

叶片是风力发电机组中最易受直接雷击的部件，也是风力发电机组最昂贵的部件之一。全世界每年大约有1%~2%的风力发电机组叶片遭受雷击，大部分雷击事故只损坏叶片的叶尖部分，少量的雷击事故会损坏整个叶片。目前，采取的主要防雷击措施之一是在叶片的前缘从叶尖到叶根贴一长条金属窄条，将雷击电流经轮毂、机舱和塔架引入大地。另外，丹麦LM公司与丹麦研究机构、风力发电机组制造商和风电场共同研究设计出了新的防雷装置，如图3-24所示，它是用一装在叶片内部大梁上的电缆，将接闪器与叶片法兰盘连接。这套装置简单、可靠，与叶片具有相同的寿命。

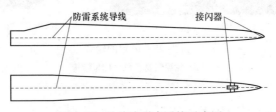

图3-24 叶片防雷击系统示意图

（4）叶片材料。

目前绝大多数叶片都采用复合材料，复合材料有4个优点：①可设计性。复合材料是以玻璃纤维或碳纤维为增强材料，树脂为基体。玻璃纤维和碳纤维的拉伸强度都很高，由于复合材料的密度较小，因此比强度高，这对于风力发电机组叶片部件来说很重要。可以根据结构受力不同进行适当设计，充分发挥复合材料的各向异性特性，使原材料利用效果最佳。②易成型性。③耐腐蚀性。复合材料的基体树脂和表面胶衣树脂可以使叶片具有良好的耐酸、耐碱、耐海水、耐盐雾、防紫外线老化等性能。④维护少、易修补。

复合材料叶片常用的基体树脂根据其化学性质不同分为环氧树脂、不饱和聚酯树脂、乙烯基树脂等。基体树脂在固化状态下有好的防潮性和高的防老化性能，能够满足叶片在不同地点运行所承受的温度变化、紫外线老化、海水环境腐蚀等要求和足够的抗水解能力。

复合材料叶片常用的增强材料有玻璃纤维、碳纤维、芳纶纤维和其他有机或无机材料纤维及其制品。纤维表面应有浸润剂，其种类应与基体树脂匹配。

目前世界上绝大多数叶片都采用复合材料制造，即玻璃纤维增强复合材料，主要优点是轻质强度高、易成型、抗腐蚀、维修方便等。基体材料为环氧树脂或聚酯树脂。环氧树脂比聚酯树脂强度高，材料疲劳特性好，且收缩变形少。聚酯材料较便宜，它在固化时收缩大，在叶片的连接处可能存在潜在的危险。

复合材料叶片常用的夹芯材料一般选用闭孔结构的硬质泡沫塑料，其应能与所选用的基体树脂和胶黏剂匹配。

2. 轮毂

轮毂是连接叶片与主轴的重要部件，它承受了风力作用在叶片上推力、扭矩、弯矩及陀螺力矩。通常轮毂的形状为星形结构和球星结构。轮毂的结构主要如图3-25所示。风轮轮毂的作用是传递风轮的力和力矩到后面的机械结构或塔架上中去。它可以是铸造结构，也可以采用焊接结构，其材料可以是铸钢也可以采用高强度球墨铸铁。由于高强度球墨铸铁具有不可替代的优越性，如铸造性能好、容易铸成，且减振性能好，应力集中敏感性低、成本低等，在风力发电机组中大量采用高强度球墨铸铁作为轮毂的材料。

(a)　　　　　　　　　　　　　　　(b)

图3-25　风轮的轮毂

（a）轮毂实物；（b）球星结构

三、机舱

从图3-26机舱布置图可以看出，机舱内是风力发电机最重要的设备。

机舱内布置的传动系统，由主轴、齿轮箱、联轴器和发电机等构成。传动轴系位置确定后，便可安排机组的偏航系统和制动装置。其他需要布置的部件主要有润滑油站及冷却系统、液压系统、发电机控制器（变流器）、机舱控制柜、机舱吊具及其他装置等。

与上述传统的双馈发电机组相比，直驱式机组机舱布置则简单得多。风轮轮毂直接与发电机内转子相连，电机定子紧固在底座支架上。机舱内除了少量电气设备和偏航装置外，没有别的装备，十分简洁。

1. 机舱底座

机舱底座的结构如图3-27所示，它是机组主驱动链和偏航机构固定的基础，并能将载荷传递到塔架上去。底座结构与风力发电机组的类型和设计方案有关。机舱底座要有足够的刚度、强度和稳定性，并且要在合理安排机舱内部空间前提下，尽量减小尺寸，减轻质量，降低成本。

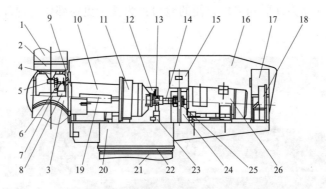

图 3-26　变桨距风电机组机舱布置图

1—叶片；2—叶片轴承；3—轮毂；4—变桨距装置；5—曲轴；6—连杆；7—传动轴；
8—支座；9—主轴；10—主轴箱；11—齿轮箱；12—齿轮箱润滑站；13—制动盘；14—联轴器；
15—分控制器；16—机舱罩；17—油冷却器；18—电气柜；19—伺服油缸；20—底座；21—塔架；
22—偏航轴承；23—偏航驱动装置；24—液压站；25—轴系安全装置；26—发电机

图 3-27　机舱底座的结构

　　有些机型不设置主轴而将风轮直接安装在齿轮箱的低速轴上，齿轮箱壳体与底座合二为一。若发电机在主轴的垂直对称面内，底座一般采用箱梁结构，即贯穿底座前后的空心矩形截面梁是主承载构件，主传动链都安装于此梁上，梁的下面与偏航系统连接，其优点是结构稳定、刚度大，大型机组大多采用这种结构。

　　若主传动链与发电机为非对称布置，则可能是平面或非平面的结构，底座设计时要按照轴系的布置方式进行，除了满足结构和强度要求外，还要求进行有限元静态、动态分析。

　　常用的底座采用焊接构件或铸件。

　　焊接机舱底座一般采用 Q345 板材，在高寒地区采用 Q345D 板材。焊接结构具有强度高、质量轻、生产周期短和施工简便等优点，但其尺寸稳定性往往由于热处理不当受到影响。

　　铸造底座一般采用球墨铸铁 QT400-15 制造。铸件尺寸稳定，吸振性和低温性能较好。

　　2. 机舱罩与整流罩

　　（1）机舱罩。机舱罩用于舱内设备的保护，也是维修人员高空作业的安全屏障。机舱罩应该具有较好的空气动力外形和合理方便的舱口；为便于更换部件，顶部能够方便打开，如图 3-28 所示。

图 3-28　机舱罩

机舱罩由蒙皮（壳）和骨架组成。蒙皮由耐腐蚀、抗疲劳、保温、防噪、强度高易成型的玻璃纤维复合材料制成，外层胶衣有密封、耐腐蚀和抗紫外线的作用。

骨架通常有金属骨架和玻璃钢骨架两种，金属骨架强度高、刚性好，能够承受和传递较大载荷，成形相对容易，但与蒙皮的组装比较复杂，一般采用机械连接，还必须采取密封措施。玻璃钢骨架正好相反，不能直接承受较大的集中载荷，需要增加金属加强件，成形需要使用工装（胎模），但与蒙皮组装方便，在蒙皮成形模中通过胶结即可完成，不需要密封。

（2）整流罩。整流罩（见图 3-29）是置于轮毂前面的罩子，其作用是整流，减小轮毂的阻力和保护轮毂中的设备。流线型的整流罩美观，视觉效果好，整流罩的制作类似机舱罩。当整流罩内不需要安装设备时，也可选用平的圆形盖板，可以减小成本和质量。

四、塔架与基础

塔架是风力发电机组中支撑机舱的结构部件，承受来自风电机组各部件的各种载荷（风轮的作用力和风作用在塔架上的力，包括弯矩、推力及对塔架的扭力）。塔架还必须具有足够的疲劳强度，能承受风轮引起的振动载荷，包括启动和停机的周期性影响、阵风变化、塔影效应等。另外还要求塔架要有一定的高度，使风电机组处于较为理想的位置上运转，并且还应有足够的强度和刚度，以保证风电机在极端风况下不会发生倾覆。

塔架上安置发电机和控制器之间的动力电缆、控制和通信电缆，装有供操作人员上下机场的扶梯，大型机组还设有电梯。

风电机组的基础通常为钢筋混凝土结构，并且根据当地地质情况设计成不同的形式。其中心预置

图 3-29　整流罩

与塔架连接的基础件,以便将风力发电机组牢牢地固定在基础上。基础周围还要设置预防雷击的接地系统。

(一)塔架类型和结构

1. 塔架类型

塔架的基本形式有桁架式塔架和圆筒式塔架两大类。桁架式塔架在早期风力发电机组中大量使用,其主要优点为制造简单、成本低、运输方便,但其主要缺点为通向塔顶的上下梯子不好安排,塔架过于敞开,维护人员上下不安全,桁架式塔架如图 3-30(a)所示。塔筒式塔架在当前风力发电机组中大量采用,优点是美观大方,塔身封闭,风电机组维护时上下塔架安全可靠。圆筒式塔架如图 3-30(b)所示。

(a)　　　　　　　　　　　(b)

图 3-30 塔架的结构形式

(a)桁架式塔架;(b)圆筒式塔架

塔筒式塔架一般呈截锥形,由数段组成,一般每段长度不超过 30m 是经济的。各段之间通过螺栓和法兰连接,塔架和基础也是通过法兰连接。圆筒式钢筋混凝土塔架早期曾有应用,后来因批量生产需要逐渐被钢结构塔架所取代。近年来随着风力发电机组容量的增加,塔架体积增大,使塔架运输变得困难,钢筋混凝土塔架又在某些场合开始采用。

塔架高度主要依据风轮直径确定,但还要考虑安装地点附近的障碍物情况、风电机组功率收益与塔架费用提高的比值(塔架增高,风速提高,风力机功率增加,但塔架费用也相应提高)以及安装运输问题。

2. 塔架内部结构布置

(1)工作台。塔架内部要设置工作平台。靠近塔架顶部的平台,主要用于机舱安装,作为塔架到机舱的通道,以及安装一些辅助装置。各段对接面下的平台,主要用于塔架各段的连接和维修,其上下位置应适中,以便于操作。

(2)爬梯、安全索或安全导轨。塔筒内的爬梯如图 3-31 所示。爬梯主要用于维修时人员进出机舱,安全索设在爬梯附近,安全导轨设在爬梯的横档中间,用于人员上下爬梯时,安全锁扣在安全导轨上面能随人员上下移动,一旦人员跌落,锁扣即把人员锁在安全索或导轨上,保证人员安全。大型风电机组由于塔架高度大,塔架内部空间大,有可能装备电梯。电梯位置一般在塔门附近,远离塔架底部的电控柜,以避免相互干扰。

(3)电缆架。电缆架一般有活动电缆架和固定电缆架。活动电缆架位于塔架中心,固定

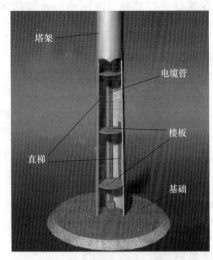

图 3-31　塔筒内部示意图

在机舱底座的下面。机舱电缆的自由部分即固定在它上面，这样当机舱偏航时电缆只扭转而不受牵拉。活动电缆架只承担电缆自由部分的重力。固定电缆渠焊接在塔壁上，方位应在电控柜或发电机变流器附近，电缆可就近进入。但是也有的风力发电机组没有固定电缆支架，电缆从活动支架下来全部自由垂吊在塔架中心，其优点是不需要固定电缆支架，节省电缆，单向偏航累积的角度可大一些，减少解缆次数；缺点是电缆必须有足够的强度，能承受自身的重力，对电缆的要求高。

（4）电控柜。当电控柜安放在塔架底部时，电控柜面向塔门以便于采光。如果当地低洼潮湿，则不应直接放在基础上而应在适当高度上建电控柜平台，并将舱门提高。

（5）照明系统。塔架只有一个门，不能自然采光，必须有照明系统。为了便于安装和维护，照明灯具应安排在爬梯附近。

3. 塔架常用材料与表面防腐处理

塔架的塔筒常用 Q3455C、Q345D 钢板经卷板焊接制成。该材料具有韧性高、低温性能较好地优点，且有一定的耐蚀性。由于风力发电机组安装在荒野、高山、海岛，承受日晒雨淋和沙尘盐雾的侵袭，所以表面防护十分重要。通常表面采用热镀锌、喷锌或喷漆处理，对表面防锈处理要求应达到 20 年以上的寿命。

（二）基础

风电机组的基础主要按照塔架的载荷和机组所在地的气候环境条件，结合高层建筑建设规范建造。基础除了按承受的静、动载荷安排受力结构件外，还必须按要求在基础上设置电力电缆和通信电缆通道（一般是预埋管），设置风力发电机组接地系统及接地触点。

五、机械传动系统

风力发电机组的机械传动系统包括轮毂、主轴、齿轮箱、制动器、联轴器以及安全装置等，如图 3-32 所示。

轮毂承载着叶片并与主轴相接，通过主轴将风轮叶片产生的转矩传递给齿轮箱。

主轴与齿轮箱的连接大多采用胀套联轴器，其内、外锥套轴向相对位移使内锥套收缩，这样既可保证主轴与齿轮箱输入轴配合面的过盈，平稳传递转矩，还可以在负荷超出极限值时让主从动件在配合面打滑，对整个轴系起过载保护作用。

通常主轴支撑在两个轴承上，靠近轮毂的轴承承受来自风轮大部分的载荷，设计为固定端，而另一轴承则设计成浮动端，轴向可以伸

图 3-32　一级行星二级平行轴圆柱齿轮传动齿轮箱结构

缩。主轴法兰上设置有锁紧盘，供机组运输，吊装和检修时紧固轴系使用。

齿轮箱上两侧扭力臂通过弹性套或弹性垫与机架相连，仅作为辅助支撑。有的风力发电机组将主轴箱与齿轮箱合二为一，主轴和齿轮箱输入轴为一体结构以节省有限的空间。

齿轮箱的功用是传递扭矩和提高转速，通过两到三级渐开线圆柱齿轮增速传动得以实现，一般常采用行星齿轮或行星加平行轴齿轮组合传动结构。

齿轮箱输出轴（高速轴）通过柔性联轴器与发电机轴连接。在齿轮箱的高速轴上安装有制动盘，根据机组运行的需要，紧固在齿轮箱体上的液压制动器通过卡钳对制动盘进行制动，使机组减速或停止。联轴器通过绝缘构件阻止发电机磁化齿轮箱内的齿轮和轴承等钢制零件，避免这些零件发生电腐蚀现象。联轴器上还设置有扭矩限制装置用以保护传动轴系，防止过载运行。

图 3-32 是一级行星二级平行轴圆柱齿轮传动齿轮箱结构。齿轮箱左端输入轴（行星架）可通过胀紧套与机组主轴连接，动力经行星架上的三个行星轮传到中心太阳轮，再经两级平行轴齿轮传至右端的输出轴，升速至发电机的额定同步转速，即可通过柔性联轴器驱动发电机发电

六、偏航系统

由于风向经常改变，如果风轮扫掠面和风向不垂直，则不但功率输出减少，而且承受的载荷更加恶劣。偏航系统的功能就是跟踪风向的变化，驱动机舱围绕塔架中心线旋转，使风轮扫掠面与风向保持垂直。机舱的偏航运动是由偏航齿轮装置自动执行的，根据风向仪提供的风向信号，控制系统发出指令，通过传动机构使机舱旋转，让风轮始终处于迎风位置。

风向标是偏航系统的传感器。当控制器接收到风向信号时，首先与风轮的方位进行比较，然后发出指令给偏航驱动装置，驱动小齿轮沿着与塔架顶部固定的大齿轮转动，带动机舱旋转，直到风轮对准风向后停止。偏航轴承有滚动轴承和滑动轴承两种，大型机组大多采用滚动轴承。图 3-33 所示的偏航装置应用滚动轴承。机舱在反复调整方向的过程中，有可能发生沿着同一方向累计转了许多圈，造成机舱与塔底之间的连接电缆扭绞在一起，造成故障，因此偏航系统还应具备解缆功能，机舱沿着同一方向累计转了若干圈后，必须反向回转，直到扭绞的电缆松开。

七、变桨距机构

可变桨距的风力发电机组要按照控制器的指令改变风轮叶片的螺距，以适应实际风况和机组运行的需要。常见的变桨距机构驱动装置有三种类型。

（1）步进电机和齿形皮带驱动，步进电机按照控制器的指令，通过带动叶片根部的皮带轮旋转，从而改变叶片螺旋角。

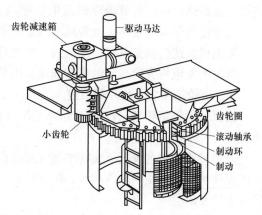

图 3-33 带滚动轴承的外齿轮偏航装置

（2）伺服油缸驱动连杆机构，推动叶片，实现变桨。

（3）电机齿轮减速器驱动小齿轮和齿圈，实现变桨。

其中第三种电机齿轮变桨机构应用较多，其结构类似图 3-33 所示的偏航传动装置，由

叶片回转轴承、驱动装置（电机减速器）、蓄电池和控制器等部件组成。出于安全考虑，变桨机构中配置了备用电源——蓄电池，以便在电网突然掉电或电信号突然中断的紧急情况下，能使风电机组能够安全平稳地实现变桨。

八、液压和制动系统

液压系统的主要功能是向制动系统或液压、伺服变桨距控制系统的工作油缸提供压力油，由电动机、油泵、油箱、过滤器、管路及各种液压阀组成。

制动系统主要分为空气动力制动和机械制动两部分。

定桨距机组风轮的叶尖扰流叶片旋转约90°或变桨距机组风轮处于顺桨位置均是利用空气阻力使风轮减速或停止，属于空气动力制动。

定桨距机组风轮叶尖制动装置使用油缸驱动，在机组控制器发送停机命令或供电系统出现故障时，油缸会立即动作，驱动叶尖制动装置，使机组停机。

变桨变速型风电机组的空气动力制动系统是通过叶片变桨制动。叶片变桨制动的原理是改变叶片攻角，减少叶片升力，以达到降低叶片转速直至停机的目的。

在主轴或齿轮箱的输出轴（高速轴）上设置的盘式制动器，属于机械制动。高速轴机械制动是通过刹车片与刹车盘间摩擦力，实现停机。制动盘通过胀紧套式联轴器或过盈配合与齿轮箱高速轴连接，制动器安装在齿轮箱的箱体或机舱底座上。制动系统的刹车片一般带有温度传感器和磨损自动补偿装置，分别提供刹车过热和刹车片磨损保护。在正常停机状态，先启动叶片变桨制动，减速至一定转速后，机械制动动作，停机。在紧急停机状态下，叶片变桨制动和高速轴机械制动同时动作，确保风电机组在短时间内停机。

九、发电机

感应发电机结构紧凑、价格便宜再加上并网方法简单，并网运行稳定，调节维护方便，在传统的风电机组中得到广泛应用。

齿轮箱高速轴和发电机轴通过柔性联轴器连接，发电机通过四个橡胶减震器与机舱底盘连接，这种结构可以有效地降低发电机噪声。风电机组要求发电机在负荷相对较低的情况下，仍保持有较高的效率，因为风电机组大多数时间内在较低风速下运行。

发电机系统包括发电机、变流器、水循环装置（水泵、水箱）或空冷装置。

常见的发电机有异步发电机和同步发电机两种。

十、齿轮箱和发电机冷却系统

为保证齿轮箱和发电机在正常的工作条件下运行，防止发生过热，需要设置循环冷却装置。

发电机冷却水自发电机壳体水套，经水泵强制循环，通过热交换器和蓄水箱后，返回发电机壳体水套。所使用的冷却水是防冻液与蒸馏水按一定比例混合，调整冰点应满足当地最低气温的要求。

齿轮箱的油液自箱体底部油池，经油泵强制循环，通过过滤器、热交换器冷却后，返回齿轮箱。在齿轮箱油冷却系统中设有压力继电器，如果齿轮箱齿轮或轴承损坏，则产生的金属铁屑会在油循环过程中堵塞过滤器，当压力超过设定值时，压力继电器动作，油便从旁路直接返回油箱，同时，电控系统报警，提醒运行人员停机检查。

十一、控制系统

控制系统利用微处理机、逻辑程序控制器或单片机通过对运行过程中输入信号的采集、传输、分析，来控制风电机组的转速和功率；如发生故障或其他异常情况能自动地检测并分析确定原因，自动调整排除故障或进入保护状态。

控制系统的主要任务就是自动控制风电机组运行，依照其特性自动检测故障并根据情况采取相应的措施。

控制系统包括控制和监测两部分。控制部分又设置了手动和自动两种模式，运行维护人员可在现场根据需要进行手动控制，而自动控制应在无人值守的条件下预先设置控制策略，保证机组正常安全运行。监测部分将各种传感器采集到的数据送到控制器，经过处理作为控制参数或作为原始记录储存起来，在机组控制器的显示屏上可以查询。现场数据可通过网络或电信系统送到风电场中央控制室的计算机系统，还能传输到业主所在城市的总部办公室。

安全系统要保证机组在发生非常情况时立即停机，预防或减轻故障损失。例如定桨距风电机组的叶尖制动片在运行时利用液压系统的高压油保持与叶片外形组合成一个整体，同时保持机械制动器的制动钳处于松开状态，一旦发生液压系统失灵或电网停电，叶尖制动片和制动钳将在弹簧作用下立即使叶尖制动片旋转约90°，制动钳变为夹紧状态，风轮被制动停止旋转。

 能 力 训 练

1. 查阅资料，列举一中型或大型三叶片、水平轴、变桨变速带齿轮箱的风电机组，说明其结构组成。

2. 查阅资料，列举一中型或大型直驱式风力发电机组，说明其结构组成。

3. 观看相关风力发电视频或参观实际风力发电场，讨论大型风电机组各组成部分的所在位置，说明各部分的作用。

任务五 海上风力发电

 任 务 目 标

了解海上风力开发的优缺点；熟知海上风电场设备的技术特点；熟悉海上巨型风机SL5000机组的技术参数和关键技术。

知 识 准 备

风电的开发、利用主要有两种形式，分别是陆地风电和海上风电。近年来，我国新增风电装机容量以每年100%的速度在高速发展，但风电开发主要集中在陆地，海上风电资源开发则刚刚起步。海上风电场指水深10m左右的近海风电。与陆上风电场相比，海上风电场的优点主要是不占用土地资源，基本不受地形地貌影响，风速更高，风力发电机组单机容量更大（3~5MW），年利用小时数更高。但是，海上风电场建设的技术难度也较大，建设成本一般是陆上风电场的2~3倍。海上风电场建设施工和维修技术难度较大，建设成本高，海上风电场建设前期工作更为复杂，需要在海上竖立70m甚至100m的测风塔，并对海底地形及其运动、工程地质等基本情况进行实地观测。

我国海上有丰富的风能资源和广阔平坦的区域，而且距离电力负荷中心很近，使得近海风力发电技术成为近年来研究和应用的热点。海上风电发电场将成为未来风能应用和发展的重点，海上风力发电也是近年来国际风力发电产业的新领域。我国海上风能资源丰富，且主要分布在经济发达、电网结构较强，又缺乏常规能源的东南沿海地区。我国海上可开发风能资源约 7.5 亿 kW，是陆地风能资源的 3 倍。如东海大桥风电场年有效风时超过 8000h，发电效益高于陆地风电场 30% 以上。上海东海大桥已建成 10 万 kW 海上风电场。

从全球范围来看，自 20 世纪 90 年代以来，海上风电经过 20 多年来的探索，技术已日趋成熟，如图 3-34 所示。

图 3-34　海上风力发电

一、海上风电场的构成

完整的海上风电场由一定规模数量的单个风力发电组和海底输电设备构成。单个的风力发电机组包括叶片、风力发电机组、塔身和基础等部分。

1. 叶片

通常来说，每个海上风力发电组上安装有 3 片叶片，而叶片的尺寸大小直接决定了海上风力发电的功率的大小，若要增加风力发电机组的功率，只有增加叶片的长度，而目前大多数的叶片长度在 45~60m 之间，相应的风力发电机组容量也在 3~5MW 之间。对于叶片，不仅要在空气动力基础上考虑其剖面的设计，发挥更大风力效益，也要考虑它在各种风力条件下的强度问题和作为整个海上风力发电机组一部分的质量问题，这就需要采用合适材料来制造叶片，目前采用的玻璃纤维增强塑料因具有质量轻和刚度强的优点，因而在叶片制造中广泛使用，而伴随着叶片尺度的加大，预计今后采用纤维增强塑料将成为一种趋势。

2. 风力发电机组

风力发电机组是风力发电的核心部分，主要由转子、风速计、控制器、发电机及变速器等部分组成。转子连接发电机舱和叶片，是为了提高风能的利用效率，在低风速的时候能够利用更多的风能资源，在风速过高的时候起到保护作用。风速计的作用是测量风的方向和强度，并且迅速地将这些信息传达到中央控制计算机，以便调节各叶片角度和发电机舱的方向来更有效地利用风能。控制器是有计算机操纵控制整个风力发电机组，在无人的情况下完成海上风力发电机组的正常运作。

3. 塔身

塔身一般由空心的管状钢材制成，设计主要考虑在各种风况下的刚性和稳定性，根据安装地点的风况、水况和风轮半径条件决定塔身的高度，使叶片处于风能资源最丰富的高度。

4. 基础

海上风力发电与陆上风力发电的最大区别在于两者所处的位置，由于海上风力发电机组的基础处于海上，增加了许多额外载荷和不确定因素，因而设计较为复杂，结构形式也由于不同的海况而多样化，因而，基础设计成了海上风电厂设计的关键技术之一。海上风力发电场大规模的商业应用关键在于成本，根据资料显示，基础成本占了整个工程成本的 24%。由于风力发电机组成本一定，因而如何设计能够满足技术条件并能有效减少成本的基础将成为研究的重点方向。海上风力发电基础按形式分为固定式和浮式两大类，两类基础适应于不同的水深。固定式一般应用于浅海，适应的水深在 0~80m，目前应用较为广泛；浮式基础能够适应 40~900m 的水深，但目前仍处于研究阶段，尚未达到大规模的商业应用阶段。

（1）固定式基础。海上风力发电机组的固定式基础最常用的有三种形式：单桩式（见图 3-35）、重力式（见图 3-36）、三脚架式（见图 3-37）。目前单桩式和重力式实际应用较多，但只适用于近海区域；而三脚架式尚应用较少，但根据它在海上石油开采工业中的实际应用，可以认为该种形式能胜任 20~80m 的水深环境。单桩式基础因其结构简单和安装方便，为目前应用最普遍的形式。它由钢制圆管构成，圆管壁厚为 30~60mm，直径为 4.5~5m，通过打桩设备将单桩打入海床 25~30m 进行固定。对于变动的海床，由于单桩打入海底较深，该基础形式有较大的优势，但海床有岩石的情况就不适合采用此类基础。由于单桩式基础在更深的水况下，只能通过加长钢制圆管的长度来适应水深，但会导致基础钢制的刚性及稳定性降低，所以单桩式基础适应的最大水深约 25m。重力式基础顾名思义就是利用基础的重力使整个系统固定。基础的重力可以通过往基础内部填充钢筋、沙子、水泥和岩石等来获得。与单桩式基础相比，重力式基础依靠自身的重力能够提供足够的刚性，有效避免基础底部与顶部的张力载荷，并且能够在任何海况下保持整个基础稳定。但重力式基础只能依靠自身的重力保持位置和系统的稳定，所以特别需要考虑所安放的海床情况。重力式基础不适合流沙形的海底情况，但对于海底岩石较多的情况，它则比较适合。另外，由于重力式基础一般重达 1000t 以上，其海上运输和安装等均不方便，因而成本相对较高。三脚架式基础吸取了石油工业中的一些经验，采用了质量轻、价格较低的三角导管架。塔身下焊接着一些附属钢管，用于承担和传递来自塔身的载荷，并在底部三角处各设一根钢桩用于固定基础，三个钢

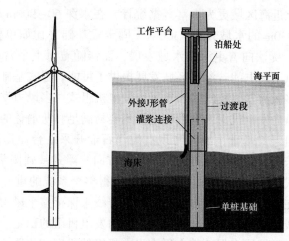

图 3-35 单桩式基础

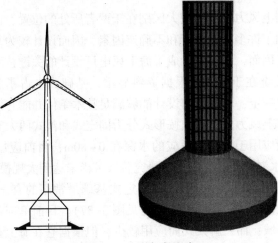

图 3-36　重力式基础

图 3-37　三脚架式基础

桩被打入海床 10~20m 的地方。该基础形式的适应水深为 20~80m。目前虽然尚未实际应用，但前景看好。除了上面介绍的几种近海固定式基础，还有牵索式基础、桁架式基础、吸力式筒型基础等一些近海风力发电基础的概念。这些基础基本都只适用于近海区域（水深 30~80m），在实例研究中的技术问题都已基本解决，现主要考虑工程的成本和根据当地的实际海况来决定采用最适合的基础。

（2）浮式基础。浮式基础概念最早是 1972 年麻省理工的 Willian E. Heronemus 提出的，伴随着海上浮式平台技术的成熟和世界海上风力发电的迅猛发展，这个概念更为人们所关注。深海区域的风能资源比近海区域更为丰富。据统计，在水深 60~900m 处的海上风能资源达到 533GW，而近海 0~30m 的水域只有 430GW。固定式基础（比如单桩和重力式）适应的水深只限在 30m 左右，无法向着更深的水域发展，而伴随着海上平台技术的发展，浮式基础概念的提出为海上风力发电朝着深海区域发展提供了可能。浮式基础按照基础上安装的风力发电机组数量分为多风力发电机组式和单风力发电机组式。多风力发电机组即指在一个浮式基础上安装有多个风力发电机组，但因稳定性不容易满足和所消耗的成本过高，一般不予考虑。单风力发电机组浮式基础主要参考现有海洋石油开采平台而提出，因其技术上有参考，且成本较低，是未来浮式基础发展的主要考虑方向。浮式基础按系泊系统可分为 SPAR 式、张力腿式和浮箱式。SPAR 式基础通过压载舱使得整个系统的重心压低至浮心之下来保证整个风力发电机组在水中的稳定，再通过三根悬链线来保持整个风力发电机组的位置。张力腿式基础通过系泊线的张力来固定和保持整个风力发电机组的稳定。浮箱式基础依靠自身重力和浮力的平衡以及悬链线来保证整个风力发电机组的稳定和位置。浮式基础在设计过程中必须考虑包括浪、流、冰块撞击等环境影响，除此之外，还必须考虑风力发电机组和基础以及系泊系统相互之间的耦合作用，使得基础在提供足够的浮力以及支撑整个风力发电机组之外，还要使整个风力发电机组的横摇、纵摇和垂荡运动在一个可接受的范围内，以保证风机能够正常工作。

5. 海底电缆及电力传输设备

海上风电场除了风力发电机组设施之外，还有如海底电缆、变压器和传输器等一些附属设施。这些附属设施按功能分主要有两个方面：一个是收集装置，另一个是传输装置。收集装置将各个发电机组产生的电能收集起来，再通过变压器将电压升高，然后通过电缆将电输送出去，由于海底自然环境恶劣以及不可预见性，海上风电用海底电缆是设计技术、制造技术难度较大的电缆品种。海底电缆不仅要求防水、耐腐蚀、抗机械牵拉及外力碰撞等特殊性能，还要求有较高的电气绝缘性能和很高的安全可靠性，特别是大长度海缆、海底光电复合缆更是对目前电缆行业的制造能力和技术水平提出了极大挑战。

（1）海底光电复合缆的应用。海底光电复合缆（见图3-38）就是在海底电力电缆中加入具有光通信功能及加强结构的光纤单元，使其具有电力传输和光纤信息传输的双重功能，完全可以取代同一线路敷设的海底电缆、海底光缆，节约了海洋路由资源，降低了制造成本费用、海上施工费用、陆岸登陆费用，直接降低了项目的综合造价和投资，并间接的节约了海洋调查的工作量、后期路由维护工作。海底光电复合缆广泛应用于海上石油和石化项目、大陆与岛屿、岛屿与岛屿之间、穿越江河湖底的电力和信息传输。近几年蓬勃发展的海上风力发电场更是大多采用海底光电复合缆，我国近两年建设的近海试验风电场全部采用海底光电复合缆实现电力传输和远程控制。随着信息化、自动化及我国海洋事业和智能电网的快速发展，未来的数十年内，无论是海上风力发电，还是海上石油平台等海上作业系统应用的海底电缆，绝大多数都将使用海底光电复合缆。

半导PE护套
光纤单元
填充
衬垫层
铠装
外皮

导体
导体屏蔽
绝缘
绝缘屏蔽
膨胀带
铅护套

图3-38 海底光电复合电缆

（2）海底光电复合缆在海上风电场中的设置。目前，我国海上风电场升高电压通常采用二级升压方式（少数采用三级），即风力发电机组输出电压690V经箱式变压器升压至35kV后，分别通过35kV海底电缆汇流至110kV或220kV升压站，最终通过110kV或220kV线路接入电网。一般来说，应根据海上风场容量、接入电网的电压等级和综合经济性规划海上风电场风能传输方式，既可采用二级升压方式也可采用三级升压方式。如果风电场较小（100MW以内）且离岸较近（不超过15km），可选用35kV海底光电复合缆直接把电能传送到岸上升压站。若海上风电场容量较大且离陆地较远，考虑到35kV电缆传输容量、电压降、功率因数等问题，大多采用设立海上升压站的方式，岸上升压站可根据实际情况确定是否设立。海底电缆的电压等级可根据各国各地区不同的电网形式进行选择，如欧洲国家选用

20kV 或 30kV 中压海底电缆汇集风电场电能至岸上或海上升压站，我国主要采用 35kV 海底电缆。

二、海上巨型风机 SL5000

SL 系列海上巨型风机的总体设计方案为 SL 系列机组采用高速发电机+齿轮箱及双馈技术，技术成熟可靠，无不可控风险。该机型已占据了全球 85%以上的市场份额。

（一）SL5000 系列机组主要技术参数

2011 年 SL5000 海上巨型风机开始安装于东海海面，SL5000 风机家族共有三个型号，见表 3-4，SL 系列风机由华锐风电科技（集团）股份有限公司设计制造生产。

表 3-4　　　　　　　　　　　　SL5000 系列机组主要技术参数

机型	SL5000/128	SL5000/139	SL5000/153
轮毂高度（m）	100	100	100
适用风区	GL Ⅰ	GL Ⅱ	GL Ⅲ
3s 极限风速（m/s）	62.5（海上）	59.5	52.5
年平均风速（m/s）	10	8.5	7.5
切入风速（m/s）	3.5	3.5	3.5
切出风速（m/s）	25	25	25
额定风速（m/s）	12.5	11.5	11
叶轮直径（m）	128	140	154

常温机型：生存温度，-20~+50℃；运行温度，-10~+40℃。

低温机型：生存温度，-40~+50℃；运行温度，-30~+40℃。

设计寿命：>20 年。

（二）SL5000 风机的主要参数

（1）叶轮技术参数。

主要形式：三叶片水平轴上风向式；

叶片长度：62m；

叶轮直径：128m；

扫掠面积：12795m^2；

转速范围：6~14.1r/min；

额定转速：12.2r/min；

叶轮转向：顺时针；

功率控制方式：电动变桨；

叶轮轴线倾角：5°；

叶片锥角：-3°。

（2）发电机及电气系统技术参数。

发电机类型：双馈异步感应电机；

变频器类型：IGBT，4 象限；

极数：6；

额定功率：5000kW；

额定转速：1200r/min；

定子电压：6300V；

功率因数：0.9。

（三）SL5000风机的关键技术

1. 机组可靠性

海上风电机组恶劣的运行环境及较差的可进入性，对机组的可靠性提出了更高的要求。

（1）冗余设计。机械及电气重要部件采用冗余设计，如两个功率变频器并联运行，风速风向仪、偏航系统编码器，机舱、塔筒等部件的震动加速度传感器及齿轮箱油温、轴承温度及发电机绕组温度传感器都采用冗余设计方案。

（2）远程在线状态检测系统。专用加速度传感器采集主轴承、齿轮箱、发电机振动数据，并对数据进行分析预测，实时监控机组运行状态。并可通过分析结果确定设备的运行状态，对设备存在的潜在故障进行预诊断，确保机组的稳定高效运行。

（3）主传动链支撑方式。SL5000系列机组主传动链一点支撑，采用"背对背"配置的双列圆锥主轴承，通过施加精确预负荷，提高传动链承载力。同时，可使轮毂与机舱连接结构紧凑，质量轻。齿轮箱只承受扭矩，无附加载荷。

（4）独特且性能优越的防腐设计。机舱密封与机舱温度调节系统结合，控制机舱内温度和相对湿度，控制含盐空气进入机舱，提高机舱部件抗腐蚀能力。

2. 机组运维

针对海上恶劣的气候条件及工作环境，海上风电机组为可维护性及方便维护，设计特点如下。

（1）独特的部件单元自维修系统设计。在不动用大型海上吊装船的情况下，能够拆卸齿轮箱、发电机等主要部件，有效降低维护成本，保证机组及时维护。

（2）自动消防系统与视频监控系统。烟雾与温度传感器检测机舱状况，提前预警，快速反应；远程视频辅助监控，保证机组安全并减少机组误操作。

3. 其他优化设计

（1）部件布置，方便维护。变压器布置在塔筒底部，运行环境好，塔顶载荷小，且便于维护。

（2）自动润滑系统设计。变浆轴承、主轴承、偏航轴承和开式齿轮均采用自动润滑。全自动油脂润滑；润滑点涵盖机组所有关键轴承与开式齿轮；控制系统，可调节润滑参数。

（3）合理的轮毂罩结构设计。机舱内设置轮毂通道，轮毂部件维护方便及保证维护人员安全。

（4）变浆系统优化设计。电动独立变浆，响应迅速、定位准确，无漏油隐患，维护量小。后备电源采用超级电容设计，寿命长、耐低温、免维护，确保电网失电状况下的快速安全停机。变浆电机及控制柜安装在轮毂内，具有良好的防雷、密封效果。

（5）高效的水冷系统设计。发电机、变频器均采用水冷方式，冷却效率高，设备体积小，维护方便。对于海上机组，水冷系统设计可有效避免机组防腐难度大的问题。

（6）机组外形设计优化。机舱罩体平滑，无气流撕裂，避免局部端流引起振动；空气导流槽兼有排水功能，保证无雨水积存。

（7）新型的齿轮箱结构形式。采用差动轮系，功率经过分流分配到齿轮箱各级，使转矩分配更加合理，减小了齿轮箱质量及尺寸，使整个传动链更加紧凑。齿轮箱设计离线过滤系统，保证齿轮油质量，提高齿轮箱内部的轴承和轮齿寿命。采用油水热交换器和水空冷系统。采用液压橡胶减振装置。

（8）采用中压发电机。质量轻，体积小，电缆少，且电缆连接采用快速连接器，安装方便简单，最大可能为业主减少成本。

🔧 能力训练

1. 查阅相关资料，阐述我国沿海地区哪些区域适宜建设海上风电场？

2. 探讨交流，海上风电场与陆上风电场相比有哪些特殊的技术环节？

3. 查阅相关资料，全面了解 SL5000 系列风电机组的技术参数和设备安装情况，并进行探讨交流。

综 合 测 试

一、名词解释

1. 季风；2. 风向频率；3. 翼展；4. 风能利用系数；5. 风力机的输出功率；6. 水平轴式风力发电机组；7. 定桨距风力发电机组；8. 偏航系统

二、填空

1. 季风是由（　　）、（　　）、（　　）等因素造成的，以一年为周期的大范围对流现象。亚洲地区是世界上最著名的季风区，其季风特征主要表现为存在两支主要的季风环流，即冬季盛行（　　）和夏季盛行（　　）。

2. 将白天风从海洋吹向大陆的称（　　），夜间风从陆地吹向海洋的称（　　），将一天中海陆之间的周期性环流总称为（　　）。

3. 自动测风系统主要由六部分组成，包括（　　）、（　　）、（　　）、（　　）、安全与保护装置。

4. 风力机起动时，需要一定的（　　），风力机的起动扭矩不能小于这一低扭矩。而起功扭矩主要与叶片的（　　）和（　　）有关，因此风力机有一个最低的（　　）。当风速超过一定值，基于安全考虑，风力机应立即（　　）。

5. 定桨距机组的（　　）与（　　）的连接是固定的。当风速变化时，桨叶的（　　）不能随之变化。

6. 风轮叶片技术是风力发电机组的核心技术，叶片的（　　）、（　　），直接影响风力发电装置的性能和（　　），是风力发电机组中最核心的部分之一。

三、问答题

1. 说明有齿轮箱型风力发电机和无齿轮箱的直驱型风力发电机的区别。

2. 写出机舱布置图（见图 3-39）各设备的名称。

3. 说明 SL5000 的主要技术参数及技术特点。

4. 标注清楚该翼型（见图 3-40）的前缘、前缘角、弦长、厚度、弯度、后缘、弯度线等几何参数。

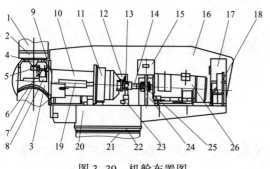

图 3-39　机舱布置图

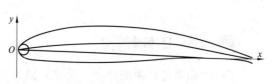

图 3-40　翼型的几何参数示意

项目四　生物质能发电

项目目标

了解生物质能资源的种类、特点；熟悉生物质能发电的发展状况；掌握生物质能发电的方式及特点。

任务一　生物质及生物质能

任务目标

了解生物质能资源的种类、特点及转化技术；熟悉生物质发电的流程；了解生物质发电的发展状况。

知识准备

一、生物质能

生物质是指利用大气、水、土地等通过光合作用而产生的各种有机体，即一切有生命的可以生长的有机物质通称为生物质。它包括植物、动物和微生物。广义上讲，生物质包括所有的植物、微生物以及以植物、微生物为食物的动物及其生产的废弃物。有代表性的生物质如农作物、农作物废弃物、木材、木材废弃物和动物粪便。狭义上讲，生物质主要是指农林业生产过程中除粮食、果实以外的秸秆、树木等木质纤维素、农产品加工业下脚料、农林废弃物及畜牧业生产过程中的禽畜粪便和废弃物等物质。

生物质所蕴含的能量称为生物质能。从能源利用的角度来看，凡是能够作为能源而利用的生物质能均统称为生物质能源。

生物质能是太阳能以化学能形式储存在生物中的一种能量形式。它直接或间接来源于植物的光合作用。煤、石油、天然气等化石能源也是由生物质能转变而来的。

二、生物质能资源

生物质能是可再生能源，按原料来源分，主要包括以下几类：农业生产加工废弃物，作物秸秆、木屑、谷壳和果壳等；木材及森林工业废弃物和短期轮伐的薪炭林；工业有机废弃物，有机废水和废渣等；人畜粪便和生活有机垃圾等；能源植物，包括所有可作为能源用途的农作物、林木和水生植物资源等。

其中，各类农林、工业和生活有机废弃物是目前生物质能利用的主要原料，主要提供纤维素类原料。能源植物只是近二十多年才提出的概念，可以提供各类生物质原料，包括糖类、淀粉和纤维素类原料，是未来建立生物质能工业的主要资源基础。

1. 森林能源

森林能源是森林生长和林业生产过程提供的生物质能源，主要是薪材，也包括森林工业的一些残留物等。森林能源在我国农村能源中占有重要地位，根据第八次全国森林资源清查（2009—2013 年）结果，全国森林面积 2.08 亿公顷，森林覆盖率 21.63%。活立木总蓄积 164.33 亿 m³，森林蓄积 151.37 亿 m³。天然林面积 1.22 亿公顷，蓄积 122.96 亿 m³；人工林面积 0.69 亿公顷，蓄积 24.83 亿 m³。

2. 农作物秸秆

农作物秸秆是农业生产的副产品，也是我国农村的传统燃料。秸秆资源与农业主要是种植业生产关系十分密切。

根据全国"十二五"秸秆综合利用情况的评估结果，2015 年全国主要农作物秸秆理论资源量为 10.4 亿 t，可收集资源量为 9.0 亿 t，利用量为 7.2 亿 t，秸秆综合利用率为 80.1%。

3. 禽畜粪便

禽畜粪便也是一种重要的生物质能源。除在牧区有少量的直接燃烧外，禽畜粪便主要是作为沼气的发酵原料。据 2017 年《关于加快推进畜禽养殖废弃物资源化利用的意见》，我国每年产生畜禽粪污约 38 亿 t，仍有 40% 未有效处理及利用，这不仅给周边环境和居民生活带来不利的影响，也大大地浪费了资源。

在粪便资源中，大中型养殖场的粪便是更便于集中开发、规模化利用的。

4. 城市垃圾和废水

随着经济的快速发展，近年来我国城市化水平提高很快，城市数量和城市规模都在不断扩大，与此同时，我国城镇垃圾的产生量和堆积量逐年增加，年增长率在 10% 左右，据 2014 年《关于促进生产过程协同资源化处理城市及产业废弃物工作的意见》，我国工业固体废物年产生量约 32.3 亿 t，城市生活垃圾年清运量约 1.71 亿 t。目前中国城镇垃圾热值在 4.18MJ/kg（1000kcal/kg）左右。

工业有机废水资源主要来自食品、发酵、造纸工业等行业。全国有机废水排放总量高达 20 多亿 t，这还不包括乡镇工业。

5. 能源植物

能源植物通常包括速生薪炭林，含糖或淀粉植物，能榨油或产油的植物，可供厌氧发酵用的藻类和其他植物等。能源植物种类繁多，涉及植物学分类学的多数种属，分布广泛，在我国所有气候地理区域都能找到相应的物种。所以，一般按植物中所含主要生物质的化学类别来分类，主要分为以下几类。

（1）糖类能源植物，主要生产糖类原料，可直接用于发酵法生产燃料乙醇，如甘蔗、甜高粱、甜菜等。

（2）淀粉类能源植物，主要生产淀粉类原料，经水解后可用于发酵法生产燃料乙醇，如木薯、玉米、甘薯等。

（3）纤维素类能源植物，经水解后可用于发酵法生产燃料乙醇，也可利用其他技术获得气体、液体或固体燃料，如速生林木和芒草等。

（4）油料能源植物，提取油脂后生产生物柴油，如油菜、向日葵、棕榈、花生等。

（5）烃类能源植物，提取含烃汁液，可产生接近石油成分的燃料，如续随子、绿玉树、银胶菊、西谷椰子和西蒙得木等。

三、生物质能的特点

生物质能遍布世界各地，每个国家和地区都有某种形式的生物质能。虽然生物质的密度和产量差异很大，但在很多国家和地区都受到了高度重视。

作为一种能源资源，生物质能具有如下特点。

（1）可循环再生。与传统的化石燃料相比，生物质能可以随着动植物的生长和繁衍而不断再生，而且生物质的数量巨大。

（2）可存储和运输。与其他可再生能源相比，生物质能是唯一可以直接存储和运输的自然资源，便于选择适当的时间和地点使用。

（3）资源分散。能量分散，自然存在的生物质，单位数量含能量较低，需要大量收集；种类繁杂，有的生物质是多种成分的混合体，如城市垃圾和有机污水，使用时需要分类或过滤；分布广泛，各国都有相当数量的生物质资源，没有进口或外购的依赖性。

（4）大多来自废弃物。除了专门种植的能源作物以外，大多数生物质都是废弃之物，有的甚至会造成严重的环境污染（如污水和垃圾）。生物质能的利用，正是将这些废弃物变为有用之物。

（5）原料丰富。生物质能资源丰富，分布广泛。根据世界自然基金会的预计，全球生物质能源潜在可利用量达350EJ/年（约合82.12亿t标准油，相当于2009年全球能源消耗量的73%）。根据我国《可再生能源中长期发展规划》统计，我国生物质资源可转换为能源的潜力约5亿t标准煤，随着造林面积的扩大和经济社会的发展，我国生物质资源转换为能源的潜力可达10亿t标准煤。在传统能源日渐枯竭的背景下，生物质能源是理想的替代能源，被誉为继煤炭、石油、天然气之外的"第四大能源"。

四、生物质能转化技术

1. 化学转化技术

生物质化学转化包括直接燃烧、液化、气化、热解等方法，其中，最简单的利用方法是直接燃烧。但是，燃烧烟尘大，热效率低，能源浪费大。

生物热解技术是生物质受高温加热后，其分子破裂而产生可燃气体（一般为 CO、H_2、CH_4 等的混合气体）、液体（焦油）及固体（木炭）的加工过程。

采用直接热解液化方法可将生物质转变为生物燃油。据估算，生物燃油的能源利用效率约为直接燃烧物质的4倍。若将生物燃油作为汽油添加剂，其经济效益更加显著。

生物质气化是将固体或液体生物质燃料转化为气体燃料的热化学过程。生物质与煤相比，挥发分含量高，灰分含量少，固定碳含量虽少但活性比煤高许多。因此，生物质通过气化之后加以利用，比煤气化后再利用的效果要好。

2. 物理转化技术

生物质物理转化技术是指生物质压缩成型技术。将农林剩余物进行粉碎烘干分级处理，放入成型挤压机，在一定的温度和压力下形成较高密度的固体燃料，这就是压块细密成型技术。该方法使用专用技术和设备，在农村有很大的推广价值。

3. 生物转化技术

生物转化技术主要是利用生物质厌氧发酵生成沼气和在微生物作用下生成酒精等能源产品。包括厌氧发酵制取沼气、微生物制取酒精、生物制氢、制取生物柴油等。

五、生物质能发电概述

生物质能发电是目前生物质能利用中最成熟有效的途径之一。

生物质能发电是利用生物质直接燃烧或生物质转化为某种燃料后燃烧所产生的热量来发电的技术。

生物质能发电的流程，大致分两个阶段：先把各种可利用的生物原料收集起来，通过一定程序的加工处理，转变为可以高效燃烧的燃料；然后再把燃料送入锅炉中燃烧，产生高温高压蒸汽，驱动汽轮发电机组产生电能。

生物质能发电的发电环节与常规火力发电是一样的，所用的设备也没有本质区别。

生物质能发电的特殊性在于燃料的准备，因为松散、潮湿的生物质不便于作为燃料使用，而且往往热转换效率也不高，一般要对生物质进行一定的预处理，如烘干、压缩、成型等。对于不采用直接燃烧方式的生物质能发电系统，还需要通过特殊的工艺流程，实现生物质原料到气态或液态燃料的转换。

完整的生物质能发电流程，涉及生物质原料的收集、打包、运输、储存、预处理、燃料制备、燃烧过程的控制、灰渣利用等诸多环节。

利用生物质能发电的同时，还常常可以实现资源的综合利用。如生物质能燃烧所释放的热量除了送入锅炉产生驱动汽轮机工作的蒸汽外，还可以直接供给人们用于取暖、做饭；生物质原料燃烧后的灰渣还可以作为农田优质肥料，等等。

六、生物质能发电的发展

全球生物质能发电起源于 20 世纪 70 年代，当时世界性的石油危机爆发，丹麦、芬兰、瑞典等国家利用可再生能源来调整能源结构，大力推行秸秆等生物质能发电，很快得到主要发达国家的重视，生物质能发电获得了较快发展。

2004 年，全球生物质能发电总装机容量为 3900 万 kW，年发电量约 2000 亿 kWh，可替代 7000 万 t 标准煤。到 2005 年底，全球生物质能发电总装机量增加到 5000 万 kW。目前，国外的生物质能发电技术和装置多已实现了规模化产业经营。预计到 2020 年，发达国家 15% 的电力将来自生物质能发电，而目前生物质能发电只占整个电力生产的 1%，生物质能发电在未来 10 年内将获得快速发展。

我国生物质能发电的工业化生产起始于 2004 年，前期发展速度较慢，发电规模较小，2005 年底以前，我国生物质能发电总装机容量约 200 万 kW，主要是农业加工项目产生的现有集中废弃物的资源利用项目，其中以蔗渣发电为主，总装机量约为 170 万 kW，其余是碾米厂稻壳气化发电等。随着《可再生能源法》和相关可再生能源电价补贴政策的出台和实施，我国生物质能发电投资热情迅速高涨，启动建设了各类农林废弃物发电项目。我国生物质能发电技术产业呈现出全面加速的发展态势。

在各种政策的支持下，我国在生物质能发电领域取得了重大进展。2005~2014 年，我国生物质能发电及垃圾发电装机容量逐年增加，由 2005 年的 2GW 增加至 2014 年的 10GW，年均复合增长率达 19.58%，表明我国生物质能及垃圾发电行业发展较快。

《2015 年度全国可再生能源电力发展监测评价报告》显示，到 2015 年底，全国可再生能源发电装机容量达 4.8 亿 kW，发电量占全部发电量的比重超过 20%。其中，生物质能发电装机 1031 万 kW，发电量 527 亿 kWh，占全部发电量的 0.9%。

我国《可再生能源中长期发展规划纲要》（2006—2020 年）指出，到 2020 年我国生物质能发电机组装机容量达到30000MW。

【知识拓展】

典型的能源植物

1. 续随子

续随子（见图4-1），又称千金子，为大戟科大戟属下的一个种。二年生草本，全株无毛。根柱状，茎直立。叶交互对生，线状披针形，全缘。花序单生，近钟状。雄花多数，雌花1枚。蒴果三棱状球形，光滑无毛。种子柱状至卵球状，褐色或灰褐色。花期4~7月，果期6~9月。全草有毒，具药用价值。原产欧洲，现我国辽宁、吉林、黑龙江、河北、山西、内蒙古、贵州、广西、台湾等省区有栽培或野生分布。续随子喜温暖、光照，抗逆性较强，容易栽培，宜湿润，怕水涝，对土壤要求不严。

续随子种子含油量一般达45%左右，高的可达48%以上。续随子油的脂肪酸组成与柴油替代品的分子组成相类似，植株乳汁富含大量烯烃类碳氢化合物，是生产生物柴油的理想原料之一。

图4-1　续随子

2. 绿玉树

绿玉树（见图4-2），别称：光棍树、绿珊瑚、青珊瑚、铁树、铁罗、龙骨树、神仙棒、龙骨树、乳葱树、白蚁树等，是大戟科大戟属植物。原产于非洲的地中海沿岸地区，现分布于香港、台湾澎湖列岛、海南、美国、马来西亚、印度、英国及法国等地。花期6~9月，果期7~11月。由于原产地环境干燥，叶片较早脱落以减少水分蒸发，故常呈无叶状态，外形貌似绿色玉石故得此名。

绿玉树是一种石油植物，也是一种药用植物，同时具有观赏性。因能耐旱，耐盐和耐风，常用作海边防风林或美化树种。喜温暖（25~30℃），耐旱，耐盐和耐风，好光照，能于贫瘠土壤生长。

绿玉树的乳汁中含有丰富的碳氢化合物，且与石油的成分相似。有研究指出100kg绿玉树茎就可提取8kg的石油物质。绿玉树枝条含有丰富的乳汁，富含12种烃类物质，且乳汁

图 4-2　绿玉树

中富含烯、萜、甾醇等类似石油成分的碳氢化合物，可以直接或与其他物质混合成原油，作为燃料油替代石油。因此绿玉树是一种石油植物。亦可作为生产沼气的原料，其沼气产量较一般嫩枝绿草高 5~10 倍。

 能 力 训 练

1. 生物质能资源包括哪些？

2. 生物质能的特点有哪些？

3. 简单说明生物质能转化技术有哪些。

任务二　生物质直接燃烧发电

 任 务 目 标

掌握生物质直接燃烧发电和生物质混煤燃烧发电的流程，了解生物质燃料锅炉的特点。

知 识 准 备

　　直接燃烧发电是最简单、最直接的生物质能发电方法。最常见的生物质原料是农作物的秸秆、薪炭木材和一些农林作物的废弃物。由于生物质质地松散、能量密度较低，其燃烧效率和发热量都不如化石燃料，而且原料需要特殊处理，因此设备投资较高，效率较低，即便是在将来，情况也很难有明显改善。为了提高热效率，可以考虑采取各种回热、再热措施和联合循环方式。

生物质直接燃烧发电是出现较早的生物质能发电方式。

一、生物质直接燃烧发电流程

生物质直接燃烧发电是由生物质锅炉利用生物质直接燃烧后的热能产生蒸汽，再利用蒸汽推动汽轮机发电系统进行发电，在原理上与燃煤锅炉火力发电十分相似。通常燃烧发电系统的构成包括生物质原料收集系统、预处理系统、储存系统、给料系统、燃烧系统、热利用系统和烟气处理系统。

生物质直接燃烧发电工艺流程图如图 4-3 所示。生物质原料从附近各个收集点运送至电站，经预处理（破碎、分选、压实）后存放到原料存储仓库，仓库容积至少保证可以存放 5 天的发电原料量；然后由原料输送装置将预处理后的生物质送入锅炉燃烧，通过锅炉换热，利用生物质燃烧后的热能把锅炉给水转化为蒸汽，为汽轮发电机组提供汽源进行发电。生物质燃烧后的灰渣落入出灰装置，由输灰机送到灰坑，进行灰渣处置。烟气经过烟气处理系统后由烟囱排放入大气中，其蒸汽发电部分与常规的燃煤电厂的蒸汽发电部分基本相同。

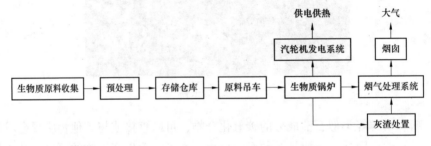

图 4-3　生物质直接燃烧发电工艺流程图

二、生物质混煤燃烧发电流程

由于大部分生物质燃料的含水量较高，组分复杂，能量密度低，分布较分散，生物质发电成本一般高于常规煤粉发电站。采用生物质与煤混合燃烧技术，既可以达到经济上的合理性，又可以降低锅炉排放物的浓度。混合燃烧对燃烧稳定性、给料及制粉系统产生的影响，可通过调整燃烧器和给料系统来解决。

美国和欧盟等发达国家已经建设了几处生物质和煤的混合燃烧示范工程，主要的燃烧设备是煤粉炉，有的是用层燃和流化床技术。另外，将固体废物（如生活垃圾或废旧木材等）放入水泥窑中进行燃烧也是一种生物质混合燃烧技术。如美国电力研究所和纽约电力煤气公司、北印第安纳公共服务公司等动力供应商一起，对数台锅炉的煤和木材混合燃烧进行了广泛地测试和研究。研究证明，旋风炉的改造费用最低：大约为 50 美元/kW，其利用木材混合燃烧的比例为 1%~10%（按发热量计算）；煤粉炉利用木材混合燃烧的比例较低，改造费用较高。若想在煤粉炉中采用更高程度的混合燃烧，需要更高的费用用于生物质燃料的预处理。经验证明，在煤中混入少量木材（1%~8%）没有任何运行问题；当木材的混入量上升至 15% 时，需对燃烧器和给料系统进行一定程度地改造。

生物质与煤混烧技术在我国开发前景非常广阔，对于我国许多现役链条炉和循环流化床锅炉来说，运用混烧技术不需对设备做过大改动，投资费用低，利用率高。

生物质与煤混合燃烧技术可分为直接混烧和气化利用两种形式。

（1）直接混烧。直接混烧是先对生物质进行预处理，然后直接输送至锅炉燃烧室的利用方式。采用的方式可以是层燃、流化床和煤粉炉等燃烧方式。如芬兰的 AlholmensKraft 电厂装机容量为 550MW，采用循环流化床燃烧技术，燃料由 45%的泥煤、10%的森林残留物、35%的树皮与木材加工废料，以及 10%的重油或煤所组成，是现阶段世界上最大的生物质发电厂。生物质与煤混合燃烧工艺流程如图 4-4 所示。

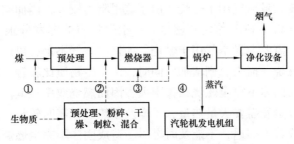

图 4-4　生物质与煤混合燃烧工艺流程图

当采用煤粉炉作为燃烧设备时，生物质的预处理可分为以下四种方式：

1）生物质与煤预先混合（图中①），然后经过磨煤机粉碎后，通过分配系统输送至燃烧器。此方式可以充分利用原有设备，简单易行，低投资，但有可能降低锅炉的出力，限制了生物质种类和使用比例，如树皮会影响磨煤机的正常使用。

2）生物质与煤分别处理（图中②），包括计量粉碎，然后通过各自管路输送至燃烧器前，此方式需要安装生物质燃料管道，控制和维护锅炉比较麻烦。

3）与第二种方式基本相同，不同的是为生物质准备了专门的单独使用的燃烧器（图中③），此方式投资成本最高，但一般不会影响锅炉的正常运行。

4）将生物质作为再燃的二次燃料，以燃料分级燃烧的方式（图中④）送入煤粉炉上部特殊的燃烧器，以控制 NO_x 的生成和排放。

此外，当使用农作物秸秆作为燃料时，要考虑可能引起的一系列问题，如秸秆有可能会引起燃料仓堵塞和锅炉的结焦。

（2）生物质气化气与煤混烧利用。在采用气化方式时，首先将生物质在气化炉中气化，产生燃气（主要成分为 CH_4、CO、CO_2、C_mH_n、N_2），经简单处理后，直接输送至锅炉燃烧室与煤进行混合燃烧。气化利用方式产生的燃气温度为 $600\sim900℃$，并不需要冷却过程，在炉内完全燃烧时间短，且可将生物质灰与煤分离，具有一定的灵活性。

三、生物质锅炉

生物质燃料的一般特点是水分很高、灰分很小、挥发分很高、发热值偏低。需要粉状燃烧时，首先应将其制成粉末。由于生物质废料是非脆性材料，磨制时易生成纤维团而不是粉状，而且需要预先干燥，而干燥高水分的生物质燃料要消耗大量的热。一般可切成碎片在煤粉、油或气体燃烧室内燃烧。这样使锅炉结构、燃料制备系统和锅炉运行复杂化，且不经济。

生物质燃料锅炉的种类很多，按燃烧方式可分为层燃炉、流化床锅炉、悬浮燃烧锅炉等。

1. 层燃锅炉

在层燃方式中，生物质平铺在炉排上形成一定厚度的燃料层，进行干燥、干馏、燃烧及还原过程。空气从下部通过燃料层为燃烧提供氧气，可燃气体与二次配风在炉排上方的空间充分混合燃烧。

层燃锅炉属层状燃烧，生物质燃料通过给料斗送到炉排上时，不可能像煤那样均匀分布，容易在炉排上形成料层疏密不均，从而形成布风不匀。薄层处空气短路，不能用来充分燃烧；而厚层处，需要大量空气用于燃烧，由于这里阻力较大，因而空气量较燃烧所需的空气量少，这种布风不均将不利于燃烧和燃尽。由于生物质的挥发分很高，在燃烧的开始阶段，挥发分大量析出，需要大量空气用于燃烧，如这时空气不足，可燃气体与空气混合不好将会造成气体不完全燃烧，损失急剧增加。同时，由于生物质比较轻，容易被空气吹离床层而带出炉膛。这样造成固体不完全燃烧损失很大，因而燃烧效率很低。另一方面当生物质燃料含水率很高时，水分蒸发需要大量热量，干燥及预热过程需时较长，所以，生物质燃料在床层表面很难着火，或着火推迟，不能及时燃尽，造成固体不完全燃烧损失很高，导致锅炉燃烧效率、热效率很低，实际运行的层燃炉热效率有的低达40%。另一方面，一旦它燃尽后，由于灰分很少，不能在炉排上形成一层灰以保护后部的炉排不被过热，从而导致炉排被烧坏。

层燃技术按炉排形式不同可分为固定床、移动炉排、旋转炉排、振动炉排等，适用于含水率高、颗粒尺寸变化较大及灰分含量较高的生物质，一般额定功率小于20MW。

2. 流化床锅炉

生物质在传统的层状燃烧技术中转化利用存在种种的不足，而流化床燃烧技术作为一种新型清洁高效燃烧技术，因其能很好地适应生物质燃料挥发分析出迅速、固定碳难以燃尽的特点，并能克服固定床燃烧效率低下的弊病，具有燃烧效率高、燃料适应性广和有害气体排放量少等优点而受到高度重视。

流化床燃烧系统有一个用耐火材料制成的热床，该热床在气流的作用下不停地运动，基本上起到炉算的作用。用烧石油、天然气或煤粉的燃烧室对热床进行预热，使温度上升到足以使生物质燃料燃烧。在这个温度上，升高流过热床的气流温度，直到热床开始"沸腾"，也就是被流化。把燃料输送到流化床的方法主要取决于燃料的性质。质量大于流化床材料的固体燃料会落到床的表面并被淹没。反之，像木屑或刨花那样质量小的材料被输送到流化床表层的下方，液体燃料则用水冷喷射器输入。

流化床密相区主要由媒介（河沙或石英砂）组成，生物燃料通过给料器送入密相区后，首先在密相区与大量媒介充分混合，密相区的惰性床料温度一般在850~950℃之间，具有很高的热容量，即使生物质含水率高达50%~60%，水分也能够被迅速蒸发掉，使燃料迅速着火燃烧。加上密相区内燃料与空气接触良好，扰动强烈，因而燃烧效率有显著提高。因此，流化床燃烧方式最适合含高水分生物废料的燃烧。

流化床锅炉燃用生物质燃料也存在以下一些缺点：①锅炉体形大，成本高；②生物质燃料的燃用需要经过一系列的预处理（如生物质原料的烘干、粉碎等）；③飞灰含碳量高于炉灰的含碳量，并且随着生物质挥发分的大量析出，焦炭的燃尽较为困难；④生物质燃料蓄热能力小，必须采用床料来保证炉内温度水平，造成炉膛磨损严重也影响了灰渣的综合利用。

3．悬浮式锅炉

悬浮式锅炉用于迅速燃烧悬浮在湍动气流中的颗粒状燃料。设备的结构可以是喷射式的，使燃料和空气在燃料室内混合；也可以是气旋式装置，使燃料和空气在外部气旋式燃烧室中混合。

在悬浮燃烧系统中，生物质需要进行预处理，颗粒尺寸要求小于 2mm，含水率不能超过 15%。首先将生物质粉碎至细粉，然后将经过预处理的生物质与空气混合后一起切向喷入燃烧室内，形成涡流呈悬浮燃烧状态，增加了滞留时间。通过采用精确的燃烧温度控制技术，悬浮燃烧系统可以在较低的过剩空气条件下高效运行。采用分阶段配风以及良好的混合可以减少 NO_x 的生成。

但是，由于颗粒的尺寸较小，高燃烧强度都将导致炉墙表面温度过高，构成炉墙的耐火材料较易损坏。并且，悬浮燃烧系统需要辅助启动热源，当炉膛温度达到规定的要求时，才能关闭辅助热源。

锅炉燃烧过程中，由于大部分生物质含水量较高且组成复杂，燃烧过程不稳定，与常规锅炉相比，使用生物质的锅炉燃烧效率较低。提高燃烧效率的途径有以下一些：

（1）降低含水量，使生物质内的水含量保持在适量水平。这样既可以减弱水蒸发对燃料温度上升的不利影响，又可以利用水在高温下分解产生的氢气来提高燃烧效果。

（2）改变尺寸，尽量减小燃料颗粒的大小，提高燃烧的速率、稳定性、充分性。

（3）燃烧室内保持在一定温度之上。为达到此条件，可用烟道烟气预热空气，这样可同时充分利用烟气余热。

（4）提高空气输入速率，保持一定的空气余量。

（5）联合燃烧，既不需要对现有设备做大的改动，又可以为生物质和矿物燃料的优化混合提供机会。比较实用的方式有生物质在组装于燃煤锅炉炉膛中的炉排上燃烧和生物质在气化炉中气化，燃气作为锅炉燃料等。

【知识拓展】

生物质发电厂实例

一、中节能宿迁秸秆直燃发电示范项目

中节能宿迁秸秆直燃发电示范项目是我国第一个拥有自主知识产权的国产化秸秆直燃发电示范项目，于 2006 年 12 月 20 日点火运行。该项目是我国投入点火运行的第一个国产秸秆直燃发电项目。该项目一期工程占地面积 200 亩，总投资 24800 万元，建设规模为 2 台 75t/h 中温中压燃烧秸秆锅炉，配置 1 台 12MW 冷凝式汽轮发电机组和 1 台 12MW 抽凝式汽轮发电机组以及相应的辅助设施。项目建成后，每年可燃烧秸秆约 17 万~20 万 t，节约标准煤 9.8 万 t，外供电力 13200 万 t，销售收入 8500 万元，利税 1500 万元，可使本地农民每年增加收入 5000 多万元。

二、国能单县生物质发电工程

国能单县生物质发电工程是中国第一个新型环保清洁和可再生能源生物质发电示范项目，采用丹麦生物质发电技术；工程建设规模为 1×2.5 万 kW 单级抽凝式汽轮发电机组，配一台 130t/h 生物质专用振动炉排高温高压锅炉，发电量约 1.6 亿 kWh。2006 年 12 月 1 日投

产发电。这也是国内第一个开工建设、投产发电的生物质直燃发电项目。项目通过利用当地农作物秸秆为燃料，年消耗生物质能燃料 20 万 t 左右，年可减少 CO_2 排放量 10 万 t，年可增加农民收入 4000 万元，节约了能源，避免了农作物秸秆焚烧引发的大气污染，燃烧后的灰渣可作为肥料。建有废水综合处理站，对工业、生活废水进行综合处理，全部回收利用，达到零排放标准；锅炉烟气经过高效除尘系统排放，烟尘排放浓度为国家达标排放浓度的 30%以下；燃料本身含硫量相对较低，SO_2 排放浓度为国家标准值的 25%。图 4-5 为国能单县生物发电工程外景。

图 4-5　国能单县生物质发电工程

三、山东十里泉发电厂秸秆与煤混合燃烧发电工程

中国首台秸秆与煤混合燃烧发电机组于 2005 年 12 月 6 日在山东枣庄华电国际十里泉电厂 5 号机组顺利投产。该机组（140MW）秸秆发电采用生物质与煤混合燃烧技术，工程总建筑面积 $3383m^2$，投资约 8000 万元。改造的主要内容是增加一套秸秆粉碎及输送设备，增加两台额定输入热量为 30MW 的秸秆燃烧器，同时对供风系统及相关控制系统进行改造。改造后的锅炉即可秸秆与煤粉混烧，也可继续单独燃用煤粉，每年可燃用秸秆 10 万 t 左右。改造后两台新增加的燃烧器所输入的热负荷能达到锅炉额定负荷时的 20%。

该工程主要是引入了丹麦 BWE 公司的生物质发电理念，并结合十里泉发电厂自身特点，对国外技术进行了全面的消化和改进，使改进后的生物质秸秆直燃发电技术适用于中国中小型燃煤发电机组四角切圆煤粉炉的改造。该工程实施解决了一系列技术难题和难点。

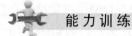 **能力训练**

1. 简述直接燃烧发电流程。
2. 简述混煤燃烧发电流程。
3. 流化床锅炉燃用生物质燃料缺点有哪些？

任务三　沼　气　发　电

 任务目标

了解沼气的特性及产生原理，熟悉沼气发电动力装置的特点，掌握沼气内燃机发电系统的工艺流程。

 知识准备

一、沼气

沼气，顾名思义就是沼泽里的气体，主要成分是甲烷（CH_4）。经常看到在沼泽地、污水沟，有气泡冒出来，如果划着火柴就可把它点燃，这就是自然界天然发生的沼气。沼气，是各种有机物质，在隔绝空气（还原条件），并在适宜的温度、pH 值下，经过微生物的发酵作用产生的含可燃气的混合气体。沼气属于二次能源，并且是可再生能源。

沼气是多种气体的混合物，一般含甲烷 50%~70%，其次为二氧化碳，占总体积的 25%~45%，其余为少量的氮、氢和硫化氢等，其特性与天然气相似。沼气的主要成分甲烷是一种理想的气体燃料，无色无味，与适量空气混合后即可燃烧。每立方米纯甲烷的发热量为 34000kJ，每立方米沼气的发热量约为 20800~23600kJ，即 $1m^3$ 沼气完全燃烧后，能产生相当于 0.7kg 无烟煤提供的热量。与其他燃气相比，其抗爆性能较好，是一种很好的清洁燃料。

沼气除直接燃烧用于炊事、烘干农副产品、供暖、照明和气焊等外，还可作内燃机的燃料以及生产甲醇、福尔马林、四氯化碳等化工原料。经沼气装置发酵后排出的料液和沉渣，含有较丰富的营养物质，可用作肥料和饲料。

二、沼气产生的原理

沼气是不同的微生物在发酵过程中共同作用的结果。根据不同微生物的作用，可分为纤维素分解菌、脂肪分解菌和果胶分解菌。按它们的代谢产物不同，又可分为产酸细菌、产氢细菌和产甲烷细菌等。实际上，在发酵过程中，它们相互协调、分工合作完成沼气发酵。沼气发酵是纤维素发酵、果胶发酵、氢气发酵、甲烷发酵等多种单一发酵的混合发酵过程。一般可分为水解液化、产酸、生产甲烷 3 个过程。

（1）水解液化过程。上述 4 个菌种将复杂的有机物分解为较小分子的化合物。各种菌种的"胞外酶"转化有机物成为可溶于水的物质。如纤维分解菌分泌纤维素酶，使纤维素转化为可溶于水的双糖和单糖。

（2）产酸过程。由细菌、真菌和原生动物把可溶于水的物质进一步转化为小分子化合物，并产生二氧化碳和氢气。

（3）生产甲烷阶段。由产甲烷菌把氢气、二氧化碳、乙酸、甲酸盐、乙醇等统一生成甲烷和二氧化碳。

总之，沼气的生产过程是有机物在厌氧条件下被沼气微生物分解代谢，最后形成以甲烷和二氧化碳为主的混合气体的生物化学过程。人们已基本认识和掌握了沼气发酵工艺和影响因素，其关键因素如下。

（1）严格的厌氧环境。产甲烷菌是严格厌氧菌，对氧特别敏感。它们不能在有氧的环境中生存，哪怕是微量氧气也会使发酵受阻。因此沼气池严格密闭。

（2）菌种的选择和数量的确定。粪便和发酵原料经过堆沤再添加活性污泥作为菌种（接种物）是最适宜使用的产甲烷速度极快的方法。一般加入污泥作为接种物，接种量为发酵料液的 10%~15%。

（3）发酵温度。在一定范围内，温度越高，产气量越大。这是由于温度越高，原料消化速度越快。例如，15℃时每吨原料发酵周期为 12 个月，35℃时发酵周期仅为 1 个月，即 35℃时 1 个月的产气总量相当于 15℃时 12 个月的产气总量。

（4）发酵液的酸碱度（pH 值）。发酵的最佳 pH 值为 6.8~7.5 之间。一般情况下，一个正常发酵的沼气池不需要人工调节 pH 值，而是靠其自动调节保持平衡。但如果 pH 值低于 6 或高于 8，就需要人工调节。

此外，沼气池的压力以及是否搅拌也是很重要的因素。故严格的发酵工艺对于获得快速、高产、质优的沼气至关重要。

三、沼气发电技术

沼气发电是随着大型沼气池建设和沼气综合利用的不断发展而出现的一项沼气利用技术，它将厌氧发酵处理产生的沼气用于发动机上，并装有综合发电装置，以产生电能和热能。沼气发电具有创效、节能、安全和环保等特点，是一种分布广泛且价廉的分布式能源。

沼气发电在发达国家已受到广泛重视和积极推广。生物质能发电并网在西欧一些国家占能源总量的 10%左右。

1. 动力装置

沼气以燃烧方式发电，是利用沼气燃烧产生的热能直接或间接地转化为机械能并带动发电机而发电。沼气可以采用多种动力设备，如内燃机、燃气轮机、锅炉等。相对燃煤、燃油发电来说，沼气发电的特点是功率小，国际上普遍采用内燃机发电机组进行发电。

沼气发动机一般是由柴油机或汽油机改制而成，分为单燃料式（也称点燃式或全烧式）和双燃料式（也称压燃式）两种。

单燃料沼气发动机的基本工作原理为：沼气与空气在混合器内形成可燃混合气，被吸入气缸后，当活塞压缩接近上止点时，由火花塞点燃进行燃烧做功。单燃料沼气发动机一般存在燃烧速度慢、后燃严重、排气温度高与热负荷大等问题，为了加快混合气的燃烧速率，可以通过提高压缩比，加强混合气的气流扰动，提高点火能量等措施来实现。在沼气产量大的场合可连续稳定地运行，适合在大、中型沼气工程中使用，可以使用天然气发动机，亦可由柴油机改装而成。由于气体燃料的组分、热值、物理性能、着火温度、爆炸极限、燃烧特性存在很大差异，当利用天然气发动机燃烧沼气时，需对发动机的相关部件进行必要的调整或改装。如发动机的空气-燃气混合器，在改装时，空气阀的通径需扩大 1.4 倍左右。此外，还应根据发动机对空燃比和调节特性的要求，确定燃气阀芯的型号，设计若干组阀座与阀芯的配合方案，以备筛选。

单燃料沼气发动机的特点是结构简单，操作方便，而且无须辅助燃料，但工作受到供给的沼气的数量和质量的影响。

双燃料发动机采用柴油—沼气双燃料，工作原理是：沼气与空气在混合器中形成可燃混合气，被吸入气缸后，当活塞压缩接近上止点时，向燃烧室内喷入少量引燃柴油，柴油燃烧后点燃缸内混合气进行燃烧做功。双燃料发动机在正常运行情况下，其引燃柴油量在 8%~20%（单位时间内引燃油耗量与改装前该发动机在额定工况下柴油耗量的比值）之间。

双燃料发动机的特点是在燃气不足甚至没有的情况下增加进行燃烧的柴油量，甚至完全烧柴油，以保证发动机正常运行。因此，使用起来比较灵活，适用于产气量较少的场合（如农村地区的小沼气工程中）。这种方案的最大优点就是可以利用少量的引燃柴油压缩后点燃沼气。因为哪怕只有5%左右的柴油，其着火能量就会大大高于火花塞点火的能量，就有可能使沼气的着火滞后期乃至整个燃烧期缩短，从而解决沼气机的严重后燃、高排温与热负荷大等问题。任何一台四冲程柴油机都不必更换主要零件，就可以改装成为柴油—沼气发动机。缺点在于系统复杂，发动机价格稍高。

2. 沼气内燃机发电系统工艺流程

典型的沼气内燃机发电系统工艺流程如图4-6所示。沼气发电系统主要由消化池、储气罐、供气泵、沼气发动机、交流发电机、沼气锅炉、废热回收装置（冷却器、给水预热器、热交换器、汽水分离器、废热锅炉等），以及脱硫化氢及二氧化碳塔、稳压箱、配电系统、并网输电控制系统等部分组成。

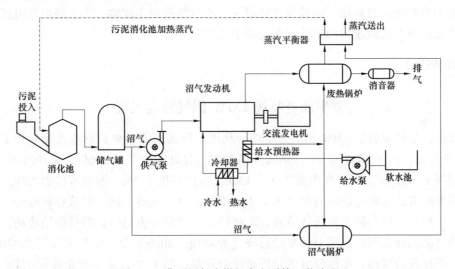

图4-6 典型沼气内燃机发电系统工艺流程

沼气内燃机发电系统主要由以下几部分组成。

（1）沼气内燃机（发动机）。与通用的内燃机一样，沼气内燃机也具有进气、压缩、燃烧膨胀做功及排气四个基本过程。由于沼气的燃烧热值及特点与汽油、柴油不同，沼气内燃机必须适合于甲烷的燃烧特性而设计，一般具有较高的压缩比，点火期比汽、柴油机提前，必须采用耐腐蚀缸体和管道等。

（2）交流发电机。与通用交流发电机一样，没有特殊之处，只需与沼气内燃发动机功率和其他要求匹配即可。

（3）废热回收装置。采用水—废气热交换器、冷却水—空气热交换器及废热锅炉等废热回收装置回收由发动机排出的废热尾气，提高机组总能量利用率。回收的废热可用于消化池料液升温或采暖。

（4）净化提纯装置。由于沼气在发生过程中，也会产生一些有害气体，如硫化氢等，因而在进入内燃机之前必须经过净化处理，通过疏水、脱硫化氢处理后，将硫化氢含量降到500mg/m³以下。

根据沼气发动机的工作特点，在组建沼气发动机发电机组系统时，要着重考虑以下几个方面：

（1）沼气脱硫及稳压、防爆装置。沼气中含有少量的H_2S，该气体对发动机有强烈的腐蚀作用，因此供发动机使用的沼气要先经过脱硫装置。沼气作为燃气，其流量调节是基于压力差，为了使调节准确，应确保进入发动机时的压力稳定，故需要在沼气进气管路上安装稳压装置。另外，为了防止进气管回火引起沼气管路发生爆炸，应在沼气供应管路上安置防回火与防爆装置。

（2）进气系统。在进气总管上，需加装一套沼气—空气混合器，以调节空燃比和混合气进气量。混合器应调节精确、灵敏。

（3）发动机。沼气的燃烧速度很慢，若发动机内的燃烧过程组织不利，会影响发动机运行寿命，所以对沼气发动机有较高的要求。

（4）调速系统。沼气发动机的运行是联轴驱动发电机稳定运转，以用电设备为负荷进行发电。由于用电设备的装载、卸载都会使沼气发动机负荷产生波动，为了确保发电机正常发电，沼气发动机上的调速与稳速控制系统必不可少。

【知识拓展】

蒙牛澳亚牧场 1MW 沼气发电工程

内蒙古蒙牛澳亚牧场 1MW 沼气发电综合利用工程属于蒙牛澳亚示范牧场配套工程，总投资 4500 万元，已于 2007 年 11 月正式并网发电，日处理鲜牛粪 3000t、尿冲洗污水 450t，日生产沼气 1.1 万 m^3、沼气发电量 2.3 万 kWh、固体有机肥 35t、液态有机肥 490t。该工程采用厌氧发酵方式处理牧场的粪便污水，生产沼气，沼气发电上网；沼液和料渣经处理后成为有机肥，部分有机肥施入牧场牧草和青贮种植地，牧草作为奶牛饲料提供给牧场，部分有机肥作为商品向社会出售；部分污水经过净化处理用于冲洗牛舍。实现粪便污水的无公害、无污染、零排放的目标，创造较好的经济和社会效益。图 4-7 为蒙牛澳亚牧场 1MW 沼气发电工程。

图 4-7　蒙牛澳亚牧场 1MW 沼气发电工程

能力训练

1. 沼气的主要成分是什么？说说沼气的成分及特性。

2. 沼气的产生可以分成哪几个阶段？

3. 简述沼气内燃机发电系统的工艺流程。

任务四 垃 圾 发 电

 任 务 目 标

了解垃圾发电的方式及几种常见垃圾分选的方法，掌握垃圾焚烧发电的工艺流程，熟悉垃圾焚烧技术的特点及垃圾焚烧排放物的处理措施。

 知 识 准 备

近20年来，我国的城市化进程加快，城市数量和规模不断扩大，但由于环境保护基础建设严重滞后，使得城市垃圾对城市生态环境的污染日益严重。目前，我国每年产生近10亿t城市垃圾，而且仍以年平均10%左右的速度增长。

截至2014年底，我国城市生活垃圾产生量已达到17899万t，清运量17677万t，处理量16681万t，与2013年相比分别增加2.91%、2.54%和3.45%。

垃圾处理的基本方向是减量化（减少体积和质量）、无害化（减轻污染）和资源化（有效利其热能、回收资源）。垃圾处理技术主要针对城市生活垃圾。

目前的垃圾处理的方法主要有垃圾堆肥、垃圾填埋、垃圾焚烧、垃圾厌氧发酵、垃圾热解。

垃圾发电主要是从有机废弃物中获取热量转换成电能。从垃圾中获取热量主要有两种方式：一种是垃圾经过分类处理后，直接在特制的焚烧炉内燃烧；另一种是填埋垃圾在密闭的环境中发酵产生沼气，再将沼气燃烧。

垃圾发酵产生沼气的原理，可参考本章相关内容，在此不再详细介绍。

一、垃圾的分选

城市生活垃圾成分复杂，种类繁多，除了厨余物、废纸、塑料制品、竹木纤维、铁、电池、玻璃外，还杂有一些建筑垃圾和灰土。为保护焚烧设备的安全运行及提高燃烧效率，对原生垃圾的预处理显得尤为重要，垃圾的焚烧条件一般是热值要达6000kJ/kg以上，而对于添加辅助煤（占20%）的循环流化床锅炉而言，为保证锅炉出力，其垃圾热值需达7842kJ/kg。目前我国垃圾的热值水平只有4000kJ/kg左右，因此通过垃圾的预处理系统，去除不可燃物，保证入炉垃圾的热值，非常重要。

垃圾中可被回收利用的物质包括玻璃、陶瓷碎片、铜和铅等金属物质。这些物质物理性质上的差别，决定了有不同手段对其进行分离。通常的分离方法是基于它们的密度、粒度、磁性、光电性和润湿性差异进行。分选方式主要有重力分选、筛选、磁选以及手工分选等，在许多发达国家中还采用了浮选、光选、静电分离等方法。手工分选仍是一种最经济、最有效的分选方式。国外很多国家至今还采用人工分选，如德国和日本在先进的分选线上还保留了手工分选。我国垃圾灰渣的成分复杂，劳动力资源又特别的丰富，采用机械式为主，以人工的分选为辅的方式是合理有效的。下面简单介绍几种常用的分选工艺。

1. 重力分选

重力分选简称重选，是根据固体废物中不同物质颗粒的密度差异以及在运动介质中受到重力、介质作用力和其他机械力的不同，使颗粒群产生松散分层和迁移分离，从而得到不同密度产品的分选过程。常用的分选介质有空气、水等。根据分选介质和作用原理上的差异，重选可分为风力分选、重介质分选、跳汰分选、摇床分选、惯性分选等。

2. 筛分

筛分过程利用垃圾的粒度差，使固体颗粒在具有一定大小筛孔的筛网上运动，把不同物质按照粒子大小不同进行分离的过程，松散物料在筛子上进行筛分时，其筛分过程可分为以下两个阶段：

第一阶段，颗粒较细的物料在筛面和物料间的相对运动以及自重的作用下，从粗颗粒的空隙处往下挤，逐渐与筛面接触，实现物料的分层。

第二阶段，较细颗粒的物料在筛面和物料不断相对运动的作用下，小于筛孔尺寸的颗粒逐渐透过筛孔，而大于筛孔尺寸的颗粒则留在筛面上，并渐次地向前（或向后）运动直至抛出。

筛分效率受筛子的振动方式、振动频率、振幅大小、振动方向、筛子角度、粒子反弹力差异、筛孔目数及与筛孔大小相近的粒子占总粒子的百分数等多种因素影响。

筛分设备种类繁多，几种在固体废物处理中常用的筛分设备包括固定筛、振动筛、转动筛和共振筛。

3. 磁选

磁选是利用固体废物中各种物质的磁性差异，在不均匀磁场中进行分选的一种处理方法。磁选主要用于从废物中分离回收罐头盒、铁屑等含铁物质。常用的磁选设备有悬挂带式磁选机和辊筒式磁选机两种。

4. 其他分选方法

浮选法是依据各种物料的表面性质的差异，把固体废物和水调制成一定浓度的料浆，并通入空气形成无数细小气泡，使欲选物质颗粒黏附在气泡上，随气泡上浮于料浆表面成为泡沫层，然后刮出回收，不浮的颗粒仍留在料浆内。

静电分选法是利用物质的电导率、热电效应及带电作用差异进行物料分选的方法，可用于各种塑料、橡胶、合成皮革与胶卷、玻璃与金属的分离。

光学分离技术是利用物质表面光反射特性的不同而分离物料的方法。

涡电流分离技术是在废物中回收有色金属的有效方法，具有广阔的应用前景。当含有非磁导体金属（如铝、铜、锌等物质）的废物流以一定的速度通过交变磁场时，这些非磁导体金属中会产生感应涡流。由于废物流与磁场有一个相对运动的速度，从而对产生涡流的金属有一个推力。利用此原理可使一些有色金属从混合废物中分离出来。

二、垃圾焚烧发电的工艺流程

垃圾焚烧发电的工艺流程如图4-8所示。由垃圾车运来的垃圾倒入经特殊设计的垃圾坑内，垃圾坑容量较大。一般可储存3~4天的焚烧量。垃圾在坑内经微生物发酵、脱水后由垃圾坑上方的吊车（抓斗）将垃圾投放到焚烧锅炉入口的料斗中。在料斗的底部装有送料器，可以将垃圾均匀，连续地送入焚烧炉中。炉中的垃圾在炉排上焚烧，因垃圾水分较大，在开始点炉时，需投入启动助燃装置喷油（或掺煤）助燃，一旦起动完毕，送风机经过蒸汽空气预热器使送入炉排下部的风成为热风，这样就可使垃圾充分燃烧，助燃装置即可停用。送风机的入口与垃圾相连通，这样，可将垃圾坑的污浊气体送入温度约800~900℃的焚烧炉内进行热分解，变为无臭气体。烟气经半干法尾气净化器、布袋除尘器后，由烟囱排出。燃尽后的灰渣通过渣斗落到抓灰器内，灰渣在进行冷却降温后进到振动型的灰运输带。在灰运输带上方装有电磁铁，用以将灰渣中的铁金属吸选出回收。然后灰渣与电除尘下灰斗中排出的灰一起进行综合利用处理或用车运至填埋场进行填埋处理。

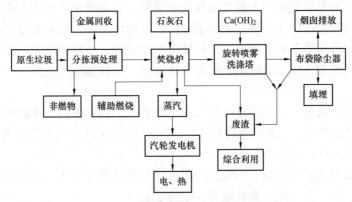

图4-8 垃圾焚烧发电的工艺流程

由于垃圾储存会发酵产生有毒、有臭味的气体和渗滤液，焚烧炉一次风应从垃圾储存库中抽取。使储存库内部处于负压状态，垃圾储存库中的渗滤液引入收集坑后泵入焚烧炉中燃烧，避免污染环境。

三、垃圾焚烧技术

国内外垃圾焚烧技术主要有层状燃烧技术、流化床燃烧技术、旋转燃烧技术（也称回转窑式）三大类。

1. 层状燃烧技术

层状燃烧技术发展较为成熟，一些国家都采用这种燃烧技术。层状燃烧关键是炉排，垃圾在炉排上燃烧通过预热干燥区、主燃区和燃尽区三个区。垃圾在炉排上着火，热量不仅来自上方的辐射和烟气的对流，还来自垃圾层内部燃烧的传热。在炉排上已着火的垃圾在炉排的特殊作用下，使垃圾层强烈地翻动和松动，不断地推动下落，引燃垃圾底部着火。连续地翻转和松动，使垃圾层松动，透气性加强，有助于垃圾的着火和燃烧。为确保垃圾燃烧稳定，炉拱形状设计要考虑烟气流场有利于热烟气对新入炉垃圾的热辐射预热干燥和燃尽区垃圾的燃尽。配风设计要确保空气满足炉排垃圾层燃烧三个阶段的不同需要，并合理使用二次风。

2. 流化床燃烧技术

流化床燃烧技术已发展成熟，由于其热强度高，更适宜燃烧发热值低、含水分高的垃圾。同时，由于其炉内蓄热量大，在燃烧垃圾时基本上可以不用助燃。为了保证入炉垃圾的充分流动，对入炉垃圾的颗粒尺寸要求较为严格，要求垃圾进行一系列筛选、粉碎等处理，使其尺寸、状况均一化。一般破碎到不大于15cm，然后送入流化床内燃烧，床层物料为石英砂，布风板通常设计成倒锥体结构，风帽为"L"形。床内燃烧温度控制在800~900℃之间，冷态气流断面流速为2m/s。一次风经由风帽通过布风板送入流化层，二次风由流化层上部送入。采用燃油预热料层，当料层温度达到 600℃ 左右时投入垃圾焚烧。该炉启动、燃烧过程特性与普通流化床锅炉相似。

3. 旋转燃烧技术

旋转焚烧炉燃烧设备主要是一个缓慢旋转的回转窑，其内壁可采用耐火砖砌筑，也可采用管式水冷壁，用以保护滚筒，回转窑直径为 4~6m，长度为 10~20m，根据焚烧的垃圾量确定，倾斜放置。每台旋转焚烧炉垃圾处理量目前可达到 300t/d（直径 4m、长 14m）。回转窑过去主要用于处理有毒有害的医院垃圾和化工废料。它是通过炉本体滚筒缓慢转动，利用内壁耐高温抄板将垃圾由筒体下部在筒体滚动时带到筒体上部，然后靠垃圾自重落下。由于垃圾在筒内翻滚，可与空气充分接触，进行较完全地燃烧。垃圾由滚筒一端送入，热烟气对其进行干燥，在达到着火温度后燃烧，随着筒体滚动，垃圾翻滚并下滑，一直到筒体出口排出灰渣。

当垃圾含水量过大时，可在筒体尾部增加一级燃尽炉排，滚筒中排出的烟气，通过一垂直的燃尽室（二次燃烧室），燃尽室内送入二次风，烟气中的可燃成分在此得到充分燃烧。二次燃烧室温度为 1000~1200℃。

回转窑式垃圾燃烧装置设备费用低，厂用电耗与其他燃烧方式相比也较少，但对热值较低（5000kJ/kg）、含水分高的垃圾燃烧有一定的难度。

四、垃圾焚烧排放物的处理

1. 烟气的处理

对焚烧炉尾气中的污染物（如烟尘、烟气黑度、一氧化碳、氮氧化物、二氧化硫、氯化氢、汞、铅、二噁英）严格控制，其中二噁英的排放限值为 lng TEQ/m³（GB 18485—2014《生活垃圾焚烧污染控制标准》）。垃圾焚烧厂应通过采取多种措施，减少二噁英的排放量，使其达到排放标准。减少二噁英的主要措施包括以下几方面。

（1）避免氯苯、氯酚等含氯有机物进入焚烧炉，因为它们在燃烧过程中可能会生成二噁英。

（2）保证炉膛内合适的温度和充足的氧气等来改善燃烧状况，提高燃烧效率减少二噁英的生成。

（3）选择合适的烟气处理技术，如经静电除尘器、湿式洗涤塔、SCR 反应塔三级处理；或采用半干式洗涤塔、袋式除尘器、SCR 反应塔处理后经烟囱排放。

（4）活性炭吸附烟道气净化系统的二噁英，二噁英易被吸附在烟道气中的飞灰上，因此除尘器收集下来的飞灰必须按照危险废物来处理，通过采取特殊手段可将飞灰中的二噁英分解。

2. 废液废渣的处理

垃圾焚烧后产生的固体渣（或金属物），应及时引出，用于建材或筑路填埋，金属物宜加以回收利用。焚烧残渣与除尘设备收集的飞灰应分别收集、储存和运输。残渣按废弃物处理，飞灰按危险物处理，烟气净化装置排放的固体废弃物应加以鉴别是否属危险废弃物，然后进行处理。

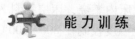 **能力训练**

1. 垃圾处理的基本方向是什么？

2. 垃圾处理的方法主要有哪些?

3. 简述垃圾焚烧发电工艺流程。

4. 垃圾焚烧发电如何减少二噁英的排放?

任务五　生物质气化发电

 任务目标

了解生物质气化的原理、生物质燃气的净化,掌握生物质气化发电的过程及特点,熟悉生物质气化发电的应用及发展概况。

 知识准备

与煤一样,生物质也可以通过热化学过程裂解气化为气体燃料,俗称"木煤气",是一种常用的生物质能转换途径。生物质气化能量转换效率高,设备简单,投资少,易操作,不受地区、燃料种类和气候的限制。生物质经气化产生的可燃气,可广泛用于炊事、采暖和作物烘干,还可以用作内燃机等动力装置的燃料,输出电力或动力,提高了生物质的能源品位和利用效率。在我国,尤其是农村地区,生物质气化具有广阔的应用前景。

一、生物质气化

生物质气化是生物质热化学转换的一种技术,基本原理是在不完全燃烧条件下,将生物质原料加热,使较高分子量的有机碳氢化合物链裂解,变成较低分子量的 CO、H_2、CH_4 等可燃性气体,在转换过程中要加气化剂(空气、氧气或水蒸气),其产品主要指可燃性气体与 N_2 等的混合气体。此种气体尚无准确命名,称燃气、可燃气、气化气的都有。生物质气化技术近年来在国内外被广泛应用。

对生物质进行热化学转换的技术还有干馏和快速热裂解,这两种技术在转换过程中加不含氧的气化剂或不加气化剂,得到的产物除燃气之外还有液体和固体物质。

1. 原料

生物质气化所用的原料主要是原木生产及木材加工的残余物、薪柴、农业副产物等,包括板皮、木屑、枝杈、秸秆、稻壳、玉米芯等,原料来源广泛,价廉易取。它们挥发组分高,灰分少,易裂解,是热化学转换的良好材料。按具体转换工艺的不同,在添入反应炉之前,根据需要应进行适当地干燥和机械加工处理。

2. 应用途径

生物质气化产出的可燃气热值(低位热值),主要随气化剂的种类和气化炉的类型不同而有较大差异。我国生物质气化所用的气化剂大部分是空气,在固定床和单流化床气化炉中生成的燃气的热值通常在 $4200 \sim 7560 kJ/m^3$ 之间,属低热值燃气。采用氧气或水蒸气乃至氢气作为气化剂,在不同类型的气化炉中可产出中热值($10920 \sim 18900 kJ/m^3$)乃至高热值($22260 \sim 26040 kJ/m^3$)的燃气。

生物质燃气的主要用途有:①供民用炊事和取暖;②烘干谷物、木材、果品、炒茶等;③发电;④区域供热;⑤工业企业用蒸汽等。

在生物质能开发水平比较高的国家,还用生物质燃气做化工原料,如合成甲醇、氨等,甚至考虑做燃料电池的燃料。

二、生物质气化发电原理与过程

生物质气化发电的基本原理是把生物质转化为可燃气，再利用可燃气推动燃气发电设备进行发电。它解决了生物质分布分散的缺点，又可以充分发挥燃气发电技术设备紧凑而污染少的优点，所以是生物质能最有效最洁净的利用方法之一。

气化发电过程包括三个方面，一是生物质气化，把固体生物质转化为气体燃料；二是气体净化，气化出来的燃气都带有一定的杂质，包括灰分、焦炭和焦油等，需经过净化系统把杂质除去，以保证燃气发电设备的正常运行；三是燃气发电，利用燃气轮机或燃气内燃机进行发电，有的工艺为了提高发电效率，发电过程可以增加余热锅炉和蒸汽轮机。

三、生物质气化发电的特点

生物质气化发电技术有别于其他可再生能源，具有三个方面特点。

（1）技术灵活性。由于生物质气化发电可以采用内燃机、燃气轮机，甚至结合余热锅炉和蒸汽发电系统，所以生物质气化发电可以根据规模的大小选用合适的发电设备，保证具有合理的发电效率。这一技术的灵活性能很好地满足生物质分散利用的特点。

（2）较好的环保性。生物质本身属可再生能源，可以有效地减少 CO_2、SO_2 等有害气体的排放。气化过程一般温度较低（大约在 $700\sim900℃$），NO_x 的生成量很少，所以能有效控制 NO_x 的排放。

（3）一定规模下具有经济性。生物质气化发电技术的灵活性，使该技术在一定规模下具有良好的经济性，合理的生物质气化发电技术比其他可再生能源发电技术投资小，综合发电成本已接近小型常规能源的发电水平。

四、生物质气化发电系统分类

由于生物质气化发电系统采用的气化技术和燃气发电技术不同，其系统构成和工艺过程有很大的差别。

（1）按气化形式不同的分类，生物质气化过程可以分为固定床气化和流化床气化两大类。

（2）按发电设备不同的分类，气化发电可分为内燃机发电系统、燃气轮机发电系统及燃气—蒸汽联合循环发电系统。

（3）按规模的分类，生物质气化发电系统可分为大型、中型、小型三种。

小型气化发电系统简单灵活，主要功能为农村照明或作为中小企业的自备发电机组，它所需的生物质数量较少，种类单一，一般发电功率小于 200kW。中型生物质气化发电系统主要作为大中型企业的自备电站或小型上网电站，它适用于一种或多种不同的生物质，所需的生物质数量较多，功率一般为 $500\sim3000kW$。大型生物质气化发电系统主要作为上网电站，所需的生物质数量巨大，必须配套专门的生物质供应中心和预处理中心，大型生物质气化发电系统功率一般在 5000kW 以上，虽然与常规能源比，仍显得非常小，但在技术发展成熟后，它将是今后替代常规能源电力的主要方式之一。

五、生物质燃气的净化

从气化炉产出的燃气中含有焦油、灰分和水分等，这些物质都会影响燃气的使用，尤其是焦油。

（一）燃气中的灰分和水分的去除

1. 灰分的去除

在气化炉反应过程中，大部分灰分由炉栅落入灰室，燃气中的灰尘经旋风分离器或袋式分离器被分离一部分，余下的细小灰尘将在处理焦油的过程中被除掉。将收集到的灰分做进一步处理，可加工成耐热、保温材料，或提取高纯度的 SiO_2，当然也可用作肥料。

2. 水分的去除

在特制的容器中装有多个叶片，形成曲折的流道（汽水分离器），让燃气流经容器过程中，多次冲击叶片，形成水滴，沿板流下。有的气化站试用在燃气流道中安装高速旋转的风机，用离心力将水分分离出来。在干式过滤焦油和灰尘时，干燥的过滤材料也会吸收一些燃气中的水分。在输气管道上设集水井，将冷凝水及时取出。

应该说，对水分和灰分的处理是比较容易的，生物质气化应用技术中一个很大的难题就是对燃气中焦油的处理，下面重点介绍这方面内容。

（二）焦油的去除

1. 焦油的特点

在固定床的热分解层，温度在 200℃ 以上，生物质的纤维素、半纤维素和木质素开始热分解，生成焦炭、焦油、木醋液及其他气体。焦油的成分十分复杂，大部分是苯的衍生物。可以分析出的成分有 200 多种，主要成分不少于 20 种，其中含量大于 5% 的有 7 种，它们是：苯、萘、甲苯、二甲苯、苯乙烯、酚和茚。焦油的含量随温度升高而减少。

生物质气化产生的焦油的数量与反应温度、加热速率和气化过程的滞留期长短有关，通常反应温度在 500℃ 时焦油产量最高，滞留期延长，焦油因裂解充分，其数量也随之减少。

2. 焦油的危害

（1）焦油占可燃气能量的 5%～10%，在低温下难以与可燃气一道被燃烧利用，用时大部分焦油被浪费掉。

（2）焦油在低温下凝结成液体，容易和水、炭粒等结合在一起，堵塞输气管道，卡住阀门、抽风机转子，腐蚀金属。

（3）焦油难以完全燃烧，并产生炭黑等颗粒，对燃气利用设备如内燃机、燃气轮机等损害相当严重。

（4）焦油及其燃烧后产生的气体对人体是有害的。

3. 焦油去除的方法

（1）喷淋法除焦油和灰尘，利用喷淋的方法去除燃气中的焦油和灰尘。为了提高去除效果，有的气化站在容器中装入玉米芯填充物，它能起到过滤的效果。玉米芯应定期更换，并将其晒干，加入气化炉的原料中燃掉；同时也要防止用过水的二次污染。

（2）鼓泡水浴法去除焦油和灰尘。实践表明，水中加一定量的 NaOH，成为稀碱溶液，对去除燃气中的有机酸、焦油等有较好的效果。这种方法也要防止用过水的二次污染。

（3）干式过滤去除焦油和灰尘。用干式过滤去除燃气中的焦油与灰尘的方式较多，如在容器内填放粉碎的玉米芯、木屑、谷壳或炭粒，让燃气从中穿过；或让燃气通过陶瓷过滤芯；内燃机用燃气作燃料时，燃气在进入气缸前，让它通过汽车发动机用的纸质空气滤清器芯等。有的气化站在居民室内安装小型高效的过滤器，内装有吸附型很强的活性炭，进一步清除灶前的燃气中的焦油，收到了一定的效果，但是成本较高。需要强调的是，用过的过滤材料一定要烧掉（可作气化原料），防止污染环境。

国内生产的生物质气化机组的厂家，将上述几种去除焦油和灰分的方法进行不同的组合和完善，净化效果逐步提高。

（4）催化裂解法去除焦油。以目前的除焦技术看，水洗除焦法存在能量浪费和二次污染现象，净化效果只能勉强达到内燃机的要求；催化裂解法可将焦油转化为可燃气，既提高系统能源利用率，又彻底减少二次污染，是目前较有发展前途的技术。

用催化裂解法减少燃气中焦油的含量，是最有效、最先进的方法，在中、大型气化炉中逐渐被采用。

催化裂解的基本原理是：在很高温度（1000~1200℃）下进行生物质气化，能把焦油分解成小分子永久性气体，但实现这样的高温有一定的难度，若在气化过程中加入裂解催化剂，在750~900℃下能将绝大部分（甚至达98%）焦油裂解，焦油裂解后产物与燃气成分相似，可直接燃用。

水蒸气在焦油裂解过程中也有重要作用，它和焦油中某些成分反应生成 CO、H_2 和 CH_4，既减少炭黑的产生，又提高可燃气的产量。

六、生物质气化发电系统介绍

国外以生物质燃气为燃料进行发电和供热近年来有较快的发展，所用的发电机组基本上有三种类型：一是内燃机/发电机机组；二是汽轮机/发电机机组；三是燃气轮机/发电机机组。有的发电厂将前二者联合使用，即先利用内燃机发电，再利用系统的余热生产蒸汽，推动汽轮机做功发电。由于内燃机发电效率较低，单机容量较小，应用受到一定限制；也有的发电厂将后两者联合使用，即用燃气轮机发电系统的余热生产蒸汽，推动汽轮机做功发电。比较这两种联合发电，后者发展前景较广阔，尤其是在大规模生产的情况下。

图 4-9~图 4-12 分别是上述三种发电机组的工作原理示意图。第一种是用内燃机的动力输出轴带动发电机发电。第二种是用蒸汽推动汽轮机的涡轮（气体膨胀做功）带动发电机发电，蒸汽可由锅炉提供，也可以用其他发电系统的余热生产蒸汽。第三种是用旋转着的燃气轮机的涡轮带动发电机发电。燃气轮机主要由三部分组成：压缩机、燃烧器和涡轮机。压缩机用来压缩将通过涡轮机的气体工作介质。涡轮机的功率除用于带动发电机工作之外，大部分消耗在压缩机的工作上。燃气轮机又有两种形式：一是开放循环燃气轮机，由燃烧器来的高温高压烟气通过涡轮机膨胀做功推动涡轮机旋转后排放出去，这就要求燃气应纯净，若焦油含量多，将损坏涡轮，不利工作；二是封闭循环燃气轮机，烟气在热交换中将工作介质加热，介质可用空气、氮气、氦气等，它在涡轮机与压缩机中呈封闭式循环工作，由于介质纯净，不污染涡轮机。

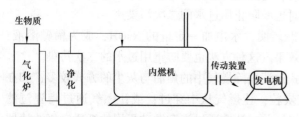

图 4-9　生物质气化内燃机发电系统示意图

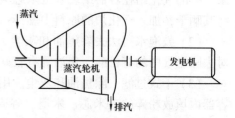

图 4-10　汽轮机/发电机发电原理示意图

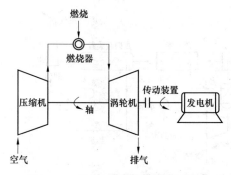

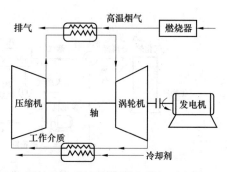

图 4-11 开放循环燃气轮机示意图　　　　图 4-12 封闭循环燃气轮机示意图

国外利用生物质燃气发电的规模不等，通常内燃机/发电机系统功率较小；燃气轮机/发电机系统和汽轮机/发电机功率要大一些；而同时用燃气轮机/发电机—汽轮机/发电机联合发电，其功率为最大。规模大小尚无明确的分级，一般认为小于 500kW 为小型；大于 5000kW 为大型；500~5000kW 为中型。

1. 内燃机/发电机发电系统

内燃机/发电机机组属于小型发电装置。它的特点是设备紧凑，操作方便，适应性较强；但系统效率低，单位功率投资较大。它适用于农村、农场、林场的照明用电或小企业用电，也适用于粮食加工厂、木材加工厂等单位进行自供发电。

我国目前生物质气化发电属于这一类。在国外推广应用比较多的发展中国家是印度，功率有 3.7、25、70kW 及 100kW 等几种机组，其中 3.7kW 的已推广应用数百台。气化炉一般多用固定床式的。内燃机所用的燃料有的是生物质燃气与柴油混合，有的全用生物质燃气单一燃料。混合燃料的生物质燃气成分（按热值计算）可达 80%~85%。在 100kW 发电系统中，当燃气成分为 80% 时，原料（木屑）用量为 0.95~1.2kg/（kW·h）。功率越小，每度电耗木屑越多。用这类气化发电系统将生物质能转化成电能，其总效率之所以较低，主要原因在于内燃机热能转换为机械能这个环节的效率低下所致。

印度的生物质气化发电系统多用于带动水泵为农村提供灌溉用水和生活用水，也用于带动脱粒机、磨谷机和其他小型电气设备。

美国通用汽车公司研制出的 STM4-120 型发动机被美国能源部评价为世界上最先进的斯特林发动机，它可与小型生物质气化机组组成 50kW 左右的农村生物质发电系统。该发动机属于外燃式加热闭式环活塞式发动机，带动发电机工作，系统效率可达 30% 左右，并且噪声小、废气污染少。目前由于生产批量有限，成本较高。

2. 燃气轮机/发电机发电系统

图 4-13 所示是建在比利时布鲁尔大学校内的生物质气化发电系统工艺流程示意图。气化炉是常压流化床式的，用燃气轮机/发电机机组发电，其工作过程如下：

粉碎的木屑在气化炉中气化，产出的燃气经旋风分离器除去颗粒杂质后，进入燃烧器燃烧，高温烟气在热交换中将来自压缩机和蒸发器的工作介质加热至 850℃ 左右。附加燃烧器的燃料是天然气，工作介质经过它升温至 1000℃ 左右，进入涡轮机做功并带动发电机发电。由涡轮机排出的气体进入燃烧器与燃气燃烧。工作介质中有部分水蒸气掺入有助于系统功率的提高。烟气经过热交换器、蒸发器后，进入热回收装置，在这里将来自水泵的冷水加热成

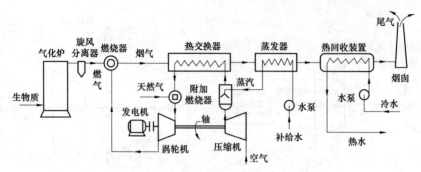

图 4-13　燃气轮机/发电机发电系统工艺流程示意图

热水供大学校园使用。降温后的烟气从烟囱排走。

此生物质气化发电系统装机容量为：发电量 0.8MW，发热量 1.5MW。实际运行中净发电量 0.2~0.7MW，净发热量 0.5~1.2MW，发电效率为 16%~27%，系统总效率为 40%~70%，平均木屑用量为 0.4t/h。生物质气化过程中产生的焦油，主要靠高温燃烧去除掉。

3. 燃气轮机/发电机-汽轮机/发电机联合发电系统（IGCC）

1991 年在瑞典瓦那茂兴建了世界上第一座以生物质燃气为燃料的燃气轮机/发电机—汽轮机/发电机联合发电厂。气化炉是加压循环流化床式的，其工作过程如图 4-14 所示。

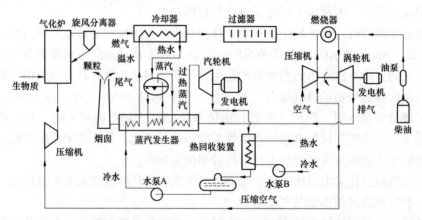

图 4-14　燃气轮机/发电机—汽轮机/发电机联合工艺流程示意图

粉碎的木屑在加压循环流化床中气化，产出的燃气经旋风分离器将大部分固体杂质分离出来，返回流化床再次燃烧。得到初步净化的燃气经冷却器降温。温水被加热成热水（并产生部分蒸汽）。燃气在过滤器中得到进一步净化后，供燃气轮机/发电机机组发电用。由燃气轮机排出来温度较高的烟气进入蒸汽发生器，温度由右向左逐渐下降，最后从烟囱排出。为了提高进入涡轮机的工作介质温度，向燃烧器中喷入部分柴油。汽轮机的工作介质：水泵 A 将水输向蒸汽发生器，蒸汽发生器中有 3 套热交换器，自左向右为省煤器—蒸发器—过热器，水经省煤器被加温，到燃气的冷却器中再被加热，并开始汽化，返回蒸发器后全变为蒸汽，这蒸汽再经由过热器则成为过热蒸汽，进入汽轮机/发电机机组中做功发电。从汽轮机排出的余热蒸汽经热回收装置凝结成水，热回收装置将冷却水变为热水沿管路送至需要处。

瓦那茂的生物质气化发电厂净发电量 6MW，净发热量 9MW，木屑用量 4.1t/h，发电效率 44%~50%，系统总效率 85%~90%。加压循环流化床的气化压力为 1.8MPa，气化介质来自燃气轮机的空气压缩机，在进入气化炉之前由增压压缩机再次加压，达到需要的气化压力。生物质气化产生的焦油用催化裂解和高温燃烧的方法去除。

七、生物质气化发电的应用及发展概况

现在，国内外对气化发电机组的规模大小粗略地认为：500~5000kW 为中型，低于或高于此值分别为小型和大型。发电机组系统效率为动力机效率（此值较低）与发电机效率的乘积。小型和中型的系统效率大体为 12%~30%，功率大者高一些；大型发电机组的系统效率为 30%~50%。

中国和印度所用的气化发电机组多为小型的，常用下流式固定床气化炉，动力机多为内燃机发动机。

欧美一些国家也有用下流式固定床气化炉配小型气化发电机组发电的；中型的用流化床（或循环流化床）或上流式固定床气化炉；而大型的都用循环流化床气化炉。中大型气化发电，当余热得到充分利用时，其总效率约是发电效率的 2 倍左右。大型气化发电系统常是两级发电，如在燃气轮机/发电机机组发电后，利用高温烟气再生产蒸汽，供汽轮机/发电机机组二次发电，之后再利用其余热。

1. 小型气化发电系统

（1）小型气化发电的成本。

气化发电成本主要与机组的容量大小、燃料价格的高低、所运行时间的多少等因素有关。

1）成本随装机容量的增加而下降。当气化原料为 100 元/t（包括运输费及预处理费），机组运行时间为 6000h/年，机组发电量不能低于 60kW，因为单位功率的初始投资和运行费用随装机容量的增大而减少。小功率气化发电成本比柴油发电还要高。

2）成本随气化原料价格的增加而加大。在现有技术条件下，200kW 发电量，原料价格不能高于 150 元/t；60kW 发电量，原料价格不能高于 90 元/t。

3）成本随机组年运行时间的增大而下降，当发电量为 200kW，原料价格为 100 元/t 时，机组年生产时间不能小于 2500h。由于维护、检修机器而停工将导致平均发电成本的上升。另外，发电成本也与焦油和灰分处理量、设备维修、润滑油用量、职工工资等因素有关。

（2）我国小型气化发电应解决的问题。

1）降低气化发电成本。要从气化原料来源、发电机组质量、发电规模大小、经营管理机制、生产人员素质等方面寻求降低气化发电成本的途径。实践已经证明：只有降低气化发电成本，气化发电技术才有竞争力和广阔的市场需求。

2）扩大发电规模。我国粮食加工厂规模大小不一，稻谷加工能力从 50~300t/d 不等，相应的谷壳气化发电功率应为 160~2000kW。研制出较大功率的气化发电机组有许多好处。首先，可满足大型粮食加工厂（或木材加工厂）的耗能需要；其次，随着发电容量的加大，须用流化床气化炉代替固定床气化炉，气化发电技术也须相应提高，从而可提高气化发电系统的效率；再次，根据有关规定，上电网的机组功率不能小于 500kW。因此，扩大发电规模，可使气化发电有较好的经济性与适用性。

3）提高去除燃气中焦油的技术。我国现行的焦油去除技术不先进，燃气中焦油含量较高，造成内燃机磨损严重，机组运行一段时间后，须停机清理积聚在系统内的焦油，降低了设备利用率，增加了气化发电成本。因此，应尽快探索使用催化裂解等先进方法，以提高燃气中焦油的去除率。

4）废水与灰分的处理。在清除焦油与灰分过程中，须耗用大量的水。这些含有焦油与灰分的水，在排放前应进行处理，以减少二次污染，并尽可能循环使用。以稻草和稻壳为燃料的固定床气化炉，生成的灰分不仅数量较多，而且含有较多的炭，通过提高炉子的气化效率，并对灰分进行煅烧处理，将有助于问题的解决。若能将灰分加工成保温材料或提取高纯度的 SiO_2，既可收到经济效益，又有利于满足环保的要求。

2. 中型生物质气化发电系统

中型生物质气化发电系统一般指采用流化床气化工艺，发电规模在 $500 \sim 5000kW$ 的气化发电系统。中型气化发电系统在发达国家应用较早，所以技术较成熟，但由于设备造价很高，发电成本居高不下，所以在发达国家应用极少。近年我国开发出了循环流化床气化发电系统，由于该系统有较好的经济性，在我国推广很快，所以已经是国际上应用最多的中型生物质气化发电系统。

（1）中型气化发电系统的技术性能。

以 $1000kW$ 的生物质气化发电系统为例，在正常运行下，生物质循环流化床气化发电系统气化效率大约在 75% 左右，系统发电效率在 $15\% \sim 18\%$ 之间。但由于气化工艺的影响，在不同的温度下进行气化，气化生成的燃气质量和气化效率有明显的变化。气化温度对以木粉为燃料的气化发电系统技术参数的影响变化情况见表 4-1。

表 4-1　　　　气化温度对以木粉为燃料的气化发电系统技术参数的影响

影响因素	620℃	750℃	820℃
产气率（m^3/kg）	1.5	1.9	2.4
气化效率（%）	44	57.79	67.96
气体热值（MJ/m^3）	7.06	5.83	4.3
碳的转化率（%）	57.2	79.56	81.4

由于气化工况对运行效果影响很大，所以中型生物质气化发电系统的运行控制是使用生物质气化发电技术的关键。以下以谷壳为燃料的循环流化床发电系统为例说明。

1）气化炉的运行控制。气化炉点火成功后，即进入运行状态，在循环流化床谷壳气化反应中，谷壳对温度反应非常敏感。当温度超过 850℃ 时，谷壳灰便会发生熔融结渣现象，堵住炉内排渣口，影响气化炉的正常运行，因此，炉内温度的控制十分关键。正常情况下，气化炉的反应温度应稳定在 $700 \sim 800℃$ 之间，当炉内温度显示低于 600℃ 并继续下降，或高于 800℃ 并继续上升时，需及时调节。具体方法是：当温度小于 600℃ 时，适当减少进料量或稍微加大进风量，使温度回升至正常范围；当温度高于 800℃ 时，加大进料量或减少进风量，使炉温下降至正常范围。

同其他生物质相比，谷壳的灰分含量高达 12% 以上，气化后仍残余大量灰分。这些灰分必须及时排出炉外，有些系统中采用螺旋干式排灰机构，排灰连续而均匀，谷壳进料量和排灰量形成一种相对稳定的平衡状态，保证气化炉顺利运行。当排灰螺旋排灰出现不均现象或无灰排出时, 应及时排除故障, 否则, 炉内灰分越积越多, 气化炉反应层逐渐上移, 最终将导致加料口堵塞而停机。此外, 由于排灰不均匀, 炉内灰分时多时少, 谷壳气化的稳定状态受到干扰, 其结果是炉内温度不均, 局部温度过高并出现结渣现象, 气化炉无法正常运行。从气化效率的角看, 控制气化炉温度对气化效率有绝对的影响, 而不同气化形式及不同的原料对影响最佳的气化温度。

2) 净化装置的运行管理。由于净化装置中文氏管除尘器及喷淋洗气塔都采用水封结构, 因此, 气化炉点火启动前必须先启动水泵以确保水封结构有充足的水起密封作用, 防止燃气通过水封口外窜引起意外事故。其次, 应定期清除文氏管喇叭口处的灰垢, 一般每星期清理一次较为合理。

3) 发电量大小的调节。1000kW 循环流化床谷壳气化发电系统可根据生产负荷的需要对发电量进行调节, 调节范围为 200~1000kW, 其方法是控制谷壳进料量及相应的进风量, 先缓慢加大进料量, 同时加大进风量, 使炉内温度稳定在 700~800℃之间, 加料量的多少可由加料螺旋电磁调速电机的转速来确定。

由于气化炉的温度直接决定于空气量与加料量的比例, 所以根据负荷以及调节炉温的需要, 空气量有一定变化。如在 700kW 的负荷下, 一般正常的加料量约 900kg/h, 为了保证气化温度在 700~800℃之间, 所需的空气量约为 1000m³/h。这是因为如空气量加入太少, 木粉燃料氧化产生的热量不足以满足木粉中的碳不完全燃烧所需的热量, 如加入太多, 一方面, 导致气体成分中的有效热值气体完全氧化; 另一方面, 可燃气体被空气带入的大量惰性气体 N_2 所稀释, 因此导致气体热值下降。

(2) 中型气化发电系统的经济性。

气化发电系统的投资成本和经济效益是影响用户应用积极性的关键因素, 规模小于 200kW 的发电系统国内目前采用固定床气化装置, 总的经济效益较差, 循环流化床谷壳气化发电对处理大规模生物质具有显著的经济效益。

在开工率 70%, 电价 0.8 元/度的条件下, 气化发电的投资回收期约一年, 若开工率不变, 而电价降为 0.6 元/kW·h, 则 600、800、1000kW 三种规模的投资回收期分别是 22.5、21 和 17.8 个月, 在实际应用过程中, 由于各地的人工成本和电价差异很大, 这两种因素将对投资回收期构成重大影响, 但无论如何, 流化床谷壳气化发电的经济效益是显著的。需要指出的是, 流化床谷壳气化发电设备的气化原料不仅局限于谷壳, 它还可用于处理木屑, 原料成本一般所占的比例高达 50%。对木料加工厂而言, 木粉、木屑是一种废料, 有时不但没有任何价值, 还需花费一笔不小的处理费, 因此, 对有废料的加工厂, 木粉气化发电的运行成本明显比谷壳低, 投资回收期将大大缩短。

3. 大型生物质气化发电技术的应用

即使目前世界上最大的生物质气化发电系统, 相对于常规能源系统, 仍是非常小规模的, 所以大型生物质气化发电系统只是相对的。考虑到生物质资源分散的特点, 一般把大于 5000kW, 而且采用了联合循环发电方式的气化发电系统归入 "大型" 的行列。特别对于发展中国家 5000kW 以上的气化发电系统每天需生物质约 100t, 所以应用的客户已很少。

在国际上, 大型生物质气化发电系统的技术远未成熟, 主要的应用仍停留在示范和研究的阶段。下面以瑞典的 Varnamo 示范电站为例, 分析国外大型生物质气化发电站的技术经济性。

　　瑞典的 Varnamo 生物质示范电站是欧洲发达国家一个 B/IGCC（生物质整体煤气化联合循环发电系统）发电项目，它是由瑞典国家能源部、欧盟政协资助，由瑞典南方电力公司（Sydkraft），福斯特·威勒公司（Foster Wheeler）等企业合作建设的一个示范项目，它的主要目的是建设一个完善的 B/IGCC 示范系统，研究 B/IGCC 的各部分关键过程，所以该生物质发电站更合适于生物质气化发电的研究开发活动，而不是完全的商业化运行。

　　该项目的流程如图 4-15 所示，从流程图所示，该项目采用了目前欧洲在生物质气化发电技术研究的所有最新成果，它包括以下几个关键技术。

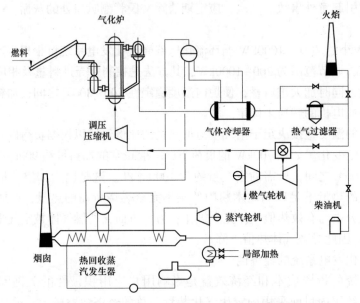

图 4-15　瑞典 Varnamo B/IGCC 示范项目流程图

　　（1）采用高压循环流化床气化技术。气化炉出力为 18MW，气化炉的气化压力为 1824kPa，气化温度为 950~1000℃，气化炉本体、旋风分离器和还料设备全部由耐火材料制作。气化炉由福斯特-威勒公司生产。

　　（2）采用高温过滤技术。气化炉生产的高温燃气通过换热器冷却到 350~400℃，之后进入高温过滤器由陶瓷过滤芯除去灰尘。陶瓷高温过滤器由 Schumacher GinbH 公司提供。

　　（3）采用燃气轮机技术。高温燃气经过滤器后，只剩下焦油杂质，由于 350℃以上焦油仍是气相，所以这些高温高压燃气可以直接送到燃气轮机发电。燃气的热值为 5MJ/m³（标准状态），燃气轮机的输出功率为 4.2MW。该燃气轮机由 ABB Alstom 公司提供。

　　（4）余热蒸气发电系统。由燃气轮机出来的高温尾气进入余热锅炉产生蒸汽，这些蒸汽与高温燃气冷却时产生的蒸汽一起过热到 4053kPa、455℃，进入蒸汽轮机发电，发电功率为 1.8MW，Varnamo B/IGCC 发电项目的技术指标与参数见表 4-2。

表 4-2　　　　　　　　　　　Varnamo B/IGCC 发电项目指标参数

发电/供热能力	发电 1.8MW，供热 9MW
原料种类	木片（水分 15%，质量分数）
原料量	18MW

续表

发电效率	32%
热效率	83%
气化压力/温度	1824kPa/950℃
气体热值	5MJ/m³（标准状态）
蒸汽压力/温度	4053kPa/455℃
气体成分：CO：16%~19%；H₂：9.5%~12%；CH₄：5.8%~7.5%；CO₂：14.4%~17.5%	
气体中重焦油含量　9~50g/m³（标准状态）	
气体中轻焦油含量　1.5~3.7g/m³（标准状态）	

由于 Varnamo 生物质气化发电项目主要是以示范研究为目标，所以相对来说其投资和运行成本都非常高，目前很难以做出准确的计算，所以对该项目的经济指标的示范。有关方面对今后 B/IGCC 项目的经济性做出了评估，假设技术成熟后，在 55MW 发电规模条件下，B/IGCC 系统的投资大约在 1500 美元/kW 左右，但 15MW 左右发电项目，投资将达到 2300 美元/kWh。而 B/IGCC 的发电成本与燃料价格、发电规模关系很大，通过理论分析测算，对于 B/IGCC 发电系统，在生物质价格大约 250 元/t 时，70MW IGCC 发电站的发电成本大约为 0.35 元/（kWh）。几乎与小型的煤发电电站成本相当，但由于 70MW 的规模需要的生物质量非常大（约 2000t/d），而且投资也很高。有条件建设这种项目的国家或企业都很少，而小规模下的经济性将明显降低，所以这种项目近期要进入应用是相当困难的。

能力训练

1. 生物质气化发电的过程包括哪几个方面？
2. 生物质气化发电的特点有哪些？
3. 生物质燃气为什么要去除焦油？
4. 我国小型气化发电存在哪些问题？

综 合 测 试

一、名词解释

1. 生物质；2. 生物质能；3. 沼气；4. 木煤气

二、填空

1. 完整的生物质能发电技术，涉及生物质原料的收集、打包、（　　）、储存、预处理、燃料制备、燃烧过程的控制、（　　）等诸多环节。

2. 沼气是多种气体的混合物，一般含甲烷（　　），其次为二氧化碳，占总体积的 25%~45%，其余为少量的氮、氢和硫化氢等。其特性与（　　）相似。

3. 沼气的发生机理是不同的微生物在发酵过程中的共同作用。（　　）一般可分为 3 个过程：（　　）、产酸过程和（　　）。

4. 垃圾处理的基本方向是减量化、（　　）和资源化。垃圾处理技术主要针对（　　）垃圾。

5. 国内外垃圾焚烧技术主要有层状燃烧技术、（　　）、旋转燃烧技术（也称回转窑式）三大类。

6. 国外以生物质燃气为燃料进行发电和供热近年来有较快的发展，所用的发电机组基本上有三种类型：一是（　　）；二是汽轮机/发电机机组，三是（　　）。

三、问答题

1. 生物质能资源包括哪些？

2. 生物质能的特点有哪些？

3. 简单说明生物质能转化技术有哪些？

4. 简述垃圾焚烧发电工艺流程。

5. 垃圾焚烧发电如何减少二噁英的排放？

6. 生物质气化发电的特点有哪些？

7. 生物质燃气为什么要去除焦油？

8. 我国小型气化发电存在哪些问题？

项目五　太阳能发电

项目目标

熟知太阳能发电的特点及类型；掌握太阳能热发电系统的基本类型及系统中各设备的主要作用；掌握晶体硅太阳电池、薄膜太阳电池的基本结构及工作原理，掌握光伏发电系统主要部件的作用，掌握光伏发电系统形式及组成。

任务一　太阳能发电概况

任务目标

熟知太阳能发电的特点；熟知太阳能发电的类型；了解太阳能发电行业现状与前景。

知识准备

太阳是离地球最近的一颗星星，也是太阳系的中心天体，它的质量占太阳系总质量的99.865%。太阳也是太阳系里唯一自己发光的天体，它给地球带来光和热。如果没有太阳光的照射，地面的温度将会很快地降低到接近绝对零度。由于太阳光的照射，地面平均温度才会保持在14℃左右，形成了人类和绝大部分生物生存的条件。除了原子能、地热和火山爆发的能量外，地面上大部分能源均直接或间接同太阳有关。

太阳是一个主要由氢和氦组成的炽热的气体火球，半径为 $6.96×10^5$ km（是地球半径的109倍），质量约为 $1.99×10^{27}$ t（是地球质量的33万倍），平均密度约为地球的1/4。太阳表面的有效温度为5762K，而内部中心区域的温度则高达几千万度。太阳的能量主要来源于氢聚变成氦的聚变反应，每秒有 $6.57×10^{11}$ kg 的氢聚合生成 $6.53×10^{11}$ kg 的氦，连续产生 $3.90×10^{23}$ kW 能量。这些能量以电磁波的形式，以 $3×10^5$ km/s 的速度穿越太空射向四面八方。地球只接受到太阳总辐射的二十二亿分之一，即有 $1.77×10^{14}$ kW 达到地球大气层上边缘（"上界"），由于穿越大气层时的衰减，最后约 $8.5×10^{13}$ kW 到达地球表面，这个数量相当于全世界发电量的几十万倍。

根据目前太阳产生的核能速率估算，氢的储量足够维持600亿年，而太阳内部组织因热核反应聚合成氦，它的寿命约为50亿年，因此，从这个意义上讲，可以说太阳的能量是取之不尽、用之不竭的。太阳能的利用方式大致有直接利用、太阳能发电和光化学转换等几种利用形式。100多年前，人们就开始了太阳能发电的研究。实用性的太阳能发电也已经有近半个世纪的历史了。

一、太阳能发电的特点

1. 太阳能发电的主要优点

（1）太阳能取之不尽，用之不竭。地球表面接受的太阳辐射能，约为85000TW，而目前全球能源消耗约是 15TW。图 5-1 所示是太阳能与化石能源比较示意图。图中，右下角是全球每年消耗能量；中间从上到下是全球已探明储量的天然气、石油、煤炭和铀所能发出的能量；外面的方框是每年照射到地球上的太阳辐射量。

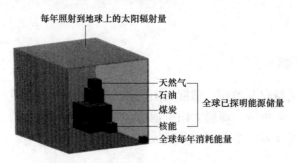

图 5-1　太阳能与化石能源比较示意图

中国太阳能资源总量等级划分及分布见表 5-1。通常按照全年的日照时数以及每平方米地面所接收到的太阳辐射年总量分为五类地区，由表可见，前三类地区是中国太阳能资源比较丰富的地区，约占全国总面积的 2/3 以上，具有利用太阳能的良好条件。除四川盆地及其毗邻地区外，中国绝大部分地区的太阳能资源都相当于或超过外国同纬度的地区。

表 5-1　　　　　　　　　　　　中国太阳能资源总量等级划分及分布区域

名称	年总辐射辐照量（kWh/m²）	年平均总辐射辐照度（W/m²）	占国土面积（%）	主 要 分 布 地 区
最丰富带	≥1750	约≥200	约 22.8	内蒙古额济纳旗以西、甘肃酒泉以西、青海 100°E 以西大部分地区、西藏 94°E 以西大部分地区、新疆东部边缘地区、四川甘孜部分地区
很丰富带	1400~1750	160~200	约 44.0	新疆大部、内蒙古额济纳旗以东大部、黑龙江西部、吉林西部、辽宁西部、河北大部、北京、天津、山东东部、山西大部、陕西北部、宁夏、甘肃酒泉以东大部、青海东部边缘、西藏 94°E 以东、四川中西部、云南大部、海南
极丰富带	1050~1400	120~160	约 29.8	内蒙古 50°N 以北、黑龙江大部、吉林中东部、辽宁中东部、山东中西部、山西南部、陕西中南部、甘肃东部边缘、四川中部、云南东部边缘、贵州南部、湖南大部、湖北大部、广西、广东、福建、江西、浙江、安徽、江苏、河南、台湾、香港、澳门
一般带	<1050	约<120	约 3.3	四川东部、重庆大部、贵州中北部、湖北 110°E 以西、湖南西北部

注　数据来源于《中国电力百科全书（第三版）新能源发电卷》。

（2）太阳能随处可得，利用太阳能发电可就近供电，不必长距离输送，避免了长距离输电线路的损失。

（3）太阳能发电不用燃料，运行成本很低。

（4）太阳能发电没有运动部件，不易损坏，维护简单，是特别适合在无人值守的情况下使用的清洁能源。

（5）太阳能发电不产生任何废弃物，没有污染、噪声等公害，对环境无不良影响，是理想的清洁能源。

（6）太阳能发电系统建设周期短，方便灵活，而且可以根据负荷的增减，任意添加或减少太阳能电池方阵容量，避免了浪费。

2. 太阳能发电的缺点

太阳能发电的主要缺点如下：

（1）地面应用时有间歇性和随机性，发电量与气候条件有关，在晚上或阴雨天就不能或很少发电。如要随时为负载供电，需要配备储能设备。

（2）能量密度较低。标准条件下，地面上接收到的太阳辐射强度为 $1000W/m^2$。大规模使用时，需要占用较大面积。

（3）目前价格仍较高，初始投资大。

二、太阳能发电的类型

实际应用的太阳能发电有太阳能热发电和太阳能光伏发电两种方式。

1. 太阳能热发电

太阳能热发电是通过大量反射镜以聚焦的方式将太阳能直射光聚焦起来，加热工质，产生高温高压的蒸汽，再驱动汽轮机发电。传统的太阳能热发电按照太阳能主要采集方式可划分为以下三种。

（1）槽式太阳能热发电。

槽式太阳能热发电系统是利用抛物柱面槽式反射镜将阳光聚焦到管状的接收器上，并将管内的传热工质加热产生蒸汽，推动常规汽轮机发电。

（2）塔式太阳能热发电。

塔式太阳能热发电系统是利用众多的定日镜，将太阳热辐射反射到置于高塔顶部的高温集热器（太阳锅炉）上，加热工质产生过热蒸汽，或直接加热集热器中的水产生过热蒸汽，驱动汽轮机发电机组发电。

（3）碟式太阳能热发电。

碟式太阳能热发电系统利用曲面聚光反射镜，将入射阳光聚集在聚焦点处，在焦点处直接放置斯特林（或布雷顿）发动机发电。

太阳能热发电已经有一些实际应用，技术还在不断完善和发展中，目前尚未达到大规模商业化应用的水平。

此外，科研工作者在槽式的基础上开发出了新形式的太阳能聚光热发电技术—线性菲涅尔热发电技术。这种发电技术的原理是，具有跟踪太阳运动装置的主反射镜列将太阳光反射聚集到具有二次曲面的二次反射镜和线性接收器上，接收器将光能转化为热能，并加热接收器内的水使其部分汽化，汽水混合物经过汽液分离器将高温高压蒸汽分离出来，高温高压蒸汽推动汽轮发电机发电。

2. 太阳能光伏发电

太阳能光伏发电，是利用某些物质的光电效应（光生伏打效应），将太阳辐射能直接转变成电能。目前这一应用方式的高端产品（光伏电池）已经成熟，是当前和未来太阳能发电的主流。

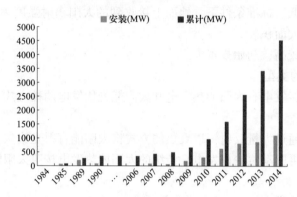

三、太阳能发电行业现状及前景

（一）太阳能热发电行业现状及前景

2004 年起，由于不断增长的电力需求、石油的短缺和对全球变暖的关注和应对，全球太阳能热发电市场近年来进入高速发展期，特别是从 2008 年至 2013 年的五年期间，全球太阳能热发电总计装机容量的年均增长接近 50%。截至 2014 年底，全球太阳能热发电装机总容量达到 4534MW，其中西班牙太阳能热发电装机总容量达到 2362MW，美国太阳能热发电装机总容量达到 1720MW，两者合计达到全球装机总容量的 90%。2014 年新增太阳能热发电装机容量 1104MW，增幅达 32%，美国以 802MW 的新增装机容量领跑，印度位列第二。图 5-2 所示为 1984~2014 年太阳能热发电装机总量及年装机量。

图 5-2　1984~2014 年太阳能热发电装机总量及年装机量

2013 年，包括南非、摩洛哥、沙特、印度等新兴市场的太阳能热发电产业开始扩张，大量的太阳能热发电项目正在建设中，2014 年全球新增装机容量 153MW。根据中国电力网数据，至 2015 年 12 月底，西班牙在运光热电站总装机容量为 2300MW，占全球总装机容量近一半，位居世界第一；美国第二，总装机量为 1777MW；两者合计光热装机超过 4GW，约占全球光热装机的 88%。其后是印度、南非、阿联酋、阿尔及利亚、摩洛哥等国。我国截至 2015 年底已建成光热装机约 14MW，其中最大为青海中控德令哈 50MW 太阳能热发电一期 10MW 光热发电项目，其他项目多不足 1MW。

光热发电相比较光伏发电具有众多优势，首先，光热发电输入电力曲线平滑，电网友好性高。光热发电的出电特性优于光伏发电和风电，光伏出来的电是直流电，有波动，需要变电并入电网。光伏发电量受天气变化影响较大，而光热发电通过蓄热单元的热发电机组，能够显著平滑发电出力，减小小时级出力波动，可直接入网，与现有电网匹配性好，可连续 24h 发电，可作为基础负荷。

我国的光热发电市场处于起步阶段，市场上已在开发的光热发电项目有一定的数量，但进展缓慢。截至 2015 年 8 月，国内光热发电累计装机超过 20MW，包括中国科学院电工所在北京延庆的 1MW 试验项目、浙大中控 10MW 项目以及华能和龙腾等项目。目前国内已经基本可生产太阳能热发电的关键与主要设备，已经基本覆盖光热产业链上下游，积累了很多关键技术，一些部件具备了商业生产条件，但产品尚未经过市场的验证。同时，国内尚未有大规模集成建设光热发电站的经验，在设计和安装维护上缺乏经验，但部分综合实力较强的企业已经可以进行光热电站的综合开发。

（二）太阳能光伏发电的发展和现状

自 1839 年发现光生伏打效应和 1954 年第一块实用的光伏电池（也称太阳能电池）问世以来，太阳能光伏发电取得了长足的进步。尤其是由于传统能源的问题越来越突出，光伏发电越来越受到各国政府的重视，政府的支持力度不断加大，鼓励和支持光伏产业发展的政策也不断出台。我国作为世界经济最有活力的市场，光伏产业发展迅猛。大量规模化的光伏产业应运而生，在世界光伏产量中占有很大的比重。1958 年，我国研制出了首块硅单晶。到 1998 年，中国政府开始关注光伏发电，投资建设了一个 3MW 多晶硅电池及应用系统示范项目，这个项目为光伏电池以后的迅速发展奠定了基础。2007 年，我国成为生产光伏电池最多的国家，产量从 2006 年的 400MW 一跃达到 1GM。之后发展更为迅速，到 2008 年达到了 2.6GW，2010 年接近 11GW，2011 年则达到了 21.3GW。近年来，我国光伏电池制造产业发展迅猛，下游产业链完善，生产能力得到了扩张，具体的表现在以下方面：

（1）光伏电池制造业基本形成。2011 年，我国大陆地区光伏电池产量占据全球市场 61%的份额。

（2）国内市场快速启动。为积极培育我国光伏电池的应用市场，国家制定了太阳能发电上网电价政策，在西部太阳能资源优势地区建成了一批并网光伏发电站，组织实施了金太阳示范工程，利用财政补贴资金支持光伏发电系统建设。

（3）产业服务体系日趋完善。大型太阳能电站和分布式光伏发电系统的应用，推进了太阳能发电产业服务体系的建立和完善，建立了光伏电池组件产品的标准、检测和认证体系，基本具备了光伏发电系统及平衡部件的测试能力。图 5-3 所示直观地反映了我国光伏产业的发展现状。

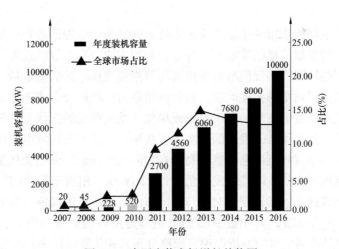

图 5-3　中国光伏市场增长趋势图

我国光伏发电的优势：第一，我国光伏产业起步早，光伏组件、系统技术逐步成熟，为国内光伏发电的发展提供了前提；第二，充分利用我国丰富的太阳能辐射资源，解决在经济社会发展过程中能源供应的资源瓶颈问题；第三，太阳能光伏发电的过程，不排放包括温室气体和其他废气在内的任何物质，不污染空气，不产生噪声，对环境友好，不会遭受能源危机或燃料市场不稳定而造成的冲击；第四，通过近几年的技术进步，我国太阳能光伏发电的成本在逐年降低，度电成本逐步与传统能源接近。

我国光伏发电的不足：第一，目前我国光伏电站系统还以低发电效率的多晶硅电池系统为主，衰减现象严重且普遍；第二，目前的光伏发电成本高于传统能源发电（火电）一倍左右，产业的发展依靠国家补贴，没有能够实现自身良性发展；第三，光伏电站占地面积大，如果不与建筑、农牧业相结合，则存在土地资源浪费严重的问题；第四，此前的政策引导以安装量作为补贴的依据，部分地区出现了抢装不能并网的问题；第五，光伏发电并网瓶颈问题突出，由于太阳能资源受昼夜更替和季节变化影响较大，其波动的功率给电网调度及运行增加复杂性。

我国光伏发电的发展前景。根据我国《太阳能利用"十三五"发展规划（征求意见稿）》：要提高已有外送容量中光伏发电的规模和比例，单个基地外送规模达到 100 万 kW以上，总规模达到 1220 万 kW。在青海、新疆、甘肃、内蒙古等太阳能资源条件好、可开发规模大的地区，各规划建设 1 个以外送清洁能源为主的大型光伏发电基地，可结合大阳能热发电调节性能配置光热项目，并配套建设特高压外送通道，单个基地规划外送规模达到 200万 kW 以上。重点建设山西大同（300 万 kW）、山西阳泉（220 万 kW）、山东济宁（100 万kW）、内蒙古包头（200 万 kW）采煤沉陷区光伏发电综合治理工程，积极推进安徽两淮、辽宁、山西、内蒙古等采空区和备采区光伏发电综合治理工程开发建设，规划总规模 1540万 kW，2020 年建成容量超过 1000 万 kW。到 2020 年，太阳能年利用总规模达到 1.5 亿 t（标准煤），其中太阳能发电年节约 5000 万 t（标准煤）；太阳能热利用年节约 9600 万 t（标准煤），共减少二氧化碳排放 2.8 亿 t，减少硫化物排放 690 万 t。预计"十三五"时期，太阳能发电产业对我国 GDP 的贡献将达到 10000 亿元，太阳能热利用产业贡献将达到 8000 亿元。太阳能利用产业从业人数可达到 700 万人，太阳能热利用产业从业人数可达到 500万人。

分布式光伏发电特指采用光伏组件将太阳能直接转换为电能的分布式发电系统。它是一种新型的、具有广阔发展前景的发电和能源综合利用方式，它倡导就近发电、就近并网、就近转换、就近使用的原则，不仅能够有效提高同等规模光伏电站的发电量，同时还有效解决了电力在升压及长途运输中的损耗问题。目前应用最为广泛的分布式光伏发电系统，是建在城市建筑物屋顶的光伏发电项目，即以家庭或单位为组成单元的光伏发电形式。

从世界形势看，近几年来，发达国家主要开拓屋顶式并网光伏发电系统，其原因是发达国家电网分布密集，电网峰值用电电费较高，在太阳光好的地区采用光伏发电的电价已经接近商品电价。如德国的光伏发电峰值发电量超过 22GW/h，相当于其全国用电量的一半。这个面积比我国云南省还小、年日照小时数与我国东南省份相近的国家，却有着全球最大的光伏发电装机容量，达 26GW。其中近 90% 的电站都是用户端的屋顶电站，更可观的是，这90% 的装机容量都是并网发电的。所以说，家庭分布式光伏发电站项目是极具潜力可挖的朝阳产业，发展前景广阔。

🔧 能力训练

1. 查阅我国"十三五"规划关于太阳能热发电和太阳能光伏发电的有关规划内容，并进行分组讨论和展望。

2. 举例说明你身边的太阳能应用产品。

任务二　太阳能热发电

任务目标

掌握太阳能热发电系统的构成；掌握槽式太阳能热发电系统工作过程及其主要设备；掌握塔式太阳能热发电系统工作过程及其主要设备；熟知碟式太阳能热发电装置；了解太阳池热发电系统和太阳能热气流发电系统的工作原理。

知识准备

太阳能热发电就是利用太阳辐射所产生的热能发电，是在太阳能热利用的基础上实现的。一般需要先将太阳辐射能转变为热能，然后再将热能转变为电能，实际上是"光—热—电"的转换过程。通常所说的太阳能热发电就是指太阳能蒸汽热动力发电。

一、太阳能热发电系统的构成

太阳能蒸汽热动力发电的原理和传统火力发电的原理类似，所采用的发电机组和动力循环都基本相同。区别就在于产生蒸汽的热量来源是太阳能，而不是煤炭等化石燃料。一般用太阳能集热装置收集太阳能的光辐射并转换为热能，将某种工质加热到高温，然后经热交换器产生高温高压的过热蒸汽，驱动汽轮机旋转并带动发电机发电。

太阳能热发电系统，由集热部分、热传输部分、蓄热与热交换部分和汽轮发电机部分组成。典型的塔式太阳能热发电系统如图5-4所示，其中定日镜、集热器实现集热功能，蓄热器是蓄热与热交换部分的主要设备，汽轮机、发电机是发电的核心设备，凝汽器、水泵为热动力循环提供水和动力。

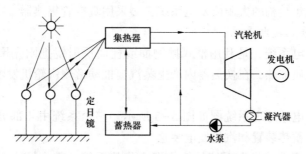

图5-4　典型的塔式太阳能热发电系统

1. 集热部分

太阳能是比较分散的能源，塔式太阳能热发电系统中定日镜（或聚光系统）的作用就是将太阳辐射聚焦以提高其功率密度。大规模太阳能热发电的聚光系统，会形成一个庞大的太阳能收集场。为了能够聚集和跟踪太阳能的光照，一般要配备太阳能跟踪装置，保证在有阳光的时段持续高效地获得太阳能。

集热的作用是将聚焦后的太阳能辐射吸收，并转换为热能提供给工质，是各种利用太阳能装置的关键部分。目前常用真空管式和腔体式结构。

整个集热部分可以看成是庞大的聚光型集热器。

2. 热能传输部分

热能传输部分把集热器收集起来的热能传输给蓄热部分。对于分散型集热系统，通常要把多个单元集热器串联或并联起来组成集热器方阵。为减少输热管的热损失，一般在输热管外加装绝热材料，或利用特殊的热管输热。

3. 蓄热与热交换部分

由于太阳能受季节、昼夜和气象条件的影响，为保证发电系统的热源稳定，需要设置蓄热装置。蓄热分低温（小于100℃）、中温（100～500℃）、高温（500℃以上）和极高温（1000℃左右）四种类型，分别采用水化盐、导热油、融化盐、氧化锆耐火球等作为蓄热材料。蓄热体所储存的热能，还可供光照短缺时使用。

为了适应汽轮机发电的需要，传输和储存的热能还需通过热交换装置，转化为高温高压蒸汽。

4. 汽轮发电机组部分

经过热交换形成的高温高压蒸汽，可以推动汽轮发电机组工作。汽轮发电机组部分，是实现电能供应的重要部件，其电能输出可以是单机供电，也可采用并网供电。

应用于太阳能热电的发动机组，除了通常的蒸汽轮机发电机组以外，还有用太阳能加热空气的燃气轮机发电机组、斯特林热发动机等。

二、太阳能热发电系统的基本类型

太阳辐射的能流密度较低，对于较大规模的太阳能热发电系统，单个的聚焦型集热器已经不能满足要求，往往需要设计大面积的聚光系统，形成一个庞大的太阳能收集场，来实现聚光功能。

根据太阳能聚光跟踪理论和实现方法的不同，太阳能热发电系统可以分为以下基本类型：槽式线聚焦系统、塔式定日镜聚焦系统、碟式点聚焦系统。

也有一些不用聚焦结构的太阳能发电系统，多采用真空管集热器。

（一）槽式太阳能热发电系统

槽式太阳能热发电系统，是利用槽式抛物面或柱面反射镜把阳光聚焦到管状的接收器上，并将管内传热工质加热，在换热器内产生蒸汽，推动常规汽轮机发电，适用于大规模太阳能热发电应用。

槽式太阳能热发电站原理系统图如图5-5所示。整个系统由4部分组成：聚光集热装置、辅助能源装置、蓄热装置和汽轮发电装置。

图5-6所示为太阳能热发电系统的槽式聚光集热系统。整个槽式系统由多个呈抛物线状弯曲的槽形反射镜构成，有时为了制作方便，各槽式反射镜采用抛物柱面结构。每个槽式反射镜都将其接收到的太阳光聚集到处于其界面焦点的连线的一个管状接收器上。

1. 聚光器

一台槽式抛物面聚光集热器由很多抛物面反射镜单元构成而成。反射镜采用低铁玻璃制作，背面镀银，镀银表面涂上金属漆保护层，这种镀银层在清净无尘时，镜面反射率为0.94。抛物面反射镜聚光原理图，如图5-7所示。

2. 接收器

槽式抛物面反射镜为线聚焦装置，阳光经镜面反射后，聚集为一条线（即焦线），接收器就放置在这条焦线上，用于吸收阳光加热工质。所以，槽式抛物面反射镜聚光集热器的接

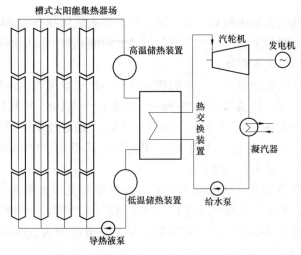

图 5-5 槽式太阳能热发电站原理系统图

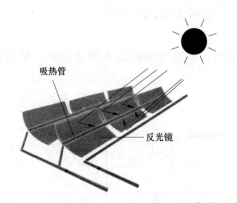

图 5-6 太阳能热发电系统的槽式聚光集热系统

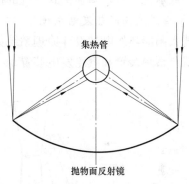

图 5-7 抛物面反射镜聚光原理图

收器，实质上是一根做了良好保温的金属圆管。目前，槽式抛物面反射镜有真空集热管和空腔集热管两种结构型式。

槽式抛物面反射镜的聚光倍数较低，所以系统工作温度一般不超过 400℃。因此，槽式太阳能热发电通常归属为中温太阳能热发电系统，也称为槽式中温太阳能热发电系统。

3. 跟踪机构

槽式抛物面反射镜根据其采光方式，也就是轴线指向，分为东西向和南北向两种布置形式，因而它有两种不同的跟踪方式。槽式抛物面反射镜布置形式原理，如图 5-8 所示。通常南北向布置作单轴跟踪，东西向布置只做定期跟踪调整。每组聚光集热器均配有一个伺服电动机。由太阳辐射传感器瞬时测定太阳位置，通过计算机控制伺服电机，带动反射镜面绕轴跟踪太阳。传感器的跟踪精

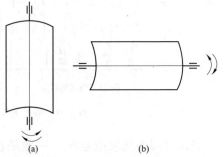

图 5-8 槽式抛物面反射镜布置
形式原理示意图

（a）南北向布置；（b）东西向布置

度为 0.5°。

塔式太阳能热发电站镜场中的众多定日镜，每台都必须做独立的双轴跟踪太阳，而多个槽式抛物面反射镜只做同步跟踪。相比之下，槽式太阳能热发电站中的镜面跟踪装置要大为简化，这部分投资自然也大大降低。

由于槽式系统的抗风性能最差，目前的槽式电站多处于少风或无风地区。

在美国加利福尼亚西南的莫哈韦（Mojave）沙漠上，从 1985 年起先后建成 9 个太阳能发电站，总装机容量 354MW，年发电总量 10.8 亿 kWh。随着技术不断发展，系统效率由起初的 11.5%提高到 13.6%；建造费用由 5976 美元/kW 降低到 3011/kW，发电成本由 26.3 美分/（kWh）降低到 12 美分/（kWh）。

2007 年 8 月，以色列索莱尔太阳能系统公司宣布将与美国太平洋天然气与电力公司在莫哈韦沙漠建造世界上最大的太阳能发电厂。该发电厂由 120 万块水槽形集热板和约 510km 长的真空管组成，占地约 24km²，全部建成后，最大发电能力为 553MW，可为加州中、北部 40 万户家庭提供电力。

我国西北阳光富足的地区往往是多风的、大风甚至沙尘暴频发的地区。如果在我国开展此项应用或示范，必须增强槽式系统的抗风能力，因而成本必然增加。

（二）塔式太阳能热发电系统

塔式太阳能热发电站设计原理系统如图 5-9 所示。整个系统由 4 部分构成：聚光装置、集热装置、蓄热装置和汽轮发电装置。

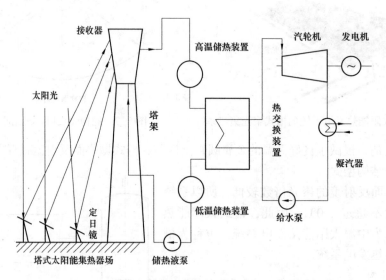

图 5-9　塔式太阳能热发电站概念设计原理系统图

塔式太阳能热发电系统，一般是在空旷平地上建立高塔，高塔顶上安装接收器；以高塔为中心，在周围地面上布置大量的太阳能反射镜群（能够自动跟踪阳光的定日镜群）；定日镜群把阳光集聚到接收器上，加热储热介质熔盐至高温。其工作流程为：低温熔盐→低温储热装置→储热液泵（熔盐泵）→接收器（接收定日镜反射来的太阳能）→高温熔盐→高温储热装置→热交换装置（蒸汽发生器）中放热→低温熔盐；给水→给水泵→热交换装置（吸收高温熔盐热量）→高温高压蒸汽→汽轮机→凝汽器→

凝结水（或给水）。

塔式太阳能热发电系统聚光比高，易于实现较高的工作温度，系统容量大、效率高，因而适用于大规模太阳能热发电系统。

1. 聚光装置

塔式太阳能热发电站的聚光装置是大量按一定排列方式布置的平面反射镜阵列群。它们按四个象限分布在高大的中心接收塔的四周，形成一个巨大的定日镜场，如图 5-10 所示。显然，电站设计容量越大，则需要的反射镜面积也越大，镜场尺寸也就越大。根据经验，发电功率 100MW 需要的镜场面积（总的镜场规划面积）约 2.43km^2。

图 5-10　塔式太阳能热电站定日镜场

（1）定日镜。

定日镜是塔式太阳能热发电站中最基本的光学单元体，它由平面镜、镜架和跟踪机构 3 部分组成。平面镜装在镜架上，由其跟踪装置驱动镜面瞬时自动跟踪太阳，如图 5-11 所示。

图 5-11（a）是采用具有良好反射率薄膜做成的平面反射镜，装在透明薄膜球形罩内。透明薄膜具有很高的阳光透过率。这种定日镜的支撑架很轻，因此跟踪机构的电功率消耗可以很小。图 5-11（b）是采用铝或银为反光材料的玻璃背面镜。一台定日镜的反射镜面积通常为 30~40m^2，由若干块小的反射镜面组合而成。大型定日镜的镜面面积约有 100m^2，如美国太阳Ⅱ号塔式电站中部分定日镜的镜面面积为 98m^2。由于定日镜距塔顶接收器较远，为了使阳光经定日镜反射后不致产生过大的散焦，以便 95% 以上的反射阳光落入塔顶的接收器上，一般镜面是具有微小弧度的平

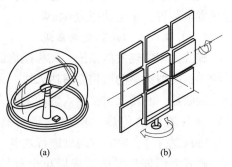

(a)　　　　　　(b)

图 5-11　定日镜结构示意图
(a) 采用具有良好反射率薄膜做成的平面反射镜；
(b) 采用铝或银为反光材料的玻璃背面镜

凹面镜。这个微小弧度就是太阳张角 16′。目前已有的大多数塔式太阳能热发电站都采用这种结构的定日镜。定日镜是塔式太阳能热发电站的关键部件之一，也是电站的主要投资部分，它占据电站的主要场地，因此对定日镜的性能具有严格要求。

一个大型塔式太阳能热发电站，其镜场中通常装有几千台定日镜，因此具有很高的聚光

倍数。通常有 500~3000 倍，工作温度都在 350℃ 以上。所以塔式太阳能热发电系统也称高温太阳能热发电系统。

（2）支撑塔。

在塔式太阳能热发电站的镜场中，立有一座很高的支撑塔。塔的四周分布众多的定日镜，塔的顶端安装吸热器。阳光经塔周围的定日镜反射到塔顶上的吸热器。工质从地面经管道送至塔顶的吸热器加热，加热后的工质再经管道送回地面。所有地面和塔顶接收器之间连接管路和控制联络线均沿塔敷设。

目前，塔式太阳能热发电站中所使用的支撑塔，结构上有钢筋混凝土和钢构架两种型式。

竖塔的高度取决于镜场的规模。电站的设计容量越大，则镜场的规模越大，竖塔也就越高。如欧盟在意大利西西里岛建造的塔式太阳能热发电站，镜场占地面积 3.5 万 m^2，塔高 55m。美国太阳Ⅱ号塔式电站，镜场占地 44 万 m^2，塔高 91m。

2. 蓄热装置

塔式太阳能热发电站的蓄热装置，通常是两个不承压的开式储热槽：一个是冷盐槽，一个是热盐槽，以熔盐作储热介质。冷盐槽中的冷盐通过泵送往塔顶的吸热器，经太阳能加热至高温，贮于热盐槽中。运行时，热盐通过蒸汽发生器加热水变成过热蒸汽，驱动汽轮发动机组发电，然后再返回冷盐槽。

通常熔盐的运行工况接近常压，因此吸热器不承压，允许采用薄壁钢管制造，从而可以提高传热管的热流密度，减少接收器的外形尺寸，降低接收器的辐射和对流热损失，使接收器具有较高的吸收效率。

从作用上看，这里的熔盐兼具载热和储热双重功能，使得蓄热系统变得简单和高效。一般储热效率大于 91%。

世界上第一个实用的太阳能电站，是法国奥德约太阳能发电站，建立的是一个塔式太阳能热发电装置，发电功率为 64kW。

（三）碟式太阳能热发电系统

碟式太阳能热发电系统，又称抛物面反射镜/斯特林系统，由许多反射镜组成一个大型抛物面，类似大型的抛物面雷达天线，聚光比可达数百倍到数千倍。在该剖面的焦点上安放热能接收器，利用反射镜把入射的太阳光聚集到热能接收器所在的很小的面积上，收集的热能将接收器内的传热工质加热到很高温度（如 750℃ 左右），驱动发动机进行发电。

碟式太阳能热发电系统以单个旋转抛物面反射镜为基础，构成一个完整的聚光、集热和发电单元。由于单个旋转抛物面反射镜不可能做得很大，因此这种太阳能热发电装置的单个功率都比较小，一般为 5~50kW。它可以分散地单独进行发电（见图 5-12），也可以由多个组成一个较大的发电系统。由多个独立碟式太阳能热发电装置组成的碟式太阳能热发电站。

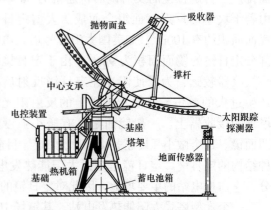

图 5-12　独立碟式太阳能热发电装置

碟式太阳能热发电系统的工作原理比较简单。利用旋转抛物面反射镜，将入射阳光聚集在一点上，即为点聚焦。在焦点处放置阳光接收器，加热工质，驱动动力发电装置发电，或在焦点处直接放置发动机组发电，如由斯特林发动机组构成的碟式太阳能斯特林发电装置，技术上更为先进。

碟式太阳能热发电装置大体上由 3 部分组成：碟式聚光器、接收器和跟踪装置。

1. 碟式聚光器

碟式聚光器的旋转抛物面反射镜镜面结构和槽型抛物面反射镜的镜面结构完全一样，通常都是镀银玻璃背面镜。一个旋转抛物面反射镜一般由几十块镜面组构而成，用钢结构环作支撑体，整个盘镜通过太阳高度角和方位角齿轮传动机构安装在混凝土或钢结构机架上。高度角齿轮传动减速比为 18300：1，方位角齿轮传动减速比为 23850：1，由此通过双轴跟踪装置控制即时跟踪太阳。

碟式反射镜的聚光比可高达 500～6000。焦点处可以产生很高的温度，一般都在 650℃以上。

2. 接收器

接收器通过支撑杆安装在碟式反射镜的焦点上。现有的试验装置采用了两种动力发电方式，一种是有机工质朗肯循环动力机发电，一种是气体工质布雷顿循环斯特林发动机发电。

有机工质朗肯循环动力机发电系统的接收器，多为直流式空腔型锅炉，载热工质多用硅油，其优点是接收器不承压，这样接收器质量很轻，设计运行和维护都比较简单。接收器外包保温层，开口处装风罩，以减少接收器的热损失。进出油管沿接收器支撑杆敷设。这样可以减少遮阳并防止机械损伤。有机工质多为甲苯，采用单级轴流式汽轮机带动高速交流发电机发电，机组安装在镜架旁，与盘镜对称布置，起到对盘镜的重力平衡作用。工质通过热交换器与硅油进行换热，汽轮机工质入口温度为 400℃。

气体工质布雷顿循环斯特林发动机发电系统，是将斯特林发电机组直接安装在碟式反射镜的焦点处。聚焦的阳光直接落在发动机头部的吸热组件上，加热其内部的气体工质。这种系统的运行温度多在 800～1000℃。这种系统的光学效率高，启动损失小，效率高达 29%，应优先发展。今后的研究方向主要是提高系统的稳定性和降低系统发电成本两个方面。

3. 跟踪装置

碟式聚光器采用双轴跟踪装置，其基本工作方式和塔式太阳能热电站中定日镜的跟踪方式完全相同。在碟式太阳能热发电装置中，聚光器由跟踪装置控制镜架的高度角和方位角齿轮传动，使反射镜跟踪太阳。

受聚光集热装置的尺寸限制，碟式太阳能热发电系统的功率较小，更适用于分布式能源系统。

（四）太阳池热发电系统

太阳池实质上是含盐量具有一定浓度的盐水池，其工作原理如图 5-13 所示。池的上部保有一层较轻的新鲜水，底部为较重的盐水，使在沿太阳池的竖直方向维持一定的盐度梯度。上层清水和底部盐水之间是有一定厚度的非对流层，起着隔热层的作用。水对近红外波段吸收较强（吸收率近 100%），对可见光波段吸收率较低，入射到太阳池表面的太阳辐射，其红外辐射在近表面几毫米以内的水体层中被吸收。太阳光的可见光和紫外线部分可以透过几米深的清净水，这部分辐射能量将被池底部的盐水吸收。当池底部的盐水被太阳能加热后，水开始膨胀上升，若膨胀所产生的浮力还不足以扰乱池内盐浓度梯度的稳定性，则可有效地抑制和消除因浮力而可能引起的池水混合的自然对流趋势。这样，储存在池底部的热量只有通过传导才能向外散失。这就是无对流的太阳池。

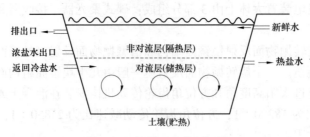

图 5-13　太阳池工作原理图

由于静水体是一个很好的有效绝热体，因此，设计良好的太阳池的最底层的水，由于不断吸热而可能沸腾。必须尽量避免这种沸腾，这是因为池底水一旦沸腾，将毁坏池内稳定的密度梯度。所以，在设计用于各种太阳热利用和热发电的太阳池时，必须做到既能有效地进行大量有用热的转移，而又可切实避免池底水沸腾。

热力学原理指出，流体层可以从池底缓慢移走而不扰乱水体主体。这样，就可以用泵从池底抽出被加热的盐水，通过热交换器换热后，再送回池底。由于回流的流体比抽出的流体温度低，因此能够做到将加热的盐水从池底抽出，同时维持池内所需要的密度梯度而不致扰动太阳池正常工作。

应用太阳池的上述特性，将天然盐水湖建成太阳池，就是一个巨大的平板太阳集热器。利用它吸收太阳能，再通过热交换器加热低沸点工质产生过热蒸汽，驱动汽轮发电机组发电，这就是太阳池热发电的原理。太阳池热电站原理系统图，如图 5-14 所示。

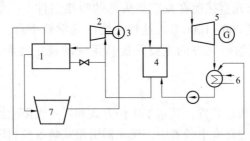

图 5-14　太阳池热电站原理系统图

1—分离器；2—水轮机；3—泵；4—锅炉；5—汽轮发电机组；6—凝汽器；7—太阳池

无对流的太阳池是一种水平表面的太阳集热器，用以在 1~2m 深水体底部吸收太阳辐射能，产生低温热。由于热的储存主要发生在池的主体部分，因此在世界上某些地方将其能量用于工业加热或发电。海洋也是一种太阳池。

一般太阳池都是依托天然盐湖建造，因此在技术上具有很多优点：①池表面积大，是个巨大的平板集热器；②盐水容量大，是个巨大的储热槽；③设计结构简单；④储热时间长，可在 1 年以上；⑤不污染环境；⑥依托天然盐湖，建造成本低。它的主要缺点是：①可能达到的工作温度低；②其应用受到区域的限制。

以色列奥尔马特汽轮机公司在美国加州东圣伯纳第诺地区一个干涸湖泊上建了世界上最大的太阳池发电站，其总净发电功率为48MW，第一组12MW机组于1985年投入运行，整座电站于1987年12月投入运行。

这座电站有4个盐水湖，每个面积48×103m²，池深3.6~4.8m，可供1~2组汽轮发电机组发电。池底的浓盐水被太阳光加热后，温度可达93.3℃。用泵将浓盐水抽出，通过热交换器加热氟利昂，使之汽化，产生过热蒸汽，驱动低沸点工质汽轮发电机组发电。汽轮机排出的蒸汽经凝汽器凝结后，返回热交换器再进行加热。系统运行温度可达82.2℃。该电站由奥尔马特公司设计、建造和经营，生产的电能卖给加州爱迪生电网。

由于太阳池本身具有很多独特的优点，因此特别适合于建造大容量的太阳池热发电站并投入并网运行。中国西部地区就有这样的天然盐水湖，适合开发建设太阳池热发电系统。

（五）太阳能热气流发电系统

太阳能热气流发电概念最早出现在1903年，1931年德国科学家Gunter详细描述了它的工作原理（参考《系统控制与新型发电技术大会》论文集《太阳能热气流发电技术研究进展》一文）。1982年，德国斯图加特大学的Schaich教授在德国技术研究院的资助下，在位于西班牙马德里南部150km的曼萨纳雷斯镇（Manzanares）建立了世界上第一座太阳能热气流示范电站。

太阳能热气流发电系统由三个基本部件组成：太阳能集热棚、烟囱和透平发电机组，其结构如图5-15所示。集热棚的盖板与下地面距离从集热棚入口向出口逐渐增大，以利于空气流的流动。透平发电机组安装在集热棚和烟囱的连接处。太阳能集热棚主体采用框架结构支撑，顶层为透明盖板，能够有效接收太阳直射和散射辐射。烟囱位于集热棚的中心，小型太阳能热气流电站的烟囱由钢材料直接构成，大型电站的则由钢筋混凝土结构构成。透平发电机组一般安装在集热棚和烟囱的结合部，并有相应的导流锥引导气流流向。太阳能集热棚是系统的能量源，烟囱是动力源，透平发电机组是转换器，空气则是太阳能热气流电站的流动工质。

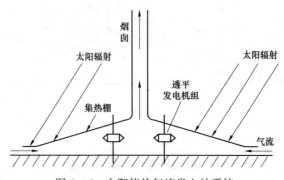

图5-15 太阳能热气流发电站系统

太阳能热气流发电系统的基本热力循环过程为：太阳以辐射方式加热集热棚下地面使其温度升高。高温地面以对流方式加热其上面的空气，使其温度升高、密度降低。集热棚内低密度空气和烟囱较高密度空气存在密度差因而空气经过集热棚流向烟囱，并在烟囱的抽吸作用下从烟囱出口流出。热气流在流经集热棚和烟囱交汇处推动透平发电机组做功，使其发出电能。具有余温和余速的气流在高空大气中放热后经大气循环流回地面。太阳能热气流发电系统运行过程经历了"太阳能—热能—动能—机械能—电能"的能量转换流程。与常规火力发电站相比，太阳能热气流电站具有选址范围广泛、不产生污染物、运行成本低、运行可靠性高和能够进行太阳能直接储能等优点。然而，近三十年的研究也表明，太阳能热气流电站也存在较多缺点：效率低、占地面积大、高或超高烟囱的安全性低以及集热棚盖板积灰等。

图 5-16 为建于西班牙曼萨纳雷斯镇的 50kW 太阳能热气流示范电站场景。表 5-2 列出了该太阳能热气流示范电站的技术数据。

图 5-16　西班牙 50kW 太阳能热气流示范电站场景

表 5-2　　西班牙曼萨纳雷斯镇（Manzanares）太阳能热气流示范电站技术数据

烟囱高度	194.6m	设计新空气温度	302K
烟囱半径	5.08m	设计温升	20K
大篷（集热器）高度	1.85m	大篷效率	32%
大篷半径	122m	风力机效率	83%
风力机直径	10m	负荷下的迎风速度	9m/s
风力机转速	100r/min	空载下的迎风速度	15m/s
发电机转速	1000.00r/min	最大功率输出	50kW
设计太阳辐射照度	1000W/m²		

【拓展阅读】

特朗伯集热墙系统

特朗伯集热墙是一种依靠墙体独特的构造设计，无机械动力、无传统能源消耗、仅仅依靠被动式收集太阳能为建筑供暖的集热墙体（墙体中使用保温层和空气间层，加强保温蓄热效果）。它由法国太阳能实验室主任 felixtrombe 教授及其合作者首先提出并实验成功的，故通称为 trombewall（特朗伯墙）。特朗伯墙系统在冬、夏两季以及白天、夜晚的工作运行原理和要求均有所差别。

冬季白天，如图 5-17 所示。特朗伯集热墙吸收太阳辐射热能，加热双层玻璃墙与特朗伯集热墙之间的空气，热空气由上气口进入室内，提高了室内温度。冬季夜晚，如图 5-18 所示，落下可动绝热层，关闭上气口和下气口，特朗伯集热墙热量向室内散热，保持室内温度。夏季白天，如图 5-19 所示，落下可动绝热层，空气在双层玻璃与可动绝热层之间流动，特朗伯吸热墙不吸热，关闭上气口和下气口，外界热空气流不进室内，保持室内凉爽状态。夏季夜晚，如图 5-20 所示，移走可动绝热层，打开上、下气口，外界冷空气流入室内，热空气由上气口流出，室内更加凉爽。

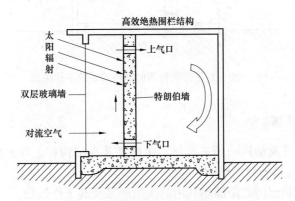

图 5-17　冬季白天特朗伯集热墙系统工作原理

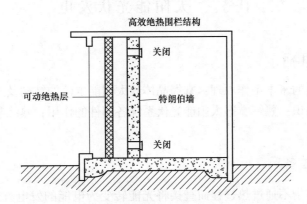

图 5-18　冬季夜晚特朗伯集热墙系统工作原理

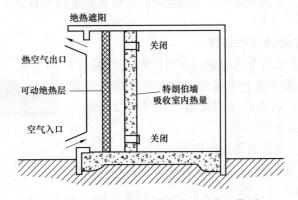

图 5-19　夏季白天特朗伯集热墙系统工作原理

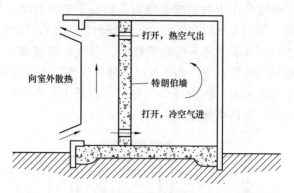

图 5-20　夏季夜晚特朗伯集热墙系统工作原理

 能力训练

1. 查阅有关斯特林发动机的相关资料，明确其基本结构和工作过程，斯特林发动机与碟式太阳能集热器配合是如何工作的？

2. 举例说明你所知道的太阳能热利用的实用产品及其工作过程。

任务三　太阳能光伏发电

 任务目标

掌握太阳能电池的基本工作原理；掌握晶体硅太阳能电池的结构及工作过程；熟知薄膜太阳能电池的基本知识；熟练掌握太阳能光伏系统各部件的作用；熟练掌握光伏发电系统的形式及其设备。

知识准备

太阳能光发电是指不通过热过程而直接将光能转变为电能的发电方式。广义的光发电，包括光伏发电、光化学发电等。到目前为止，太阳能光伏发电已经取得了巨大的成就。从应用规模、发展速度和发展前景来看，太阳能光伏发电仍然是较为有发展前途的一种新能源利用技术。

一、太阳能电池的基本工作原理

太阳能电池是将光能转化为电能的半导体光伏元件，当有光照射时，在太阳能电池上下极之间就会有一定的电势差，用导线连接负载，就会产生直流电，如图 5-21 所示，因此太阳电池可以作为电源使用。

太阳能电池光电转换的物理过程如下：

1）电子被吸收，使得在 pn 结的 p 侧和 n 侧两边产生电子-空穴对，如图 5-22（a）所示。

2）在离开 pn 结一个扩散长度以内产生的电子和空穴通

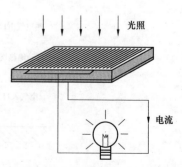

图 5-21　太阳能电池工作原理图

过扩散到达空间电荷区，如图 5-22（b）所示。

3）电子-空穴对被电场分离，因此，p 侧的电子从高电位滑落至 n 侧，而空穴沿着相反方向移动，如图 5-22（c）所示。

4）若 pn 结是开路的，则在结两边积累的电子和空穴产生开路电压，如图 5-22（d）所示。若有负荷连接到电池上，在电路中将有电流传导，见图 5-22（a）。当在电池两端发生短路时，就会形成最大电流，此电流称为短路电流。

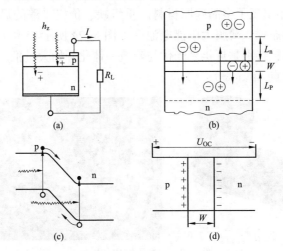

图 5-22　太阳能电池光电转换的物理过程

（a）有负载电阻的太阳能电池；（b）电子和空穴的扩散所发生的电流；
（c）图（b）的能量带；（d）开路电压的建立（示意图）

二、晶体硅太阳能电池的结构

典型的晶体硅太阳能电池的结构如图 5-23 所示，其基本材料是薄片 p 型单晶硅，厚度在 0.2mm 左右。上表面为一层 n^+ 型的顶区，并构成一个 n^+/p 型结构。从电池顶区表面引出的电极是上电极，为保证尽可能多的入射光不被电极遮挡，同时又能减少电子和空穴的复合损失，使之以最短的路径到达电极，所以上电极一般都采用铝-银材料制成栅线形状。由电池底部引出的电极为下电极，为了减少电池内部的串联电阻，通常将下电极用铝材料做成布满下表面的板状结构。上下电极分别与 n^+ 区和 p 区形成欧姆接触，尽量做到接触电阻为零。

为了减少入射光的损失，整个上表面还均匀地覆盖一层用二氧化硅等材料构成的减反射膜。

每一片单体硅太阳能电池的工作电压为 0.50 ~ 0.60V，此数值的大小与电池片的尺寸无关。而太阳能电池的输出电流则与自身面积的大小、日照的强弱以及温度的高低等因素有关。在其他条件相同时，面积较大的太阳能电池能产生较强的电流，因此功率也较大。

太阳能电池一般制成 p^+/n 型或 n^+/p 型结构，其中第一个符号，即 p^+ 或 n^+ 表示太阳能电池正面光照半

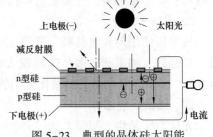

图 5-23　典型的晶体硅太阳能电池的结构图

导体材料的导电类型；第二个符号，即 n 或 p 表示太阳能电池背面衬底半导体材料的导电类型。在太阳光照射时，太阳能电池输出电压的极性以 p 型侧电极为正，n 型侧电极为负。

三、薄膜太阳电池

由于晶体硅太阳电池具有转换效率高、性能稳定等优点，自从 40 多年前光伏发电技术开始地面应用以来，一直占有主导地位。传统的晶体硅电池需用大量半导体物料，价格较贵，而且比较笨重，使其应用范围受到限制。而且，传统晶体硅太阳能电池的技术发展已日臻成熟，其主要成本是利用半导体行业中电子级硅的头尾料、次品或废料，后来由于太阳能电池行业的快速发展，太阳能电池所消耗的多晶硅原材料超过了半导体行业中多晶硅原材料的用量。从 2006 年开始出现了多晶硅原材料严重短缺、价格飞涨的局面，成了制约当时晶体硅太阳能电池生产的瓶颈。薄膜太阳能电池（如图 5-24 所示）由于所用材料少、价格低廉，受到了人们的青睐，特别是近年来光伏与建筑一体化开始大量推广应用，采用薄膜太阳能电池更有其独特的优点。

图 5-24　薄膜太阳能电池

1. 薄膜太阳能电池的优点

与晶体硅太阳能电池相比，薄膜太阳能电池具有一系列突出的优点：①生产成本低；②材料用量少；③制造工艺简单，可连续、大面积、自动化批量生产；④制造过程消耗电力少，能量偿还时间短；⑤高温性能好；⑥弱光响应好，充电效率高；⑦不存在内部电路短路问题；⑧适合与建筑一体化（BIPV），可以根据需要制成不同的透光率，代替玻璃幕墙；也可制成以不锈钢或聚合物为衬底的柔性电池，适合于建筑物曲面屋顶等处使用；还可以做成折叠式电源，方便携带，供给小型仪器、计算机及军事、通信、GPS 等领域的移动设备使用。

薄膜太阳能电池主要有以下缺点：①转换效率偏低；②相同功率所需要太阳能电池的面积增加；③稳定性差；④固定资产投资大。

2. 薄膜太阳能电池的分类

按照所使用的光电材料，薄膜太阳能电池通常可分为硅基薄膜太阳能电池（包括非晶硅、微晶硅、纳米硅、多晶硅薄膜太阳能电池）、碲化镉（CdTe）太阳能电池、铜铟镓硒（CIGS）太阳能电池、染料敏化太阳能电池（DSSC）和有机薄膜太阳能电池（OPV）等。

四、光伏系统部件

光伏系统是将太阳能电池在光照时发出的电能，供给负载使用。需要多种部件协调配合才能组成完整的光伏系统，太阳能电池方阵是最主要的部件，此外，还需要一系列配套部件（常称平衡部件，balance of system，BOS）才能正常工作，主要包括：①储能设备；②防反冲及旁路二极管；③控制设备；④逆变器；⑤交、直流断路器，变压器及保护开关；⑥计量仪表及记录显示设备；⑦连接电缆、套管及汇流箱；⑧框架、支持结构及紧固件；⑨接地及防雷装置等。

下面仅介绍一些主要的光伏系统部件。

（一）太阳能电池方阵

在一般情况下，单独一块太阳能电池组件无法满足负载电压或功率的要求，需要将若干太阳能电池组件通过串、并联组成太阳能电池方阵（又称光伏方阵），才能正常工作。

太阳能电池方阵是由若干个太阳电池组件，在机械和电气上按一定方式组装在一起，并且有固定的支撑结构而构成的直流发电单元。

太阳能电池组件的连接要根据系统电压及电流的要求确定串、并联的方式，将最佳工作电流相近的组件串联在一起。比如，在连接水管时，一般情况下，可将长短不一的水管连接在一起，但内径要大致相同，这是基本常识。然而在实际应用中还是有人将功率相差较大的太阳能电池组件（尽管工作电压一样）串联在一起，这点必须加以重视。

如图 5-25 所示为四串四并电路的连接，在串并联数目较多时，最好采用混合式连接法，如图 5-25（a）所示。若在极端情况下，每一串均有一块组件损坏，正好发生在不同的位置，按照一般的串、并联方法连接，整个太阳电池方阵就全部不能工作，如图 5-25（b）所示；而按照混合式连接法，将组件的相应位置再用导线连接起来，如图 5-25（c）所示，这样整个太阳电池方阵就只损失四分之一的功率，还能保持工作状态。

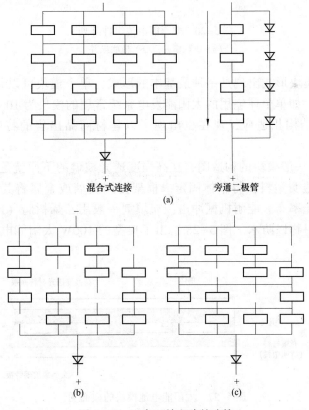

图 5-25　四串四并电路的连接

（a）混合式连接及旁通二极管的接法；（b）一般的串、并联连接下组件损坏情景；（c）混合式连接下组件损坏情景

　　由一片单晶硅片构成的太阳能电池称为单体，多个太阳能电池单体组成的构件称为太阳能电池模块，多个太阳能电池模块即模块群构成的大型装置称为太阳能电池组件阵列。阵列有公共的输出端，可直接接向负荷，如图5-26所示。

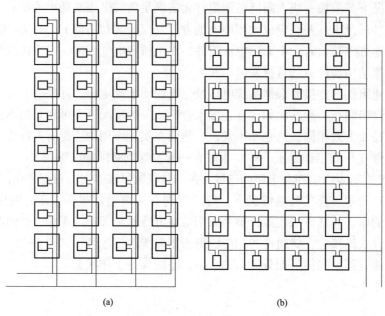

(a)　　　　　　　　　　　　　(b)

图 5-26　太阳能电池组件阵列

（a）纵联横并；（b）横联纵并

　　太阳能电池以模块形式出现是一种最基本的形式，单个模块可以是数瓦到 200W，有多种规格可供选用。如单个住宅用的太阳能发电系统常用的模块为 100W 左右，且大小可与建筑材料、房屋结构相适应，现在也出现了以建材商品出售的特殊规格太阳能电池模块。

　　图 5-27 给出了一般模块的构造图，在高强度透光玻璃的下面就是配置好的电池单体硅片。其间充填了透明塑料，将单体固定。框架则用玻璃或金属将其夹紧。面板的高强度玻璃的特点是透光率高、能耐机械冲击；充填剂一般用乙烯树脂（EVA）或环氧树脂，框架内填有橡胶塑料物以防水。图 5-28 给出了典型的 100W 太阳能电池模块的正面图和背面图。

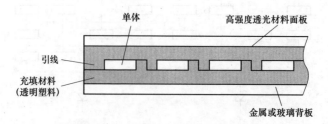

图 5-27　太阳能电池模块的截面图

　　太阳能电池阵列是根据负载需要将若干个模块通过串联或并联进行连接，得到规定的输出电压和电流，从而使用户获取电力。

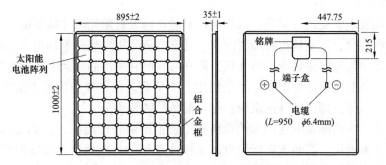

图 5-28 太阳能电池模块的正面图和背面图

(二) 二极管

在太阳能电池方阵中,二极管是很重要的元器件,常用的二极管有以下两类。

1. 防反充 (阻塞) 二极管

在储能蓄电池或逆变器与太阳能电池方阵之间,要串联一个阻塞二极管,使太阳能电池相当于一个具有 pn 结的二极管,以防止夜间或阴雨天太阳能电池方阵工作电压低于其供电的直流母线电压时,蓄电池反过来向太阳能电池方阵倒送电,消耗能量和导致方阵发热。它串联在太阳能电池方阵的电路中,起单向导通的作用。

由于阻塞二极管存在导通管压降,串联在电路中运行时要消耗一定的功率。一般使用的硅整流二极管管压降为 0.6~0.8V,大容量硅整流二极管的管压降可达 1~2V。若用肖特基二极管,管压降可降低为 0.2~0.3V,但肖特基二极管的耐压和电流容量相对较小,选用时要加以注意。

2. 旁路二极管

在一定条件下,一串联支路中被遮蔽的太阳能电池组件,将被当作负载消耗其他有光照的太阳能电池组件所产生的能量。被遮蔽的太阳能电池组件此时会发热,这就是热斑效应。这种效应能严重的破坏太阳能电池。有光照的太阳能电池所产生的部分能量,都可能被遮蔽的电池所消耗。为了防止太阳能电池由于热斑效应而遭到破坏,最好在太阳能电池组件的正负极间并联一个旁路二极管,以避免光照组件所产生的能量备受遮蔽的组件所消耗。

在有较多太阳能电池组件串联成太阳能电池方阵时,需要在每个太阳能电池组件两端并联一个二极管。当其中某个组件被阴影遮挡或出现故障而停止发电时,在二极管两端可以形成正向偏压,实现电流的旁路,不至于影响其他正常组件的发电,同时也保护太阳能电池组件避免受到较高的正向偏压或由于热斑效应发热而损坏。这类并联在组件两端的二极管称为旁路二极管。

光伏方阵中通常使用的是硅整流型二极管,在选用型号时应注意其容量应留有一定裕量,以防止击穿损坏。通常其耐压容量应能达到最大反向工作电压的两倍,电流容量也要达到预期最大运行电流的两倍。

有些控制器具有防反接功能,这时也可以不接阻塞二极管。如果所有的组件都是并联的,就可不连接旁路二极管。实际应用时,由于设置旁路二极管要增加成本和损耗,对于组件串联数目不多并且现场工作条件比较好的场合,也可不用旁路二极管。

（三）储能装置

由于太阳能发电要受到气候条件的影响，只能在白天有阳光时才能发电，而且由于太阳辐射强度随时在变化，发电量也会随时改变，通常与负荷用电规律不相吻合。因此，对于离网光伏系统，必须配置储能装置，将光伏方阵在有日照时发出的多余电能储存起来，供晚间或阴雨天使用。在有些地区电网供电不很稳定，而负荷又很重要，供电不能中断，如军事、通信、医疗等领域等，即使是并网系统，也可配备储能装置。

从长远来看，太阳能发电在能源消费结构中所占份额将逐渐扩大，到 21 世纪末，将在能源供应中占主要地位。然而太阳能发电的工作特点是"日出而作，日落而歇"，而且具有随机性。太阳能和风能都属于间歇性能源，要成为全球的主要能源，必须解决电网能量的储存问题。

到目前为止，人们已经探索和开发了多种形式的电能储存方式，主要可分为机械储能、化学储能、电磁储能。目前太阳能光伏发电系统常用的是铅酸蓄电池，较高要求的系统，通常采用深放电阀控式密封铅酸蓄电池、深放电吸液式铅酸蓄电池等。

太阳能发电系统对蓄电池的选择是从其电气性能、价格、尺寸、质量、寿命、维护方便、安全可靠、充放电性能等诸方面加以综合评估。目前应用最广的还是铅酸蓄电池。防灾型系统和大厦建筑物多用密封型铅酸蓄电池，因为它的寿命较长，其中金属外壳式铅酸蓄电池其期待寿命可达 10~14 年。图 5-29 给出了几种铅酸蓄电池的外形图。

图 5-29　各种铅酸蓄电池的外形图

铅酸蓄电池由正、负极板、隔板、客体、电解液和接线桩头等组成，其中正极板的活性物质是二氧化铅（PbO_2），负极板的活性物质是灰色海绵状铅（Pb），电解液是稀硫酸（H_2SO_2）。铅酸蓄电池的基本结构如图 5-30 所示。

（四）控制器

光伏发电系统中的控制器是对系统进行管理和控制的设备，在不同类型的光伏系统中，控制器不尽相同，其功能多少及复杂程度差别很大，一般要根据系统的要求及重要程度来选定。控制器主要由电子元器件、仪表、继电器、开关等组成。在并网光伏系统中，控制器往往与逆变器合为一体，因此其功能也成为逆变器功能的一部分，这里主要讨论离网光伏系统的情况。在离网光伏

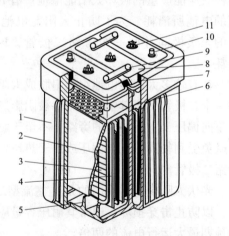

图 5-30　铅酸蓄电池的基本结构
1—硬橡胶槽；2—负极板；3—正极板；4—隔板；
5—鞍子；6—汇流排；7—封口胶；8—电池槽盖；
9—连接条；10—极柱；11—排气栓

系统中，控制器的基本作用是为蓄电池提供最佳的充电电流和电压，快速、平稳、高效地为蓄电池充电，并在充电过程中减少损耗、尽量延长蓄电池的使用寿命。同时保护蓄电池，具有输入充满和容量不足时断开和恢复接连功能，以避免过充电和过放电的现象发生；如果用户使用直流负载，需要时还可以有稳压功能，为负载提供稳定的直流电。几种光伏控制器的外形如图 5-31 所示。

图 5-31　几种光伏控制器的外形

1. 控制器的类型

光伏充电控制器主要可分为以下五种类型。

（1）并联型控制器。

当蓄电池充满时，并联型控制器利用电子元器件把光伏方阵的输出能量分流到内部并联的电阻器或功率模块上，然后以热的形式消耗掉。因为这种方式消耗热能，所以一般只用于小型、低功率系统，而且对分流负载有以下要求：

1）直流分流负载电流不得超过控制器最大额定电流。

2）直流分流负载的电压等级必须高于最大的蓄电池电压。

3）直流分流负载的额定功率必须至少为最大光伏方阵输出功率的 150%。

4）直流分流负载电路的导线和过电流保护必须至少能经受控制器最大额定电流的 150%。

并联型这类控制器没有继电器之类的机械部件，所以工作十分可靠。

（2）串联型控制器。

串联型控制器利用机械继电器控制充电过程，并在夜间切断光伏阵列，一般用于较高功率系统。继电器的容量决定了充电控制器的功率等级。

（3）脉宽调制型控制器。

脉宽调制型控制器以 PWM 脉冲方式切断/接通光伏方阵的输入。当蓄电池趋向充满时，脉冲的频率和时间缩短。这种充电过程可形成较完整的充电状态，能增加光伏系统中蓄电池的总循环寿命。

（4）智能型控制器。

智能型控制器采用带 CPU 的单片机，对光伏系统的运行参数进行高速实时采集，并按照一定的控制规律由软件程序对单路或多路光伏方阵进行切断/接通控制。对于中、大型光伏电源系统，还可通过单片机的 RS232 接口配合调制解调器进行远距离控制。

2. 控制器的主要功能

（1）蓄电池充放电管理。

控制器应具有输入充满断开和恢复接连功能。标准设计的蓄电池电压值为 12V 时，控制器应具有欠电压断开和恢复功能。考虑到环境及电池的工作温度特性，控制器应具备温度补偿功能。温度补偿功能主要是在不同的工作环境温度下，能够对蓄电池设置更为合理的充电电压，防止过充电或欠充电状态而造成电池充放电的容量过早下降甚至报废。

（2）设备保护。

设备保护主要有以下几方面：

1）负荷短路保护，能够承受任何负荷短路的电路保护。

2）内部短路保护，能够承受充电控制器、逆变器和其他设备内部短路的电路保护。

3）反向放电保护，能够防止蓄电池通过太阳能电池组件反向放电的电路保护。

4）极性反接保护，能够承受负载、太阳能电池组件或蓄电池极性反接的电路保护。

5）雷电保护，能够承受在多雷区由于雷击而引起击穿的电路保护。

（3）光伏系统工作状态显示。

控制器应能够显示光伏系统的工作情况。对于小型光伏系统的控制器，蓄电池的荷电状态，可由发光二极管的颜色判断。绿色表示蓄电池电能充足，可以正常工作；黄色表示蓄电池电能不足；红色表示蓄电池电能严重不足，必须充电后才能工作，否则会损坏蓄电池，当然这时控制器到负载的输出端也已自动断开。

对于大、中型光伏系统，应由仪表或数字显示系统的基本技术参数，如电压、电流、功率、安时数等。

（五）逆变器

逆变器（如图5-32所示）是将直流电能转变成交流电能供给负载使用的一种转换装置，它是整流器的逆向变换功能器件。由于光伏系统发出的是直流电，如果要为交流负载供电，就必须配备逆变器。逆变器是通过半导体功率开关的开通和关断作用，把直流电能转变成交流电能的一种变换装置，是整流变换的逆过程。随着微电子技术与电力电子技术的迅速发展，逆变技术也从通过直流电动机—交流发电机的旋转方式逆变技术，发展到20世纪六七十年代的晶闸管逆变技术，而21世纪的逆变技术多数采用了MOSFET、IGBT、GTO、IGCT、MCT等多种先进且易于控制的功率器件，控制电路也从模拟集成电路发展到单片机控制，甚至采用数字信号处理器（DSP）控制。各种现代控制理论如自适应控制、自学习控制、模糊逻辑控制、神经网络控制等先进控制理论和算法也大量应用于逆变领域，其应用范围也扩大到了很多前所未有的领域。

图5-32　太阳能光伏电站用逆变器外形

光伏并网发电系统按照系统的设计要求不同还可以分为两种，一种是不可调度式光伏并网发电系统，不含储能环节；另一种是可调度式光伏并网发电系统，含有储能环节。在不可调度式光伏并网发电系统中，并网逆变器将光伏阵列产生的直流电直接转化为和电网电压同频同相的交流电，完全由日照和环境温度等因素来决定并网的时间和功率大小。它的优点是系统可以省去蓄电池而将电网作为自己的储能单元，当日照强烈时，光伏并网发电系统将发出多余的电能回馈电网，当需要电能时可以由电网输出电能。可调度式光伏并网发电系统增加了储能环节，系统首先对储能环节进行充电，然后根据需要将光伏并网发电系统用于并网或经逆变后独立使用，系统的工作时间和并网功率的大小可人为设定。当电网发生断电或其他故障时，逆变器自动切除和电网的电气连接，同时可以根据需要选择是否进行独立逆变，用于对本地负载继续供电。

五、光伏发电系统

光伏发电系统是利用太阳能电池组件和其他辅助设备将太阳能转换成电能的系统。一般将光伏发电系统分为独立光伏发电系统和并网光伏发电系统。

1. 独立光伏发电系统

独立光伏发电也称为离网光伏发电。通常将它建设在远离电网的偏远地区或作为野外移动式便携电源。独立光伏发电系统主要由太阳能电池组件、控制器和蓄电池组成，若要为交流负载供电，则还需要配置交流逆变器，系统示意图如图 5-33 所示。其工作原理：白天在太阳光的照射下，通过控制器的控制，太阳能电池组件产生的直流电一部分经过逆变器转化为交流电，另一部分对蓄电池进行充电；当阳光不足时，蓄电池向逆变器送电，经逆变器转化为交流电供交流负载使用。

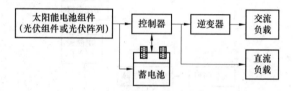

图 5-33 独立光伏发电系统示意图

2. 并网光伏发电系统

太阳能并网光伏发电系统是将光伏阵列产生的直流电经过并网逆变器转换成符合公共电网要求的交流电，之后直接接入公共电网，直接将电能输入电网，免除了配置蓄电池，省掉了蓄电池储能和释放的过程，可以充分利用光伏阵列所发的电力，从而减小了能量的损耗，降低了系统的成本。但是系统中需要专用的并网逆变器，以保证输出的电力满足电网对电压、频率等指标的要求。因为逆变器效率的问题，还是会有部分能量损失。

并网光伏发电系统有集中式大型并网光伏系统，也有分布式中小型并网发电系统，以及与建筑结合的并网光伏发电系统。集中式大型并网光伏电站一般都是国家级电站，主要特点是将所发电能直接输送到电网，由电网统一调配向用户供电。但这种电站投资大、建设周期长、占地面积大，而分布式小型并网光伏，特别是光伏建筑一体化光伏发电，由于不占用土地，兼有建筑节能的优点，国家政策支持力度大，在许多地区已经成为精准扶贫等国家政策的主要推广项目。

常见并网光伏发电系统一般有以下几种形式。

（1）有逆流并网发电系统。有逆流并网发电系统示意图如图 5-34 所示。当太阳能光伏发电系统发出的电能充裕时，可将剩余的电能送入公共电网；当太阳能光伏发电系统提供的电力不足时，由电网向负载供电。由于向电网供电时与电网供电的方向相反，所以称为有逆流光伏发电系统。

（2）无逆流并网发电系统。无逆流并网发电系统示意图如图 5-35 所示。即使太阳能光伏发电系统发电充裕时，也不向公共电网供电，但当太阳能光伏发电系统供电不足时，则由公共电网向负载供电。

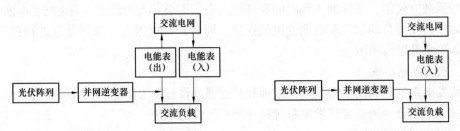

图 5-34　有逆流并网发电系统示意图　　　　图 5-35　无逆流并网发电系统示意图

（3）切换型并网光伏发电系统。切换型并网光伏发电系统示意图如图 5-36 所示。它具有自动运行双向切换的功能：一是当光伏发电系统因天气及自身故障等原因导致发电量不足时，切换器能自动切换到公共电网供电侧，由公共电网向负载供电；二是当公共电网因某种原因突然停电时，光伏发电系统可以自动切换使电网与光伏发电系统分离，成为独立光伏发电系统工作状态。一般切换型并网光伏发电系统都带有储能装置。

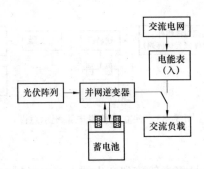

图 5-36　切换型并网光伏发电系统

3. 空间光伏电站

太阳光经过大气层照射到地面时能量大约要损失 1/3。如将太阳能电池安置在太空的地球静止轨道上，一年中只有在春分和秋分前后各有 45 天里，每天出现一次阴影，时间最长不超过 72min，一年累计不超过 4 天，也就是一年中有 99% 的时间是白天。而在地面上，有一半的时间属于夜晚。并且白天除正午外太阳是斜射的。在太空每天能接收到的太阳能约为 32kWh/m²，在地上平均每天只能接收到 2~12kWh/m²。所以如能在太空建立光伏发电站，效果将会比地面应用好得多。

早在 1968 年，美国工程师格拉泽就创造性地提出了在离地面 3.6×10000km 的地球静止轨道上建造光伏电站的构想。设想这个电站利用铺设在巨大平板上的亿万片太阳电池，在太阳光照射下产生电流，将电流集中起来，转换成无线电微波，发送给地面接收站，地面接收后，将微波恢复为直流电或交流电，就可送给用户使用。

20 世纪 70 年代末，全球发生石油危机，美国宇航局和能源部组织专家进行空间光伏电站的可行性研究。专家们经过论证提出了一个名为"1979 SPS 基准系统"的空间光伏电站方案，如图 5-37 所示。

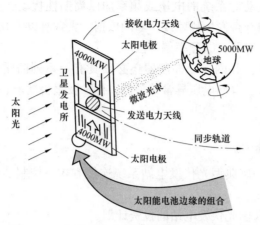

图 5-37　空间太阳光伏发电系统概念设计方案

【知识拓展】

光伏系统的孤岛效应

孤岛现象是光伏系统在与电网并联，为负载供电时，当电网发生故障或中断的情况下，光伏系统足以继续独立供电给负载的现象。当光伏系统供电的输出功率与负载达到平衡时，负载电流会完全由光伏系统提供。此时，即使电网断开，在光伏系统输出端的电压与频率不会快速随之改变，这样系统便无法正确地判断出电网是否有发生故障或中断的情况，因而导致孤岛现象的发生。

一、孤岛效应现象的严重后果

（1）当电网发生故障和中断后，由于光伏系统仍旧维持给负载供电，将使得维修人员在进行修复时，会发生设备或人身安全事故。

（2）当电网发生故障或中断时，由于光伏系统失去市电作为参考信号，会造成系统的输出电流、电压及频率漂移而偏离市电频率，发生不稳定的情况，并且可能包含有较多电压与电流谐波成分。若未能将光伏系统及时与负载分离，将使得某些对频率变化敏感的负载受到损坏。

（3）在市电恢复瞬间，由于电压相位不同，可能产生较大的突波电流，造成有关设备的损害。并且在公共电网恢复供电时，可能会发生同步的问题。

（4）若光伏系统与电网为三相连接，当孤岛现象发生时，将形成欠相供电，影响用户端三相负载的正常使用。

二、孤岛效应的预防方法

1. 被动式检测法

一般是检测公共电网的电压大小与频率的高低，来作为判断公共电网是否发生故障或中断的依据，主要有以下一些检测方法：①电压与频率保护继电器检测法；②相位跳动检测法；③电压谐波检测法；④频率变化率检测法；⑤输出功率变化率检测法；⑥电力传输线载波法。

2. 主动式侦测法

在逆变器的输出端主动对系统的电压或频率加以周期性扰动，并观察电网是否受到影响，以作为判断公共电网有否发生故障或中断的依据，大致有以下几种方式：①输出电力变动方式；②加入电感和电容器；③频率偏移法。

除了防止孤岛效应外，并网逆变控制器还必须具有一系列防雷击、过电流、过热、短路、反接、直流电压异常、电网电压异常等检测、保护及报警功能，以保障电网和太阳能发电系统的安全运行表。

能力训练

1. 查阅资料，了解一座典型光伏发电站系统连接方式，控制器、逆变器等设备的基本情况。

2. 查阅资料，了解我国光伏发电站的投资计划。

综 合 测 试

一、名词解释

1. 太阳能热发电；2. 太阳能光伏发电；3. 槽式太阳能热发电系统

二、填空

1. 太阳能热发电系统，由（　　）部分、（　　）部分、（　　）部分和汽轮发电机部分组成。

2. 根据太阳能聚光跟踪理论和实现方法的不同，太阳能热发电系统主要有以下基本类型：（　　）系统、（　　）系统、（　　）系统。

3. 塔式太阳能热发电系统，一般是在空旷平地上建立高塔，高塔顶上安装（　　）；以高塔为中心，在周围地面上布置大量的（　　）；定日镜群把阳光集聚到（　　）上，加热工质，产生（　　）推动汽轮机发电。

4. 碟式太阳能热发电系统以单个（　　）为基础，构成一个完整的（　　）、（　　）和（　　）单元。

5. 太阳能热气流电站的实际构造由 3 部分组成：（　　）集热器、（　　）和（　　）。

6. 典型的晶体硅太阳能电池结构的基本材料是（　　），厚度在 0.2mm 左右。上表面为一层（　　）的顶区，并构成一个（　　）结构。

三、问答题

1. 简述太阳能发电的特点和缺点。

2. 绘出槽式太阳能热发电站工作原理系统图，并注明各设备的名称。

3. 绘图简述太阳能热气流电站的工作过程。

4. 简述特朗伯集热墙在冬天和夏天的工作情况。

5. 简述太阳能电池的光电转换工作过程及基本工作原理。

6. 简述薄膜太阳能电池的特点。

7. 太阳能系统的主要部件有哪些？

8. 什么是逆变？太阳能光伏发电系统中为什么要使用光伏逆变器？

9. 光伏控制器的功能是什么？

10. 绘出独立光伏发电系统图和一并网光伏发电系统图，注明各设备的名称。

项目六　海洋能发电

 项目目标

了解海洋能资源的形成及特点；掌握海洋能发电的方式及特点；熟悉海洋能发电的发展状况。

任务一　海洋能概述

 任务目标

了解海洋能资源的形成原因和表现特征，掌握各种不同形式海洋能的概念，了解海洋能的蕴藏量及其特点。

 知识准备

一、海洋

地球上广大连续的水体叫作海洋，海洋的面积约为 3.62 亿 km^2，占地球表面积的 70.9%。

地球是太阳系中唯一存在巨大水量的星体。地球的表面积为 5.1 亿 km^2，其中海洋的面积为 3.67 亿 km^2，占整个地球表面积的 70.8%，可以说地球是一个水球。海洋是地球上广大连续的海水的总称。海和洋是有区别的。海洋的中心主体部分称为洋。它远离大陆，为深邃而浩瀚的水域，约占海洋总面积的 89%，深度通常在 3000m 以上，盐度及温度不受大陆影响，盐度平均为 35‰。洋的水色清，透明度大，并有独特的潮汐系统和强大的洋流系统。其沉积物多为钙质软泥、硅质软泥和红黏土等海相沉积。洋是地球水体的主体。联合国规定将地球海域分为太平洋、大西洋、印度洋和北冰洋四大洋。海的面积约占海洋总面积的 11%，共有 54 个海，按所处位置的不同又分为边缘海、地中海（或称陆间海）和内陆海。边缘海位于大陆边缘，它靠近大陆一边，受大陆影响显著，而靠大洋的一边受大洋的影响较大。

海洋的水底地形如图 6-1 所示，像个大水盆，边缘是浅水的大陆架，中间是深海盆地，海底有高山、深谷及深海大平原。

洋底地形以海盆、岭脊为主。海底地形以大陆架、大陆坡为主。例如，在美洲西海岸的广阔水域，洋和海之间并没有岛屿和群岛分布，这种情况就根据海底地形来划分，大陆架和大陆坡所占据的水域为海，海以外的水域为洋。

二、海洋资源

据估计，海洋能源约占世界能源总量的 70% 以上。海洋受到太阳、月亮等星球引力以及地球自转、太阳辐射等因素的影响，以热能和机械能的形式储存在海洋里。海洋是个庞大

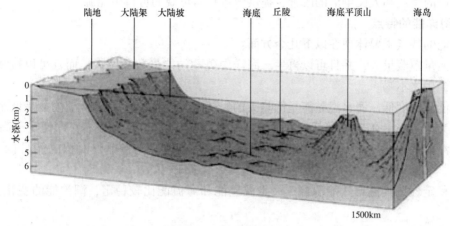

图 6-1　海底轮廓图

的能源宝库，它既是吸能器，又是贮能器，蕴藏着巨大的动力资源。

　　海水中蕴藏着的这一巨大的动力资源的总称就叫作海洋能，它包括潮汐能、波浪能、海流能、海水温差能和海水盐差能等各种不同形态的能源。潮汐能是指海水涨潮和落潮形成的水的动能（这种动能也叫潮流能）和势能。波浪能是指海洋表面波浪所具有的动能和势能。海流能是指海水流动的动能，主要是指海底水道和海峡中较为稳定的流动。海水温差能是指海洋表层海水和深层海水之间水温之差的热能。海水盐差能是指海水和淡水之间或两种含盐浓度不同的海水之间的电位差能。

　　海洋中还蕴藏着石油、天然气、铀、氢以及海洋生物能等动力资源，但是因为这些资源在海陆两域中都存在，所以在现代的能源分类上一般不将其列入海洋能的范围。

　　在海洋能中，除潮汐能源自星球间的引力作用以外，其余各类均来源于太阳辐射能。海洋能按其赋存形式，可分为机械能、热能和化学能，其中潮汐能、海流能、波浪能为机械能，海水温差能为热能，海水盐差能为化学能。

　　海洋能的储量，根据联合国教科文组织 1981 年出版物的估计数字，全世界可再生的海洋能蕴藏量为 750 多亿 kW。其中，全世界的潮汐能约为 27 亿 kW；波浪能约为 25 亿 kW；海流能约为 50 亿 kW；温差能总共 400 亿 kW，其中可利用的约为 20 亿 kW；盐差能总共 300 亿 kW，其中可利用的约为 26 亿 kW。

　　我国不仅是闻名于世的陆地大国，而且是世界上的海洋大国之一。中国的海域辽阔，海洋能资源丰富。中国大陆海岸线漫长曲折，北起辽宁中朝两国交界的鸭绿江口，经河北、天津、山东、江苏、上海、浙江、福建、广东，南到广西中越两国交界的北仑河口，全长 18400 多 km。中国拥有 6500 多个大小岛屿，岛屿海岸线长达 14000 多 km。中国海域的总面积为 473 万多 km²，渤海是中国的内海，毗邻中国大陆的海有黄海、东海、南海以及台湾以东的洋域。中国位于亚洲的东南部，东毗太平洋，海岸带跨越温带、亚热带、热带三大气候带，可以充分接受来自大洋的风、浪、流、潮等条件的各种影响，这就为海洋能的形成提供了极为良好的条件。据初步估算，中国海洋能的蕴藏量约为 6.3 亿 kW，其中潮汐能 1.9 亿 kW，波浪能 1.5 亿 kW，温差能 1.5 亿 kW，海流能 0.3 亿 kW，盐差能 1.1 亿 kW，分布在煤、水等能源贫乏的沿海工业基地附近，如果能够加以开发利用，将为中国沿海，尤其是华东沿海工农业生产的发展和人民生活的改善，提供数量相当可观的可再生能源。

三、海洋能的特点

海洋能的特点主要体现在以下几个方面：

（1）能量蕴藏量大，并且可以再生。海洋中蕴藏的能量数额巨大，而且可以持续再生，取之不尽，用之不竭。

（2）能量密度低。海水温差能是低热头的，较大温差为20~25℃；潮汐能是低水头的，较大潮差为7~10m；海流能是低速度头的，最大流速一般仅2m/s左右；即使是浪高3m的海面，波浪能的密度也要比常规燃煤电站热交换器单位时间、单位面积的能量低一个数量级。

（3）稳定性比其他自然能源好。海水温差能和海流能比较稳定，潮汐能的变化有规律可循。

（4）发生在广袤无垠的海洋环境中。海洋是一个水深、缺氧、高压的世界，因而开发利用海洋能的技术难度大，对材料和设备的要求比较高。

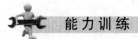 **能力训练**

1. 海洋能包括哪些不同形态的能源？
2. 海洋能有哪些特点？

任务二　潮　汐　发　电

 任务目标

了解潮汐资源的特征及其分布；掌握潮汐发电的基本原理和潮汐电站的构成；了解潮汐发电的发展应用情况。

 知识准备

一、潮汐

由于太阳和月球对地球各处引力的不同所引起的海水有规律的、周期性的涨落现象，就叫作海洋潮汐，习惯上称为潮汐。

农历每月的初一，太阳和月球位于地球的同侧，三者近似在一条直线上，太阳和月球的引力方向相同，合力最大，太阳潮和太阴潮同时同地发生，就形成大潮。每逢农历十五日，太阳和月球分别位于地球两侧，并与地球近似在一条直线上，面向月球的太阴潮和背离太阳的太阳潮共同作用，背离月球的太阴潮和面向太阳的太阳潮共同作用，也形成大潮。这就是"初一、十五涨大潮"的来历。

当太阳和月球相对于地球成直角方向时，太阳潮的落潮和太阴潮的涨潮二者共同作用，会相互抵消，形成潮势较弱的小潮。我国民间有"初八、二十三，到处见海滩"的说法。

潮汐水位随时间而变化的过程线，叫潮位过程线。每次潮汐的潮峰与潮谷的水位差，叫潮差。潮汐这次高潮或低潮至下次高潮或低潮相隔的平均时间，叫潮汐的平均周期，一般为12h25min。人们把海水在白昼的涨落称为"潮"，在夜间的涨落称为"汐"，合起来则称为潮汐，两者名异而实同。

潮汐要素示意图如图 6-2 所示。潮汐的涨落现象成因相当复杂，且因时因地而异。但是，从涨落的周期来说，可以把潮汐分为半日潮、全日潮和混合潮三种类型。

（1）半日潮。多数海区潮汐的涨落在 24h50min（天文学上称为"一个太阴日"）内有两个周期，即出现两次高潮和两次低潮，这种半日完成一个周期的潮汐为"半日潮"，它的特点是相邻两个高潮或低潮的潮高几乎相等；涨、落潮时也几乎相等。

（2）全日潮。在某些海区，在一个太阴日内潮汐仅出现一次高潮和一次低潮。这种一日完成一个周期的潮汐，称为"全日潮"。

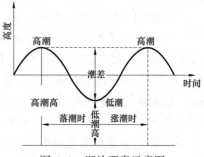

图 6-2 潮汐要素示意图

（3）混合潮。每日升降两次和一次混杂出现的潮汐，称为"混合潮"。它又分为不正规半日潮和不正规全日潮两类。前者在一个太阴日内有两次高潮和两次低潮，但相邻的高潮或低潮的高度不等，涨潮时和落潮时也不等；后者在半个月内的大多数日子里为不正规半日潮，但有时也发生一天一次高潮和一次低潮的全日潮现象。所以，混合潮是介于半日潮和全日潮之间的一种形式。

潮汐的三种类型如图 6-3 所示。中国黄海、东海沿岸多数港口属半日潮海区，如上海、青岛、厦门等地区的沿海区就是比较典型的半日潮海区；南海多数地方属于混合潮；有些地方则属全日潮海区，如北部湾地区。

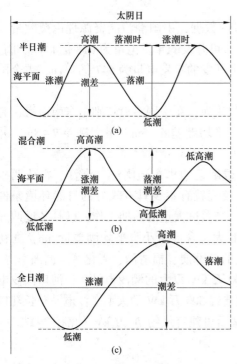

图 6-3 潮汐的三种类型
（a）半日潮；（b）混合潮；（c）全日潮

二、潮汐能

潮汐现象在垂直方向上表现为潮位的升降，在水平方向上则表现为潮流的进退，二者是一个现象的两个侧面，都受同一的规律所支配。因海水涨落及潮水流动所产生的动能和势能统称为潮汐能。

潮汐能是海洋能的一种，在全球海洋能资源总量中，潮汐能不是最多的，但却是目前经济技术条件下开发利用最为现实的一种。潮汐含有的能量是十分巨大的，潮汐涨落的动能和势能可以说是一种取之不尽、用之不竭的动力资源，人们誉称它为"蓝色的煤海"。

1. 世界潮汐能资源

根据联合国教科文组织 1981 年的估计数字，全世界潮汐能的理论蕴藏量约为 30 亿 kW，是目前全球发电能力的 1.6 倍。实际上，上述能量是不可能全部加以利用的，假设只有较强的潮汐才能被利用，估计技术上允许利用的潮汐能约 1 亿 kW。有专家估计，其中可以开发的电量为 2200 亿 kWh。

另据中国商业情报网的《2008~2010 年中国潮汐发电行业市场调查及发展预测研究报告》，世界海洋潮汐能蕴藏量约为 27 亿 kW，若全部转换成电能，每年发电量大约为 1.2 万亿 kWh。

潮汐能的大小直接与潮差有关，潮差越大，能量也就越大。通常，海洋中的潮差比较小，一般仅几十厘米，多者只有 1m 左右。而喇叭状海岸或河口的地区，潮差就比较大，如加拿大芬迪湾、法国的塞纳河口、中国的钱塘江口、英国的泰晤士河口、巴西的亚马孙河口、印度和孟加拉国的恒河口等，都是世界上潮差较大的地区。其中，芬迪湾的潮差最高达18m，是世界上潮差最大的地方。如果在 $1km^2$ 的海面上，潮差为 5m 时，其潮汐能发电的最大功率为 5500kW，而潮差为 10m 时，最大发电功率可达 32000kW。

实践证明，平均潮差不小于 3m 用潮汐能发电才能获得经济效益，否则难以实用化。

2. 我国的潮汐能资源

我国有大面积的沿海地区，岛屿众多，大陆海岸与岛屿海岸的海岸线总长 32000 多 km（其中大陆海岸线长达 1.8 万 km，岛屿海岸线长达 1.4 万 km），漫长的海岸蕴藏着十分丰富的潮汐能资源。

在漫长曲折的海岸线上，港湾交错，入海河口众多，有些地区的潮差很大，具有开发利用潮汐能的良好条件。

据初步统计，全国潮汐能蕴藏量约为 2.9 亿 kW，比 10 个三峡电站还要多。年发电量可达 2750 亿 kWh，可供应一亿个城市家庭用电。

我国原水利电力部曾两次组织对我国的潮汐能资源进行普查。《中国新能源与可再生能源 1999 白皮书》公布的资料显示我国可开发潮汐能资源装机容量达 2000 多万 kW，年发电量可达 600 多亿 kWh。

据 1982 年《中国沿海潮汐能资源普查》所提供的数据，中国潮汐能资源理论蕴藏量为1.9 亿 kW，可开发利用的装机容量为 2157.5 万 kW，可开发的年发电量为 618 亿 kWh。闽、浙两省可开发的潮汐能装机容量为 1912.6 万 kW，可开发的年发电量为 547 亿 kWh，占全国可开发利用潮汐能总装机容量的 88.65%。

根据对中国潮汐能资源的普查，有关专家和部门认为：在中国沿海特别是东南沿海，有很多可选的潮汐能电站的站址，那里能量密度较高，平均潮差 4~5m，最大潮差 7~8m，并且自然环境条件优越。

我国的潮汐资源有 90% 以上分布在常规能源严重缺乏的华东浙闽沪（浙江、福建两省和上海市）沿岸。特别浙闽沿岸在距电力负荷中心较近就有不少具有较好的自然环境条件和较大开发价值的大中型潮汐电站站址，其中不少已经做过大量的前期工作，已具备近期开发的条件。如浙江省的乐清湾，海湾呈袋形，口小肚大，含沙量小，平均潮差近 5m，据初步估算可建造容量约 60 万 kW 的潮汐电站。福建省的三都澳、福清湾、兴化湾、湄洲湾等，平均潮差均在 4m 以上，估算均可建造装机容量在 100 万 kW 以上的潮汐电站。在河口潮汐电站中，钱塘江口的资源最为丰富。据普查估算，可建造约 500 万 kW 的大型潮汐电站。长江口地处我国沿海的中部，北支江面上口逐渐狭窄，围堵后可建容量约 70 万 kW 的潮汐电站。

三、潮汐发电

1. 潮汐发电原理

由于电能具有易于生产、便于传输、使用方便、利用率高等一系列优点，因而利用潮汐的能量来发电目前已成为世界各国利用潮汐能的基本方式。

潮汐发电，就是利用海水涨落及其所造成的水位差来推动水轮机，再由水轮机带动发电机来发电。其发电的原理与一般的水力发电差别不大。不过，一般的水力发电的水流方向是单向的，而潮汐发电则不同。从能量转换的角度来说，潮汐发电首先是把潮汐的动能和势能通过水轮机变成机械能，然后再由水轮机带动发电机，把机械能转变为电能。如果建筑一条大坝，把靠海的河口或海湾同大海隔开，造成一个天然的水库，在大坝中间留一个缺口，并在缺口中安装上水轮发电机组，那么涨潮时，海水从大海通过缺口流进水库，冲击水轮机旋转，从而就带动发电机发出电来；而在落潮时，海水又从水库通过缺口流入大海，则又可从相反的方向带动发电机组发电。这样，海水一涨一落，电站就可源源不断地发出电来。潮汐发电的原理如图6-4所示。

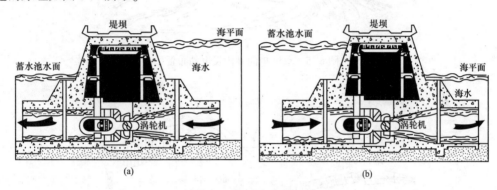

图6-4 潮汐发电原理图
(a) 涨潮发电；(b) 落潮发电

2. 潮汐发电的形式

潮汐发电可按能量形式的不同分为两种：一种是利用潮汐的动能发电，就是利用涨落潮水的流速直接去冲击水轮机发电；一种是利用潮汐的势能发电，就是在海湾或河口修筑拦潮大坝，利用坝内外涨、落潮时的水位差来发电。利用潮汐动能发电的方式，一般是在流速大于1m/s的地方的水闸闸孔中安装水力转子来发电，它可充分利用原有建筑，因而结构简单，造价较低，如果安装双向发电机，则涨、落潮时都能发电。但是由于潮流流速周期性地变化，致使发电时间不稳定，发电量也较小。因此，目前一般较少采用这种方式。但在潮流较强的地区和某个特殊的地区，也还是可以考虑的。利用潮汐势能发电，要建筑较多的水工建筑，因而造价较高，但发电量较大。由于潮汐周期性地发生变化，所以电力的供应是间歇性的。

潮汐电站又可按其开发方式的不同分为单库单向式、单库双向式、双库单向式、发电结合抽水蓄能式四种形式。

(1) 单库单向式。单库单向潮汐发电站也称单效应潮汐电站，其布置如图6-5所示。这种电站仅建一个水库调节进出水量，以满足发电的要求。电站运行时，水流只在落潮时单方向通过水轮发电机组发电。其具体运行方式是：在涨潮时打开水库，到平潮时关闭闸门，落潮时打开水轮机阀门，使水通过水轮发电机组发电。在整个潮汐周期内，电站的运行按下列4个工况进行如图6-6所示：①充水工况，电站停止发电，开启水闸，潮水经水闸和水轮机进入水库，至水库内外水位齐平为止；②等候工况，关闭水闸，水轮机停止过水，保持水库水位不变，海洋侧则因落潮而水位下降，直到水库内外水位差达到水轮机组的启动水头；③发电工况，开动水轮发电机组进行发电，水库的水位逐渐下降，直到水库内外水位差小于机组发电所需要的最小水头为止；④等候工况，机组停止运行，水轮机停止过水，保持水库水位不变，海洋侧水位因涨潮而逐步上升，直到水库内外水位齐平，转入下一个周期。

图 6-5　单库单向潮汐发电站布置

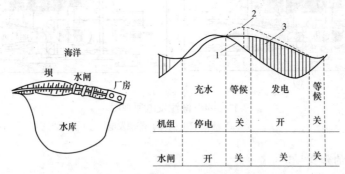

图 6-6　单库单向潮汐电站运行工况
1—潮位；2—抽水蓄能水位；3—水库水位

　　单库单向潮汐电站只需建造一道堤坝，并且水轮发电机组仅需满足单方向通水发电的要求即可，因而发电设备的结构和建筑物结构都比较简单，投资较少。但是，因为这种电站只能在落潮时单方向发电，所以每日发电时间较短，发电量较少，在每天有两次潮汐涨、落的地方，平均每天仅可发电 10~12h，使潮汐能不能得到充分地利用，一般电站效率仅为 22%。

　　（2）单库双向式。单库双向式潮汐电站与单库单向式潮汐电站一样，也只用一个水库，但不管是在涨潮时或是在落潮时均可发电，其布置如图 6-7 所示。只是在平潮时，即水库内外水位相平时，才不能发电。单库双向式潮汐电站有等候、涨潮发电、充水、等候、落潮发电，泄水 6 个工况，如图 6-8 所示。这种形式的电站，由于需满足涨、落潮两个方向均能通水发电的要求，所以在厂房水工建筑物的结构上和水轮发电机组的结构上，均较第一种形式的要复杂些。但由于它在涨、落潮时均可发电，所以每日的发电时间长，发电量也较多，一般每天可发电 16~20h，能较为充分地利用潮汐的能量。

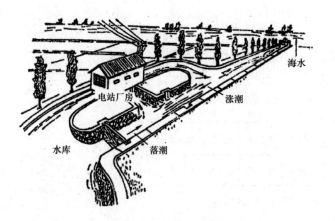

图 6-7　单库双向潮汐发电站布置

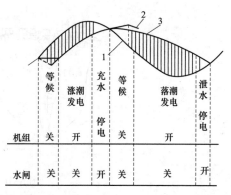

图 6-8　单库双向潮汐电站运行工况
1—潮位；2—抽水蓄能水位；
3—水库水位

（3）双库单向式。双库单向潮汐电站需要建造两座相互毗邻的水库，一个水库设有进水闸，仅在潮位比库内水位高时引水进库；另一个水库设有泄水闸，仅在潮位比库内水位低时泄水出库。这样，前一个水库的水位便始终较后一个水库的水位高，故前者称为上水库或高水库，后者则称为下水库或低水库，其布置如图 6-9 所示。高水库与低水库之间终日保持着水位差，水轮发电机组放置于两水库之间的隔坝内，水流即可终日通过水轮发电机组不间断地发电，其运行工况，如图 6-10 所示。这种形式的电站，需建 2 座或 3 座堤坝、两座水闸，工程量和投资较大。但由于可连续发电，故其效率较第一种形式的电站要高 34% 左右。同时，也易于和火电、水电或核电站并网，联合调节。

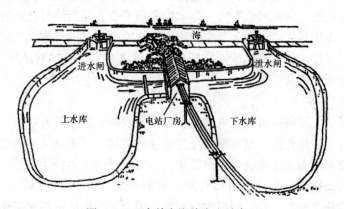

图 6-9　双库单向潮汐发电站布置

（4）发电结合抽水蓄能式。这种电站的工作原理是：在潮汐电站水库水位与潮位接近并且水头小时，用电网的电力抽水蓄能。涨潮时将水抽入水库，落潮时将水库内的水往海中抽，以增加发电的有效水头，提高发电量。

上述四种形式的电站各有特点、各有利弊，在建设时，要根据当地的潮型、潮差、地形、电力系统的负荷要求、发电设备的组成情况以及建筑材料和施工条件等技术经济指标，综合进行考虑，慎重加以选择。

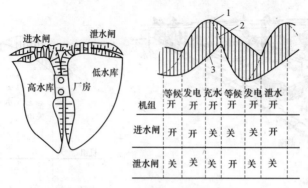

图 6-10　双库潮汐电站运行工况
1—高水库水位；2—潮位；3—低水库水位

3. 潮汐电站的组成

潮汐电站是由几个单项工程综合而成的建设工程，主要由拦水堤坝、水闸和发电厂三部分组成。有通航要求的潮汐电站还应设置船闸。

（1）拦水堤坝。

拦水堤坝建于河口或港湾地带，用以将河口或港湾水域与外海隔开，形成一个潮汐水库。其作用是利用堤坝构成水库内、外的水位差，并控制水库内的水量，为发电提供条件。堤坝的种类繁多，按所用材料的不同，可分为土坝、石坝和钢筋混凝土坝等。近年来，利用橡胶坝的结构型式和采用爆破方法进行基础处理的施工方法日渐增多，取得较好的效果。

（2）水闸。

水闸用来调节水库的进出水量，在涨潮时向水库进水，在落潮时从水库往外放水，以调节水库的水位，加速涨、落潮时水库内、外水位差的形成，从而缩短电站的停机时间，增加发电量。它的另一作用是在洪涝和大潮期间用以加速库内水量的外排，或阻挡潮水侵入，控制库内最高、最低水位，使水库迅速恢复到正常的蓄水状态，同时满足防洪、排涝、挡潮、抗旱、航运等多方面的水利要求。

（3）发电厂房。

发电厂房的设备主要包括水轮发电机组、输配电设备、起吊设备、中央控制室和下层的水流通道及阀门等。它是直接将潮汐能转变为电能的机构。其中最关键的设备是水轮发电机组。对机组的主要要求为：①应满足潮汐低水头、大流量的水力特性；②机组一般在水下运行，因而对机组的防腐、防污、密封和对发电机的防潮、绝缘、通风、冷却、维护等要求高；③机组随潮汐涨落发电，开、停机次数频繁，因而要选用适应频繁起动和停止的开关设备；④对于双向发电机组，由于正、反向旋转，相序也相应变换，因而在设计电气主接线时，要考虑安装倒向开关，使电源接入系统或负荷时，保证相序固定不变。潮汐电站的水轮发电机组有竖轴式、卧轴式、贯流式 3 种基本结构形式。

1）竖轴式机组，即将轴流式水轮机和发电机的轴竖向连接在一起，垂直于水面。这种型式的机组由于将水轮机置于较大的混凝土蜗壳内，发电机置于厂房的上部，厂房面积较大，工程投资偏高，且进水管和尾水管弯曲较多，水能损失大，效率低。竖轴式机组布置示意如图 6-11 所示。

2）卧轴式机组。卧轴式机组即将机组的轴卧置。这种型式的机组进水管较短，并且进水管和尾水管的弯度均大大减少，因而厂房的结构简单，水流能量损失也较少，因而性能比竖轴式机组优越。但仍然需要很长的尾水管，所以需要厂房仍然较长。卧轴式机组布置示意如图 6-12 所示。

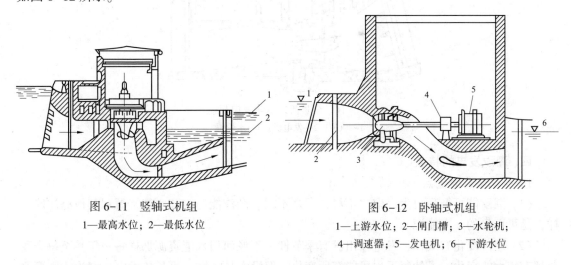

图 6-11　竖轴式机组
1—最高水位；2—最低水位

图 6-12　卧轴式机组
1—上游水位；2—闸门槽；3—水轮机；
4—调速器；5—发电机；6—下游水位

3）贯流式机组。贯流式机组是为了提高机组的发电效率、缩小输水管的长度以及厂房的面积，而在卧轴式机组的基础上发展起来的一种新式机组。贯流式机组主要有两种：一种是灯泡贯流式机组，即把水轮机、变速箱、发电机全部放在一个用混凝土做成的密封灯泡体内，只有水轮机的桨叶露在外面，整个灯泡体设置于电机厂房的水流道内，如图 6-13 所示。这种机组的缺点，是安装操作不便、占用水道太多。另一种是全贯流式机组，它将发电机的定子装于水流道的周壁，水轮机、发电机的转子则装在水流通道中的一个密封体内（见图 6-14），因而在水流道中所占的体积较灯泡贯流式机组小、操作运行方便。但其发电机转子和定子之间的动密封技术难度大，使得设备不易制造。这种型式的机组都是将发电机与水轮机连成一轴；一同密封在一个壳体内，并且直接置于通水管道之中。它的优点是机组的外形小、质量轻、造价低；厂房的面积可以大为缩小，甚至不用厂房；进水管道和尾水管道短而直，因而水流能量损失小、发电效率高。由于上述优点，所以这种型式的机组目前被国内外广泛采用。贯流式机组可以满足涨潮和落潮两个水流方向均能发电的要求；除发电外，它还可担负涨、落潮两个水流方向的抽水蓄能和泄水的任务，做到一机多用。

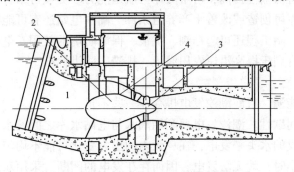

图 6-13　灯泡贯流式水轮发电机组
1—流道；2—发电机；3—水轮机；4—灯泡体

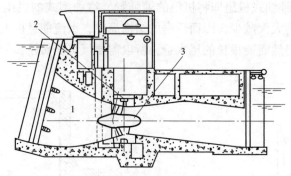

图 6-14　全贯流式水轮发电机组
1—流道；2—发电机；3—水轮机

四、潮汐发电的特点

1. 潮汐发电的优点

（1）潮汐能可循环再生，取之不尽，用之不竭。潮汐能与内陆水能资源和其他海洋能一样，是可再生的一次能源。

（2）潮汐变化有规律，发电输出没有季节性，不像河川水能资源那样每一年甚至每个季节都有较大的变化。虽然每天也可能有所变化，但没有枯水期，可长年发电。潮汐能主要受天文因素的影响，有明显的涨落周期。潮汐电站的出力在年内和年际的变化比较均匀，并且可以做出准确的长期预报，还可考虑将潮汐电站与常规水电站和抽水蓄能电站联合运行，充分发挥潮汐电站发电容量的作用。

（3）靠近用电中心，不消耗燃料，运行费用低。潮汐资源集中分布在经济比较发达的沿海地区，一般离用电中心较近。在沿海地区兴建潮汐电站，不需远距离运输燃料，也不必远距离输送电力。电站建成以后，一次能源可由海洋大量稳定地自动供应，运行及管理仅需少量人员，甚至可以实现无人值守。因此，潮汐发电的运行成本较低。

（4）潮汐发电不排放有害物质，不会污染环境，是理想的清洁能源。

（5）潮汐电站建设不需淹地、移民，还可以综合利用。潮汐电站建于沿海的海湾或河口，没有河川水电站建设时的土地淹没及人口迁移等问题，甚至可以促淤围垦，增加农田。

潮汐电站除发电外，还可附带进行围垦农田、水产养殖、蓄水灌溉等多项事业，创造很多附加价值。

水库的水位控制将低潮位提高，可增大库区航运能力。堤坝可结合桥梁和道路修建，改善交通情况。电站水库可创造或改善水产养殖条件。潮汐电站还有可能美化环境，有利于发展旅游事业。电站坝、闸工程还可起挡潮、抗浪、保岸防坍的效用。电站工程还可控制、调节咸淡水进出水量，有利于提高沿岸农田灌溉、排涝、防洪标准。

2. 潮汐发电的不足

作为新兴的电力能源，目前潮汐发电也存在一些不足。

（1）发电出力有间歇性。潮汐发电要利用潮水与电站水库之间的水位差推动水轮发电机组发电。利用涨落形成的水头来发电，在一天内的出力变化可能不均匀。当潮水与水库内水位持平或者水位差很小时，就无法发电，因而存在发电的间断。采用双库或多库开发方式可以有所改进，但建设成本会增加。

一般单向潮汐电站每昼夜发电约 10h，其间停电两次。双向潮汐电站每昼夜发电约 15h，其间停电四次。潮汐的日变化周期为 24h 50min，即每天推迟 50min，与系统日负荷变化不一致。因此，电力系统使用潮汐电站的出力有不便之处，潮汐电站更适合起补充供应电量的作用。

（2）水头低，发电效率不同。我国沿海平均潮差 2～5m，电站平均使用水头仅 1～3m。潮差小的地区，发电的平均水头甚至不到 1m。潮汐发电属于低水头大流量的开发形式，故发电效率不高。

（3）工程复杂，建设投资大。潮汐电站多建于河口、港湾地区，站址水深、面宽、浪大，水工建筑物尺寸宽大，施工条件比较困难，所以土建工程一次性投资较大。而且由于水头低，所需水轮发电机组台数多，直径大、用钢量多、制造工艺比较复杂，故设备投资亦较大。所以，一般认为，潮汐电站每千瓦的单位造价较高。不过，从我国已建成的几个潮汐电站的实际情况来看电站的建设投资为每千瓦 2000～2500 元，和当时的河川小水电站的建设费用也差不多。

（4）泥沙淤积问题。潮汐电站的水库有泥沙淤积的问题，导致电站寿命有限。不过，双向发电潮汐电站按照正常的运行规律，水库泥沙出多于进，不致造成淤积，只可能在局部地点因水流流路受阻而出现淤积现象，无伤大局，这些在潮汐电站的模型试验中得到了证实。法国朗斯潮汐电站在运行 15 年后的总结中也并没有提到泥沙淤积问题。

五、潮汐发电的现状

1. 世界潮汐发电的现状

关于潮汐发电的研究已经有 100 多年的历史，最早从欧洲开始，德国和法国走在最前面。潮汐发电逐渐成为潮汐能利用的主要发展方向。

世界上正在运行的大型潮汐电站见表 6-1，这些电站代表着世界潮汐能开发的最高水平。

表 6-1　　　　　　　　　　世界上正在运行的大型潮汐电站

国家	站址	库区面积/km²	平均潮差/m	装机容量/WM	投运时间
法国	朗斯	17	8.5	240	1967 年
加拿大	安纳波利斯	6	7.1	20	1984 年
中国	江厦	2	5.1	3.20	1980 年
苏联	基斯拉雅	2	3.9	0.40	1968 年

联合国开发论坛曾估计，到 2000 年全世界潮汐发电可达 300 亿至 600 亿 kWh，实际进展却没有这么快。初步统计，目前全世界潮汐电站的总装机容量为 26.5 万 kW。世界动力会议预计到 2020 年，世界潮汐电站发电总量将达 120 亿～600 亿 kWh。

全球有许多地方适于兴建潮汐电站。近海（距海岸 1km 以内），水深在 20～30m 的水域为理想海域。欧洲工会已探测出 106 处适于兴建潮汐电站的海域，英国就有 42 处。在菲律宾、印度尼西亚、中国、日本海域都适合兴建潮汐电站。据联合调查资料表明，全世界有将近 100 个站址可以建设大型潮汐电站，能建设小型潮汐电站的地方则更多。

潮汐能发电的规模开始从中、小型向大型化发展。世界上有不少港湾和河口的平均潮差在 4.6m 以上，北美芬迪湾最大潮差有 18m，法国圣马洛港附近最大潮差有 13.5m，我国钱塘江大潮时最大潮差有 8.9m。

世界各国计划兴建的 100MW 级以上的潮汐电站有十余座，如英国塞文河口大坝（装机 7200MW），加拿大芬迪湾坎伯兰潮汐电站（装机 3800MW），韩国仁川湾潮汐电站（装机 400MW），印度卡奇湾潮汐电站（装机 7360MW）等。

近年，国外还出现了不用建设大坝和水库的新型潮汐发电技术。还有人考虑在潮差小的地区，对有利地形加以改造，造成海水与大洋潮汐共振，从而形成大潮差。

随着潮汐能开发利用技术的成熟和成本的降低，一些专家断言，未来无污染、廉价的能源将是永恒的潮汐能。

2. 我国潮汐发电的现状

中国是世界上建造潮汐电站最多的国家，在 20 世纪 50 年代至 70 年代，先后建造了 50 座左右的潮汐电站，但据 20 世纪 80 年代初的统计，其中大多数已经不再使用。20 世纪 80 年代以来浙江、福建等地对若干个大中型潮汐电站，进行了考察、勘测和规划设计、可行性研究等大量的前期准备工作。

目前，中国有 7 个潮汐电站仍正常运行发电，总装机容量 7245kW，每年可发电 1000 多万 kWh。这 7 座潮汐电站分别是：浙江乐清湾的江厦潮汐试验电站、海山潮汐电站、沙山潮汐电站，山东乳山的白沙口潮汐电站，浙江象山县岳浦潮汐电站，江苏太仓浏河潮汐电站，福建平潭县幸福洋潮汐电站，相关数据详见表 6-2。

表 6-2　　　　　　　　　　　　　我国发电运行中的 7 座潮汐电站

站名	位置	潮差/m	容量/GW	开发方式	投运时间/年
江厦	浙江温岭乐清湾	5.1	3.2	单库双向	1980
幸福洋	福建平潭县平潭岛	4.5	1.28	单库单向	1989
白沙口	山东烟台乳山白沙口海湾	2.4	0.64	单库单向	1978
浏河	江苏太仓浏河口	2.1	0.15	单库双向	1976
海山	浙江温岭乐清湾	4.9	0.15	双库单向	1975
岳浦	浙江象山县三门湾	3.6	0.15	单库单向	1971
沙山	浙江温岭乐清湾	5.1	0.04	单库单向	1961

我国的潮差偏小，平均潮差都在 5m 以下，因而潮汐电站发电所带来的经济效益不会太高，潮汐电站的设计必须着眼于大坝建造所带来的交通、围垦、滩涂等资源的综合利用效益上。

【知识拓展】

法国朗斯潮汐能发电站和江厦潮汐能发电站简介

一、法国朗斯潮汐能发电站

如图 6-15 所示为法国朗斯潮汐能发电站。1961 年 1 月，由戴高乐政府批准，开始正式兴建圣马洛附近朗斯河口的朗斯潮汐能发电站，1966 年第二台机组投入运行，至 1967 年全部竣工投入运行。朗斯潮汐能发电站是当时世界上正在运行的装机容量最大的潮汐能发电站（装机容量 240MW）。该电站位于法国西北部英吉利海峡沿岸，由于大西洋潮汐流入英吉利海峡布里塔尼半岛伸入峡中，使潮位涌高，最大潮汐达 13.5m，是世界上著名的潮差地点之一。同时，流入海峡的朗斯河口地形狭窄，只有 750m 宽，便于建造拦水堤坝。这样的潮差和地形条件对于建设潮汐能发电站十分理想。该电站装机 24 台，每台容量为 1 万 kW，总装机容量为 24 万 kW，现年发电能力约为 6 亿 kWh。采用可在 6 种工况下运行的低水头双向灯泡贯流式机组，设备中使用了大量的不锈钢材，并采用了计算机控制等新技术。30 多年来，该电站运行正常，机组利用率高达 95%，每年因事故而停止运转的时间少于 5 天。朗斯潮汐能发电站的总投资高达 4.8 亿法郎，每千瓦造价为 2000 法郎，约为当时水电站造价的 2.5 倍。

图 6-15 法国朗斯潮汐能发电站

朗斯潮汐发电工程主要包括：①发电站厂房。它是挡水坝和厂房相结合的建筑物，也起着挡水坝的作用。其水下部分安装水轮发电机组，水流通过灯泡贯流式水轮发电机组进出水库，从而推动机组转动发电。②船闸。船闸位于河的左侧，朗斯河与海峡航行的船只可由此通过。③泄水闸。泄水闸分置于坝的两侧，用以控制进、出水库的水量。④堆石坝。堆石坝与厂房毗连，厂房虽然起到部分挡水作用，但长度较河的宽度小，因而无法全部拦断河道，不足部分则用堆石坝挡水。上述各项建筑物的建设，使朗斯河与海湾隔开，并形成了一个面积为 22km² 的大水库，蓄水量最大可达 1.84 亿 m³。在 384.5m 长的厂房内，安装了 24 台单机容量为 1 万 kW、水轮机直径为 5.5m 的水轮发电机组。

该电站采用的是灯泡贯流式水轮发电机组，其优点有：①既能在涨潮水流方向发电又能在落潮水流方向发电。②既可以发电又可以在需要时输入电力，把发电机变成电动机；同时，水轮机起着水泵抽水的作用，在不需要发电和抽水时，还可以当作泄水管排水。朗斯灯泡贯流式机组构造示意如图 6-16 所示。

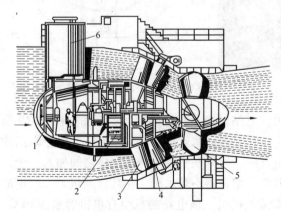

图 6-16 朗斯灯泡贯流式机组构造示意图

1—灯泡体；2—发电机；3—支撑座环；
4—导水叶片；5—转叶；6—进出井

该工程灯泡式装置注水门和船闸的阴极保护系统在抵抗盐水腐蚀方面很有效。这个系统使用的是白金阳极，耗电仅为 10kW。

这个工程对环境的影响是良好的。在拦河坝体上修筑的车道公路使圣马洛和狄纳尔德之间的路线缩短，在夏季每月的最大通车量达 50 万辆。这个工程对旅游者有很大的吸引力，每年前去游览的游客达 20 多万人。拦河坝有效地把这个河口变成人工控制的湖泊，大大改善了驾驶游艇、防汛和防浪的条件。

朗斯潮汐电站的主要技术经济参数如下：最大潮差：13m，平均潮差：8.5m，库容：1.84 亿 m^3，坝总长：750m，坝高：12m，水库面积：22km²，厂房总长：384.5m，装机台数：24 台，单机容量：10000kW，机组型式：双向六工况灯泡贯流式机组，年发电能力：6 亿 kWh，总投资：4.8 亿法郎，控制方式：采用计算机控制系统，发电成本：1973 年为 0.0967 法郎/kWh，1975 年为 0.0872 法郎/kWh。

二、江厦潮汐电站

如图 6-17 所示，江厦潮汐电站位于浙江省温岭县西部沙山乡乐清湾的江厦港上，是目前中国最大的双向潮汐能发电站。该电站的研建列入了国家"六五"重点科技攻关计划，总投资为 1130 万元，1974 年开始研建，1980 年首台 500kW 机组开始发电，1985 年建成。该电站共安装 500kW 机组 1 台、600kW 机组 1 台、700kW 机组 3 台，总装机容量为 3200kW，为单库双向用式电站，水库面积 $1.58 \times 10^6 m^2$，设计年发电量为 $10.7 \times 10^6 kWh$。

1996 年江厦潮汐电站全年的净发电量为 $5.02 \times 10^6 kWh$，约为设计值的一半，造成这一情况的主要原因是机组的设计状态与实际状态有差异；同时机组的保证率、运行控制方式等也需要提高。该电站是一项综合性的开发工程，除发电外，还兼有土地围垦和水产养殖等多项效益。

该电站所处的地形条件很为有利，湾内肚子较大，而湾口狭窄，整个形态像布袋形。这样，水库容积大，而出口处筑的堤坝却可以较短，从而使得工程量小，最大潮差与著名的钱塘江潮差接近。

江厦潮汐电站平面示意图如图 6-18 所示。该电站虽然采用单水库的型式，但却是涨、落潮都能发电的双向潮汐电站。

图 6-17　江厦潮汐电站

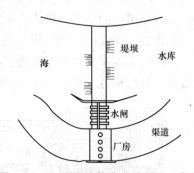

图 6-18　江厦潮汐能发电站平面示意图

该电站采用的是卧轴双向灯泡贯流式机组。电站厂房及机组的剖面示意图如图 6-19 所示。水轮机和发电机连接在同一卧轴上，水流可径直通向水轮机，带动发电机发电。因潮汐能发电站水位差较小，推动水轮机转动的力量有限，所以在水轮机和发电机之间加入一个传动增速器以提高发电机的转速。为了保护发电机和增速器不被水浸，在其仓部包了一层钢的封壳，外表很像个大的灯泡，故而称作灯泡贯流式机组。该电站的机组有单机容量 500kW、600kW 和 700kW 三种规格，转轮直径为 2.5m。并在海上建筑和机组防腐蚀、防海洋生物附着等方面，以较先进的办法取得了良好的效果。尤其是后两台机组，达到了国际先进技术水平，具有双向发电、泄水和泵水蓄能等多种功能，并采用了先进的行星齿轮增速传动机构，这样既不用加大机组的体积，又增大了发电功率，还降低了建筑成本。

　　从总体上来说，江厦潮汐电站的建设是成功的，它为中国潮汐能发电站的建设提供了较为全面的技术，并为潮汐能发电站的运行、管理及多种经营等积累了较为丰富的经验。

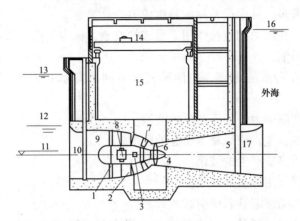

图6-19　江厦潮汐能发电站厂房及机组剖面示意图

1—灯泡贯流式机组；2—支撑；3—增速器；4—转轮壳；5—尾水管；6—水轮机转叶；

7—水轮机导水叶片；8—发电机；9—流道；10—闸门槽；11—装机高程；12—最低潮水位；

13—最高库水位；14—吊车；15—厂房；16—最高潮水位；17—闸门槽

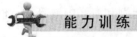　**能 力 训 练**

1. 潮汐电站按其开发方式的不同分为哪四种形式？
2. 简述潮汐电站的组成。
3. 简述潮汐发电的优缺点。

任务三　波 浪 发 电

　任 务 目 标

　　了解波浪能资源的特征及其分布；掌握振荡水柱式、摆式和收缩坡道式波浪发电装置的基本原理和特点；了解波浪发电的发展应用情况。

　知 识 准 备

一、波浪

　　海水受海风的作用和气压变化等影响，促使它离开原来的平衡位置，而发生向上、向下、向前和向后方向运动，这就形成了海上的波浪。波浪是一种有规律的周期性的起伏运动。

　　波浪的能量来自于风和海面的相互作用，是风的一部分能量传给了海水，变成波浪的动能和势能。风传递给海水的能量取决于风的速度、风与海水作用的时间及风与海水作用的路程长度，表现为不同速度、不同"大小"的波浪。

　　波浪可以用波高、波长（相邻的两个波峰间的距离）和波动周期（同一地出现相邻的两个波峰间的时间）等特征来描述。海浪的波高从几毫米到几十米，波长从几毫米到数千千米，波动周期从零点几秒到几小时以上。

　　波浪的划分标准很多，其中最常见的是按成因的分类如下。

　　（1）风浪和涌浪。在风力的直接作用下形成的波浪，称为风浪；风浪离开风吹的区域后所形成的波浪便称为涌浪。

　　（2）内波。发生在海水的内部，由两种密度不同的海水相对作用运动而引起的波浪现象。

　　（3）潮波。海水在潮引力作用下产生的波浪。

　　（4）海啸。由火山、地震或风暴等引起的巨浪。

　　（5）气压波。气压突变产生的波浪。

　　（6）船行波。船行作用产生的波浪。

　　（7）余波。海面波动逐渐衰弱所引起的波。

　　海洋波浪是海水的波动现象。自古就有"无风不起浪"和"无风三尺浪"的说法，事实上海上有风没风都会出现波浪。通常所说的海洋波浪，是指海洋中由风产生的波浪，包括风浪、涌浪和近岸波。无风的海面也会出现涌浪和近岸波，这就是人们所说"无风三尺浪"，实际上它们是由别处的风引起的海洋波浪传播来的。

　　广义上的海洋波浪，还包括在天体引力、海底地震、火山喷发、塌陷滑坡、大气压力变化和海水密度分布不均等外力和内力的作用下，形成的海啸、风暴潮和海洋内波等。它们都会引起海水的巨大波动，这是真正意义上的"海上无风也起浪"。

　　海洋波浪是海面起伏形状的传播，是水质点离开平衡位置，做周期性振动，并向一定方向传播而形成的一种波动，水质点的振动能形成动能，海洋波浪起伏能产生势能，这两种能的累计数量是惊人的。在全球海洋中，仅风浪和涌浪的总能量相当于到达地球外侧太阳能量的一半。

　　海洋波浪中的风浪是风直接推动的海洋波浪，同时出现许多高低长短不等的波浪，波面较陡，波峰附近常有浪花或大片泡沫。涌浪则是风浪传播到风区以外的海域中所表现的波浪。它具有较规则的外形，排列比较整齐，波峰线较长，波面较平滑，略近似正弦波。在传播中因海水的内摩擦作用，使能量不断减小而逐渐减弱。海洋近岸波，是风浪或涌浪传播到海岸附近，受地形的作用改变波动性质的海洋波浪。随海水变浅，近岸波传播速度变小，使波峰线弯转，渐渐和等深线平行，波长和波速减小。在传播过程中波形不断变化，波峰前侧不断变陡，后侧不断变得平缓，波面变得很不对称，以至发生倒卷破碎现象，且在岸边形成水体向前流动的现象。

二、波浪能资源

　　波浪能是指海洋表面的波浪所具有的动能和势能。波浪的前进，产生动能，波浪的起伏产生势能。

　　形成波浪的原动力主要来自于风对海水的压力以及其与海面的摩擦力，波浪能是海洋吸收了风能而形成的，其根本来源是太阳能（风能也来自于太阳能）。

　　波浪的能量与波高的平方、波浪的运动周期以及迎波面的宽度成正比。波浪能是海洋能源中能量最不稳定的一种能源。台风导致的巨浪，其功率密度（单位时间单位宽度波峰的能量）可达每米迎波面数千千瓦，而波浪能最丰富的欧洲北海地区，其年平均波浪功率也仅为 20~40kW/m，我国海岸大部分的年平均波功率密度为 2~7kW/m，其中浙江、福建、广东和台湾沿海为波浪能丰富的地区。波浪能是变化的，这里所说的年平均功率是指波浪能功率在一年内的平均值。

1. 世界波浪能资源分布

根据联合国教科文组织 1981 年公布的估计数字，全球的波浪能的理论蕴藏量为 30 亿 kW（3×10^9kW）。假设其中只有较强的波浪才能被利用，估计技术上允许利用的波浪能约占其中 1/3，即 10 亿 kW。

另据国际能源理事会（IEA）的保守估计，全世界可供开发利用的波浪能资源为 20 亿 kW，对应于年可利用能源 17.5 万亿 kWh（1.75×10^{13}kWh）的电量，几乎相当于全世界每年的用电量。

在盛风区和长风区的沿海，波浪能的功率密度一般都很高。在风速很高的区域，如纬度为 40°~60°，波浪能功率密度最大。纬度为 30°以内信风盛行的地区，也有便于利用的波浪能。南半球的波浪比北半球大，如夏威夷以南、澳大利亚、南美和南非海域的波浪能较大。北半球主要分布在太平洋和大西洋北部北纬 30°~50°。

大洋中的波浪能是难以提取的，因此可供利用的波浪能资源仅局限于靠近海岸线的地方。欧洲和美国的西部海岸、新西兰和日本的海岸均为利用波浪能的有利地区。如英国沿海、美国西部沿海和新西兰南部沿海等都是风区，有着特别好的波候（以某海区的某一个时期的海浪要素的平均值确立的该海区海浪现象的总体统计特征）。

2. 我国波浪能资源分布

根据海洋观测资料统计，我国沿海海域年平均波高在 2~3m，波浪周期平均 6~9S。虽然算不上波浪能资源很丰富的国家，但在我国广阔的海域中所蕴藏的波浪能也相当可观。

《中国新能源与可再生能源 1999 白皮书》公布的结果：进入岸边的波浪能理论平均功率为 1285 万 kW。

我国波浪能资源分布不均。中国沿岸的波浪能资源以台湾省沿岸最多，为 429 万 kW，占全国总量的 1/3；其次是浙江、广东、福建和山东省沿岸较多，在 161 万~205 万 kW 之间，合计 706 万 kW，占全国总量的 55%；其他省市沿岸则很少，仅在 14 万~56 万 kW 之间；广西沿岸最少，仅 8 万 kW 左右。

我国波浪能能量密度较低。我国沿岸最高波功率密度仅为世界最大波功率密度的 1/10。中国沿岸波能功率密度一般是岛屿附近比大陆岸边高，近海外围岛屿比沿岸岛屿高。全国沿岸波能功率密度最高的区段是浙江中部、台湾、福建海坛岛以北、渤海海峡和西沙地区沿岸，其次是浙江南部和北部、广东东部、福建海坛岛以南、山东半岛南部沿岸。渤海、黄海北部和北部湾北部沿岸最低。

3. 波浪能的特点

波浪能以机械能的形式存在，是海洋能中品位最高的能量。波浪能具有能量密度高、分布面广等优点，它是一种取之不竭的可再生清洁能源。尤其是在能源消耗较大的冬季，可以利用的波浪能能量也最大。小功率的波浪能发电，已在导航浮标、灯塔等方面获得推广应用。我国海岸大部分的年平均波功率密度为 2~7kW/m。在能流密度（在一定空间范围内，单位面积所能取得的或单位质量能源所能产生的某种能源的能量或功率）高的地方，每 1m

海岸线外波浪的能流就足以为 20 个家庭提供照明。

波浪能不容易利用。波浪能是可再生能源中最不稳定的能源，波浪不能定期产生，各地区波高也不一样，由此造成波浪能利用上的困难。

三、波浪发电基本原理

波浪发电装置的结构形式、工作原理多种多样，但这些装置的工作原理都具有如下共同点，图 6-20 为波浪发电装置的原理示意。

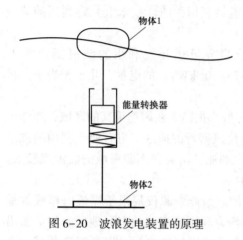

图 6-20　波浪发电装置的原理

1）具有一个在波浪中运动的物体 1。

2）具有一个与物体 1 相对运动的物体 2。

3）具有一个能量转换器，将物体 1 与物体 2 相对运动的机械能转换成所需的能量。

波浪能利用的关键是波浪能转换装置。通常要经过三级转换：第一部分为波浪能采集系统，作用是捕获波浪的能量；第二部分为机械能转换系统（能量转换器），作用是把捕获的波浪能转换为某种特定形式的机械能，一般是将其转换成某种工质如空气或水的压力能，或者水的重力势能；第三部分为发电系统，与常规发电装置类似，将机械能传递给发电机转换为电能。目前国际上应用的各种波浪能发电装置都要经过多级转换。

目前，波浪发电的原理主要是利用波浪运动的势能差、往复力或浮力产生的动力，方法大致有三种：利用物体在波浪作用下的振荡和摇摆运动；利用波浪压力的变化；通过波浪的汇聚爬升将波浪能转换成水的势能等。

机械能转换系统有空气涡流机、低水头水轮机、液压系统、机械机构等。

发电系统主要是发电机及传递电能的输配电设备。波浪发电装置产生了电能之后，往往还需要复杂的海底电缆和电能调节控制装置，才能最终输送到用户或电网。

四、波浪发电装置

按使用安装的位置不同，海洋波浪发电装置分为海洋式波浪发电装置和海岸式波浪装置两类。海洋式波浪发电装置最多的是漂浮在海面上的浮标式波浪发电装置，它利用波浪起伏产生的气流冲击涡轮机发电。海岸式波浪发电装置的涡轮发电机组安装在岸上，利用波浪力压缩空气，以强大的气动力推动涡轮机工作。

按波浪能采集系统的形式，波浪能发电装置主要有振荡水柱式（OWC）、振荡浮子式（Buoy）、摆式（Pendulum）、点头鸭式（duck）、海蛇式（Pelamis）、收缩坡道式（Tapchan）等。

某些类型的波浪能发电装置经过了多年的实验室研究和实际海况试验以及较大容量的应用示范研究，其技术已逐步接近实用化水平。目前被认为比较有商业价值的，包括振荡水柱式波浪发电装置、摆式波浪发电装置和收缩坡道式（也称聚波水库式）波浪发电装置等。

1. 振荡水柱式波浪发电装置

振荡水柱式（OWC）波浪发电装置的独特之处在于可以依靠共振来加强水柱运动。在对振荡体进行研究时发现，当振荡体处于共振状态时，入射波与辐射波的联合作用使得物体入射波方向的波高增加，而振荡体背部的波高减小，从而增加了波能转换装置的效率。气室内的水柱由于波浪的作用做上下往复运动，且本身具有一固有频率，当入射波的频率与固有频率相近时，系统将产生共振，从而加大气室内水柱的振幅。水柱的作用如同一活塞，并导致水柱自由表面上部的空气柱产生振荡运动，空气在气室上方的出气孔处流经一往复透平，从而将高速空气动能转换为电能。振荡水柱式波浪发电装置能量转换示意如图 6-21 所示。

振荡水柱式波浪发电装置根据其系泊方式可分为固定式和漂浮式两种。固定式装置既可以建造在岸边（称为岸式），也可以建造在海里（称为离岸式）。近年来国外建造的岸式装置有：挪威 500kW 岸式波浪发电装置，英国的 75kW 岸式波浪发电装置，英国的 500kW 岸式波浪发电装置，葡萄牙 500kW 岸式波浪发电装置，印度 150kW 沉箱式波浪发电装置。我国于 1990 年在大万山岛建成国内第一座 3kW 岸式波浪电站，后来又于 1996 年在原结构基础上建成 20kW 岸

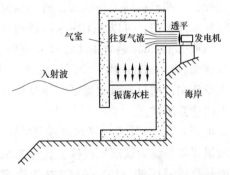

图 6-21 振荡水柱式（OWC）波能转换装置

式振荡水柱波浪电站。2001 年，又在广东汕尾建成了我国第一座百千瓦级波浪电站。其运行性能和安全性能均达到设计要求，并顺利通过国家验收。随着 100kW 岸式振荡水柱波浪电站的结题，也标志着我国波浪能利用水平已处于世界先进行列。离岸式装置如欧共体的 OSPREY 号 2MW 波能装置。漂浮式装置有日本巨鲸号 120kW 波浪发电装置，中国的 5kW 漂浮式后弯管波浪发电装置，此外还包括约 500 个 10W 中心管波浪发电导航标灯浮标。

振荡水柱式装置的最大优点就是：透平机组等相对脆弱的机械部分只与往复流动的空气接触，不与波浪接触，因而比与波浪直接接触的直接式波能装置的抗恶劣气候性能好，故障率低。但其缺点也很明显：①建造费用昂贵。固定式装置通常是用钢筋混凝土浇筑而成。由于施工环境恶劣，建造气室等水下结构时风险较高，因此除了材料成本外，还要考虑天气等

图 6-22 振荡浮子式波浪发电装置

因素的影响所造成的机械、人工停工等待及返工的费用。而漂浮式装置成本主要体现在材料上。漂浮式装置一般为钢结构的，再加上其系泊系统，造价并不比固定式的便宜。②转换效率低。该装置通过压缩空气驱动透平对外做功，由于往复流中空气透平的效率较低，装置将波浪能转换为电能的总效率约为 10%~30%。

2. 振荡浮子式

振荡浮子式波浪发电装置（见图 6-22）利用波浪的运动推动装置的活动部分——鸭体、筏体、浮子等产生往复运动，以驱动油、水等中间介质，通过中间介质

推动转换发电装置发电。振荡浮子式发电装置包括浮子式、筏式等，代表装置有瑞典 AquaBuoy、英国 Pelams、我国 50kW 岸式振荡浮子波浪能电站和 30kW 沿岸固定式摆式电站等。

振荡浮子式（Buoy）波浪发电转换装置，包含浮体及连接在浮体上的加速管。加速管顶端及底端之中间部位称为工作圆筒（内有工作活塞），其开口在上下两边，可使水在工作圆筒和加速管所浸没的水体之间畅流无阻。能量吸收装置是一对具弹性的软管泵，受工作活塞操控，一端连接到工作活塞，另一端则固定于转换器上。随着波浪运动，浮子上下起伏使软管伸张及松弛，可以压迫海水经过阀到中心的涡轮机及发电单元。

瑞典 AquaBuoy 装置的 1/2 尺寸模型于 1982 年在海底测试，使用了 IPS 公司所制的浮子和软管泵。AquaBuoy 由一个浮子组成，其升沉运动和加速管（位于浮子下面）中水的惯性产生反作用，通过一对软管泵产生高压水流。2007 年这个装置的模型在美国俄勒冈州海岸附近研建并测试。

英国 Pelamis 装置（又名海蛇号）由苏格兰 OPD 公司研制，它实际为筏式波浪能装置，其能量采集系统为端部相铰接、直径 3.5m 的浮筒，利用相邻浮筒的角位移驱动活塞，将波浪能转换成液压能。Pelamis 装置装机容量为 750kW，放置在水深为 50~60m 的海面上，2004 年 8 月海试。

2006 年在葡萄牙建造世界上第一个波浪能发电场，第一期发电场由 3 个 Pelamis 构成，总装机容量 2.25MW。我国 50kW 岸式振荡浮子波浪能电站，由中国科学院广州能源研究所建造，位于广东省汕尾市，项目开始于 2001 年，2006 年 4 月建成。海试表明，在波高 0.7m 时，平均发电功率 3kW，总转换效率约 40%。国家海洋技术中心 1994 年和 2000 年分别研制了 8kW 和 30kW 沿岸固定式摆式电站，实现了离网发电，为岛上居民供电。

3. 越浪式发电装置

越浪式发电装置（over topping）利用倾斜的水道将波浪引入高位水库形成水位差，利用水势能差直接驱动水轮发电机组发电。

越浪式包括了收缩波道式装置（tapered channel）和槽式装置（sea slot-cone generator, SSG）。采用越浪技术的装置有挪威 350kW 收缩波道装置、挪威槽式装置和欧洲多国合作 Wave Dragon 波浪装置等。

挪威波能公司 50kW 收缩波道波浪发电装置是最早的收缩波道式波浪装置，1986 年建成，装机容量 350kW，收缩波道开口宽 60m，呈喇叭形逐渐变窄的楔形导槽，逐渐收缩通至高位水库，高位水库与外海间的水头落差达 3.5m。电站自建成以来一直工作正常。在波浪能电站入口处设置喇叭形聚波器和逐渐变窄的楔形导槽，当波浪进入导槽宽阔的一端向里传播时，波高不断地被放大，直至波峰溢过边墙，将波浪能转换成势能。水流从楔形流道上端流出，进入一个水库，然后经过水轮机返回大海。这种形式的波浪能电站示意图如图 6-23 所示。

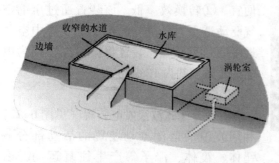

图 6-23　收缩坡道式波浪能电站示意图

这种转换方式的优点在于：①利用狭道把大范围的波浪能聚集在很小的范围内，可以提高能量密度；②整个过程不依赖于第二介质，波浪能的转换也没有活动部件，可靠性好，维护费用低且出力稳定；③由于有了水库，就具有能量储存的能力，这是其他波浪能转换装置所不具备的。不足之处是，建造这种电站对地形要求严格，不易推广。

挪威的槽式装置使用多层级储水池，波浪上升时注满较低层级的水槽并沿着倾斜的面海防波堤继续上升，并注满更高层级的水槽。其动力输出装置使用特制的多层级垂直轴涡轮机。欧洲多国合作的 Wave Dragon 越浪装置，由丹麦牵头，6 个欧洲国家、多个公司和大学共同参与，装机容量 4×7MW，采用发电上网的输送方式，能量采集采用漂浮式的收缩坡道方式。该装置由钢结构组成，漂浮于海面上，通过锚链锚泊于海底，两侧具有导浪浮体，采用低水头的 Kaplan 水轮机组发电。

五、波浪发电的发展

据统计，全世界有近万座小型波浪发电装置在运行，主要用于航标灯、浮标等；也有些国家已开始向中、大型波浪发电装置发展。

1910 年，法国的波契克斯·普莱西克建造了一套气动式波浪能发电装置，供应他自己的住宅 1kW 的电力。1960 年，日本发明了导航灯浮标用汽轮机波浪能发电装置，获得推广，成为首次商品化的波浪能发电装置。受石油危机的刺激，从 20 世纪 70 年代中期起，英国、日本、挪威等海洋波浪能资源丰富的国家，把波浪能发电作为解决未来能源的重要措施之一，大力研究开发。在英国，索尔特发明了点头鸭装置，科克里尔发明了波面筏装置，国家工程实验室发明了振荡水柱装置。1978 年，日本建造了一艘长 80m、宽 12m、高 5.5m 的"海明号"波浪发电船。该船有 22 个底部敞开的气室，每两个气室可装设一台额定功率为 125kW 的汽轮机发电机组。总装机容量 1250kW，年发电能力 180 万 kW·h，很大程度上解决了日本众多岛屿居民的能源问题。1978~1986 年，日本、美国、英国、加拿大、爱尔兰五国合作，先后三次在日本海由良海域对"海明号"进行了海洋波浪能发电史上最大规模的海试。日本还于 1988 年开始在酒井港建造一座 20 万 kW 的波浪发电装置，用海底电缆向陆地供电。1985 年，英国、中国各自研制成功采用对称翼汽轮机的新一代导航灯浮标用的波浪发电装置；挪威在卑尔根附近的奥伊加登岛建成了一座装机容量为 250kW 的收缩斜坡聚焦波道式波浪发电站和一座装机容量为 50kW 的振荡水柱气动式波浪发电站，标志着波浪能发电实用化的开始。

波浪能发电技术虽然已有许多年的历史，但其进程十分缓慢。由于技术不成熟、海洋环境恶劣等原因，许多国家在 1989~1999 年的 10 年间投入很少。然而在近几年，许多国家，特别是英国和挪威，国家和私有企业均投入了大量的资金来研究和发展波浪能发电装置。英国的潮汐动力，足可满足英国电力消耗的 10%。英国把波浪发电的研究放在新能源开发的首位，甚至把它称为"第三能源"。20 世纪 90 年代初在苏格兰的艾莱岛上建成一座发电能力为 75kW 的海洋波浪发电站。爱丁堡大学研制 5 万 kW 的海洋波浪发电装置，还在海岸以外的海面上建造波浪能发电站。挪威于 1984 年 5 月在卑耳根建造的两座波浪电站，装机容量分别为 350kW 和 500kW。后来，又开始建造 1 万 kW 的波浪电站，还于 1988 年与印尼在巴厘岛建造了 1500kW 级波浪电站。

中国于 1978 年研制了 1 台 kW 级空气涡轮波浪发电浮筒，曾经在浙江省舟山群岛的录华山海域进行试验并发电。20 世纪 80 年代初，波浪发电研究从上海扩展到广州、北京、大连、青岛、天津和南京等地。从事波浪发电研究的单位有十几个，如中国科学院广州能源研究所。波浪发电技术经近 30 年的开发研究，获得了较快的发展。气动式航标灯用微型波浪发电装置，首先获得成功。已有 600 多台在南北沿岸海域的航标和大型灯船上推广应用，弯管型浮标波浪发电装置已出口国外。

　　1990 年中国科学院广州能源研究所在珠江口大万山岛上建设的 3kW 岸基式波浪发电站试发电成功；1996 年成功地建设 20kW 岸式波浪实验电站和 5kW 波浪发电船。国家海洋技术中心在山东青岛大管岛研建成功 8kW、30kW 摆式波浪实验电站。

　　中国科学院广州能源研究所研制出独立稳定的波浪能发电系统。2005 年 1 月 9 日，在汕尾波浪电站波浪能独立发电系统第一次小功率实海况试验获得成功，这标志着海洋能中的波浪能稳定发电。从试验结果看，波浪独立发电系统在抗冲击、稳定发电、小浪发电等方面已达到预计效果。该系统由独立发电系统、制淡系统及漂浮式充电系统三部分组成，总装机容量 50kW，最大波浪能峰值功率为 400kW。可惜在 2005 年 8 月的一次台风过程中运行 29h 后，因装置被巨浪击毁而停止运行。

图 6-24　鹰式波浪能发电装置"万山号"

　　2015 年，中国科学院广州能源所研建的 100kW 鹰式波浪能发电装置"万山号"在珠海市万山海域成功投放，并在 0.5m 的微小波况下实现了蓄能发电，输出电力质量达到了市电标准。图 6-24 为鹰式波浪能发电装置"万山号"海试进行中。

　　该装置在 1.5m 的波高条件下日发电量可达 1087kWh，日发电小时数超过 10h，能量转换效率达到世界先进水平。鹰式波浪能发电装置实现了我国大型波浪能转换技术由岸式向漂浮式的成功转变，为我国波浪能装备走向深远海域奠定了坚实基础。

　　总之，我国波浪发电研究虽然起步较晚，但在国家科技攻关计划、"863"计划支持下，发展较快。微型波浪发电技术已经成熟，并已商品化，小型岸式波浪发电技术也已进入世界先进行列。但是中国波浪发电装置示范试验的规模远小于挪威和英国，试验的开发方式类型远少于日本，且小型装置距实用化还有一定距离，装置运行的稳定性和可靠性等还有待进一步提高。

能力训练

1. 简述我国的波浪能资源的分布情况。
2. 波浪能资源的特点是什么？
3. 波浪发电装置按波浪能采集系统的形式分类有哪些？
4. 简述振荡水柱式发电装置的原理。

任务四　其他海洋能发电

任务目标

　　了解海流能、温差能和盐差能资源的特征及其分布；掌握海流发电的基本原理和电站的构成，了解温差能和盐差能的发电原理。

 知识准备

一、海流发电

1. 海流

海流是指大范围的海水朝着一定方向做有规律的流动的现象。

产生海流的原因主要有两个：一个是方向不变的信风，另一个是海水的温度和盐度的不同。

2. 海流能

海流能是指海水这种流动所蕴藏的动能，是一种以动能形态出现的海洋能。

海流能的能量与流速的二次方和流量成正比。相对波浪而言，海流能的变化要平稳且有规律得多。其中洋流方向基本不变，流速也比较稳定；潮流会随潮汐的涨落每天周期性地改变大小和方向。

一般来说，最大流速在 2m/s 以上的水道，其海流能均有实际开发的价值。洋流的动能非常大，如佛罗里达洋流所具有的动能，约为全球所有河流具有的总能量的 50 倍。又如世界上最大的暖流——墨西哥洋流，在流经北欧时为 1cm 长海岸线上提供的热量大约相当于燃烧 600t 煤所产生的热量。

根据联合国教科文组织 1981 年出版物的估计数字，海流能的理论蕴藏量为 6 亿 kW。实际上，上述能量是不可能全部取出利用的，假设只有较强的海流才能被利用，估计技术上允许利用的海流能约 3 亿 kW。也有文献认为，世界上可利用的海流能约为 0.5 亿 kW。

根据《中国新能源与可再生能源 1999 白皮书》对中国沿海 130 个水道、航门的各种观测及分析资料，计算统计获得中国沿海海流能的年平均功率理论值约为 $1.4×10^7$ kW。我国辽宁、山东、浙江、福建和台湾沿海的海流能较为丰富，不少水道的能量密度为 $15~30$ kW/m^2，具有良好的开发价值。值得指出的是，中国的海流能属于世界上功率密度最大的地区之一，特别是浙江的舟山群岛的金塘、龟山和西堠门水道，平均功率密度在 20kW/m^2 以上，开发环境和条件很好。

3. 海流发电基本原理

海流能发电与风力发电和常规水力发电的原理类似，通过一定的能量转换装置，将海水的动能转换为电能。海流能量转换装置大多采用水轮机形式，水平流动的海水冲击叶轮将水流的动能转换为水轮机的旋转机械能，水轮机经机械传动系统带动发电机发电，最终转换为电能。

风的运动呈随机性，风速的大小和方向变化剧烈，有风和无风受气候影响，因此风轮的转动及风能转换呈随机性；而海流的运动是周期性的，在某一固定海域海流流速的大小和方向可准确预测，因此海流水轮机的转动及其海流能量转换呈准确的周期性变化。在平潮憩流期，海流动能为零或极小，水轮机停止转动或蠕动，海流能量转换停止。

海流发电不需要筑坝蓄水，位势水头几乎是零，海流依其动能冲击水轮机转动，因此可将海流水轮机称为零水头水轮机。

二、温差发电

1. 温差能

海水温度大体保持稳定，各处的温度变动值一般为-2~30℃，最高温度很少超过 30℃。

而不同地域、不同深度的海水，温度是有差异的。海水温度的水平分布，一般随纬度增加而降低。

经过长期观测，科学家发现到达水面的太阳辐射能，大约有 60% 透射到 1m 的水深处，有 18% 可以到达海面以下 10m 深处，少量的太阳辐射能甚至可以透射到水下 100m 的深处。海水温度随水深而变化，一般深海区大致可以分为三层：第一层是从海面到深度 60m 左右的地方，称为表层，该层海水一方面吸收着太阳的辐射能，一方面受到风浪的影响使海水互相混合，海水温度变化较小，在 25 ~ 27℃；第二层水深 60 ~ 300m，海水温度随着深度加深急剧递减，温度变化较大，称为主要变温层；第三层深度在 300m 以下，海水因为受到从极地流来的冷水的影响，温度降低到 4℃ 左右。

海水温差能，是指由海洋表层海水和深层海水之间的温差所形成的温差热能，是海洋能的一种重要形式。低纬度的海面水温较高，与深层冷水存在较大的温差，因而储存着较多的温差热能，其能量与温差的大小和水量成正比。表层海水和深层海水之间存在着 20℃ 以上的温差，是巨大的能量来源。

利用海水的温差可以实现热力循环并发电。按现有的科学技术条件，利用海水温差发电要求具有 18℃ 以上的温差。

地球两极地区接近冰点的海水在不到 1000m 的深度大面积地缓慢流向赤道，在许多热带或亚热带海域终年形成 18℃ 以上的垂直海水温差。

据日本佐贺大学海洋能源研究中心相关资料显示，位于北纬 45° 至南纬 40° 的约 100 个国家和地区都可以进行海洋温差发电。

根据联合国教科文组织 1981 年出版物的估计数字，温差能的理论蕴藏量为 400 亿 kW。考虑到温差利用会受热机卡诺效率的限制，估计技术上允许利用的温差能约 20 亿 kW。我国海域可利用的海水温差能达 1.2 亿 kW。

根据《中国新能源与可再生能源 1999 白皮书》公布的调查统计结果，对 130 个水道估算统计，我国南海的表层海水温度全年平均值为 25 ~ 28℃，其中有 300 多万 km^2 海区，上下温差为 20℃ 左右，是海水温差发电的好地方。

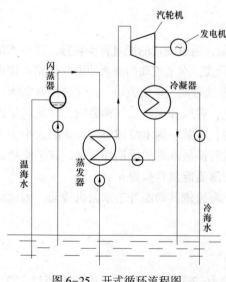

图 6-25 开式循环流程图

2. 温差发电的原理

通常所说的温差发电，大多是指基于海洋热能转换的热动力发电技术，其工作方式分为开式循环、闭式循环和混合循环三种。

（1）开式循环。

开式循环使用水作工质，其流程如图 6-25 所示。温海水进入闪蒸器，在负压（大约 2.45kPa）下闪蒸汽化，产生的蒸汽进入汽轮机做功，乏汽排入冷凝器冷凝成水，冷凝水再由冷凝水泵排出。由于冷凝水不返回到循环中，因此称之为开式循环。

开式循环使用水作工质，不会对环境造成任何污染，不存在工质回收问题，不存在金属换热面，结构简单，金属耗量少，成本低。由于没有金属换热面，因此也就不存在换热面的沾污、结垢和腐蚀等问题，给运行维护带来极大的方便。另外，开式循环的冷凝水是质量很好的淡水，这是宝贵的副产品。但开式循环系统工作在很高的真空度下，10℃时水的饱和蒸汽压力仅有 0.0012MPa 左右，因此系统随时抽除漏入系统的不凝结气体。另外开式循环需要大流量、低熔降的汽轮机，这样的汽轮机体积庞大，并且要求气体动力和强度设计也相当高。

（2）闭式循环。

闭式循环又叫中间介质循环，其特点是实用低沸点流体代替水作循环的工质，低沸点工质不能抛弃，必须回收使用，其流程形成一封闭回路。因此称之为闭式循环。其流程如图 6-26 所示。

首先，低沸点工质在蒸发器中吸收温海水的热量而汽化。工质蒸汽进入汽轮机膨胀做功。乏汽进入冷凝器中被冷海水冷凝成液态工质，再由工质泵升压打进蒸发器中蒸发汽化。这样，低沸点工质构成一个封闭循环，从而源源不断地把温海水的热量转化成动力。

闭式循环克服了海洋热能电站单机功率受限制的缺点，低沸点工质汽轮机的体积和成本大大低于开式循环汽轮机。但闭式循环必须使用体积巨大的表面式蒸发器和冷凝器，而这样又会使传热面不可避免地沾污将增大传热热阻，减少有用的温差，导致发电能力的下降。还有，闭式循环不能副产淡水，这就使其经济价值减小。

（3）混合式循环。

混合式循环把开式循环和闭式循环结合起来，保留了闭式循环的整个回路（见图 6-27）。但是它不是把温海水直接通进蒸发器去加热低沸点工质，而是用温海水减压闪蒸出来的蒸汽作为蒸发器的热源。这样做可以免除蒸发器被海水腐蚀和海生物沾污，同时还可以得到淡水。同时，蒸发器的高温侧由原来液体对流换热转变为蒸汽冷凝换热，其放热系数可有较大提高，从而可以减少蒸发器的换热面积。但是，混合式循环增加了海水闪蒸汽化这一环节，消耗了一部分温海水的温位，导致循环的发电量减少。这是混合式循环的显著缺点。

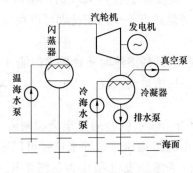

图 6-26　闭式循环流程图

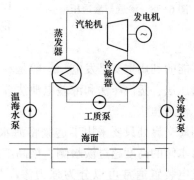

图 6-27　混合式循环流程图

我国的海洋能温差发电研究比较滞后，20 世纪 80 年代初，中国科学院广州能源研究所、中国海洋大学、天津国家海洋技术中心少量的研究工作。

温差能因其蕴藏量最大、能量最稳定，在各种海洋能资源中，人们对它所寄托的期望最大，研究投资也最多。海洋温差发电的优点是几乎不会排放二氧化碳，可以获得淡水，因而有可能成为解决全球变暖和缺水这些 21 世纪最大环境问题的有效手段。

到目前为止，全球仅建造了为数不多的几家发电站，大多停止运行。目前很多海洋温差能发电系统仅停留在纸面上，在达到商业应用前，还有许多技术问题和经济问题需要解决，包括：①转换效率低，20~27℃温差下的系统转换效率仅有6.8%~9%，加上发出电的大部分用于抽水，发电装置的净出力有限；②海洋温差小，所需换热面积大，热交换系统、管道和涡轮机都比较昂贵，建设费用高；③冷水管的直径又大又长，工程难度大，还有海水腐蚀、海洋生物的吸附，以及远离陆地输电困难等不利因素，建设难度大。

三、盐差发电

1. 盐差能

盐差能是指海水和淡水之间或两种含盐浓度不同的海水之间的化学电位差能。盐差能主要存在于河海交接处，同时，淡水丰富地区的盐湖和地下盐矿也可以利用盐差能。盐差能是海洋能中能量密度最大的一种可再生能源。

这种能源存在于两种不同浓度溶液之间，以化学潜能的形式存在。盐差能来源于太阳。当太阳照在海面、湖面时，水分蒸发；但对不同盐度的盐水，蒸发同样一升水所需的能量不同。盐度越大，所需能量越多，显然蒸发一升淡水所需要的能量是最少的。这一差值形成了盐差能。水通过半透膜进入海水中去时，能量就会被释放出来。

如图6-28那样漏斗倒置在淡水中；并在漏斗中灌入盐水，使淡水与盐水面同高，盐水面会越来越高，水位差为 h。淡水与海水之间的渗透压可使 h 值达到240m。而流入死海的约旦河口处，河水与湖水之间的渗透压可高达49MPa。

据估计，世界各河口区的盐差能达 $3 \times 10^{10}\text{kW}$，可能利用的有 $2.6 \times 10^9\text{kW}$。我国的盐差能估计为 $1.1 \times 10^8\text{kW}$，主要集中在各大江河的出海处，同时，我国青海省等地还有不少内陆盐湖可以利用。

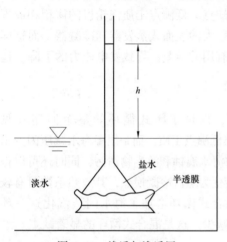

图6-28 渗透与渗透压

2. 盐差发电

盐差能的利用主要是发电。一般是利用浓溶液扩散到稀溶液时所释放出的能量。具体主要有渗透压法、蒸汽压法和浓差电池法等，其中渗透压法最受重视。

（1）渗透压法。

在河海交界处只要采用半透膜将海水和淡水隔开，淡水就会通过半透膜向海水一侧渗透，使海水侧的高度超过淡水侧，该高度的水压即成为渗透压，这种水位差可以用来发电。渗透压发电装置通常可以分为强力渗压发电、水压塔渗压发电和压力延滞渗压发电几种类型。

1）强力渗压发电。在河水与海水之间建两座水坝，并在水坝间挖一个低于海平面约200m的水库。前坝内安装水轮发电机组，并使河水与水库相连；后坝底部则安装半透膜渗流器，使水库与海水相通。水库的水通过半透膜不断流入海水中，水库水位不断下降，这样河水就可以利用它与水库的水位差冲击水轮机旋转，并带动发电机发电。强力渗压发电系统示意如图6-29所示。

强力渗压发电系统的投资成本较高，而且也存在技术上的难点，其中最难的是要在低于海平面200m的地方建造一个巨大的电站，能够抵抗腐蚀的半透膜也很难制造，因此发展的前景不大。

2）水压塔渗压发电。水压塔系统如图6-30所示。图中水压塔与淡水间用半透膜隔开，并通过水泵连通海水。系统运行前先由海水泵向水压塔内充入海水，运行中淡水从半透膜向水压塔内渗透，使水压塔内海水的水位不断上升，从塔顶的水槽溢出，溢出的海水冲击水轮机旋转，带动发电机发电。

在运行过程中，为了使水压塔内的海水保持盐度，海水泵不断向塔内打入海水。发出的电能，有一部分要消耗在装置本身，如海水补充泵所消耗的能量、半透膜洗涤所消耗的能量。盐差发电要投入实际使用，尚需要解决许多困难。如大面积的半透膜和长距离的拦水坝，投资惊人，半透膜要承受2MPa的渗透压，也难以制造。

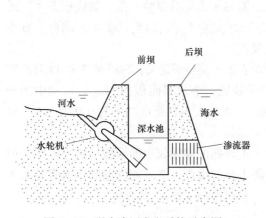

图6-29　强力渗压发电系统示意图

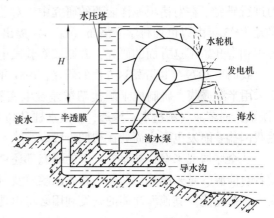

图6-30　水压塔渗压发电系统示意图

3）压力延滞渗压发电。压力泵先把海水压缩再送入压力室。运行时淡水透过半透膜渗透到压力室同海水混合。混合后的海水和淡水与海水比具有较高的压力，可以在流入大海的过程中推动涡轮机做功。

（2）蒸汽压法。同样温度下淡水比海水蒸发得快，因此海水一边的饱和蒸汽压力要比淡水一边低得多，在一个空室内蒸汽会很快从淡水上方流向海水上方并不断被海水吸收，这样只要装上汽轮机就可以发电了。

由于水汽化时吸收的热量大于蒸汽运动时产生的热量，这种热量的转移会使系统工作过程减慢而最终停止，采用旋转筒状物使海水和淡水分别浸湿热交换器表面，可以传递水汽化所要吸收的潜热，这样蒸汽就会不断地从淡水一边向海水一边流动以驱动汽轮机。

蒸汽压法的最显著的优点是不需要半透膜，这样就不存在膜的腐蚀、高成本和水的预处理等问题。但是发电过程中需要消耗大量淡水，应用受到限制。

（3）浓差电池法。

浓差电池法，也叫反电渗析法，一般需要两种不同的半透膜，一种只允许带正电荷的钠离子自由进出，一种则只允许带负电荷的氯离子自由出入。这两种膜交替放置，中间的间隔处交替充以淡水和盐水。在浓度为百万分之850的淡水和海水作为膜两侧的溶液的情况下，界面由于浓度差而产生的电位差约为80mV。如果把多个这类电池串联起来，可以得到串联电池，形成电流。

反电渗析法中，电压随相邻电池的盐浓度比成对数变化，整个电池组的电压受温度、溶液电阻和电极的影响，有一个参数优化设计的问题。淡水室的离子浓度低，整个电池组的电压就大，但是离子浓度太低会使淡水的电阻增大；膜之间的间隔越小电阻值越小，但是间隔太小又会增加水流的摩擦，增加水泵的功率。（研究表明膜之间最佳距离为0.1~1mm）

　　该类系统需要采用面积大而昂贵的交换膜，发电成本很高。不过使用寿命长，而且即使膜破裂了也不会给整个电池带来严重影响。另外，这种电池在发电过程中电极上会产生 Cl_2 和 H_2，可以补偿装置的成本。

　　3. 研究现状及发展前景

　　自20世纪60年代，特别是70年代中期以来，世界许多发达工业国家，如美国、日本、英国、法国、俄罗斯、加拿大和挪威等对海洋能利用都非常重视，投入了相当多的财力和人力进行研究。在对诸项海洋能源的研究中，对盐差能的探索相对要晚一些，规模也不大。最早是1973年由以色列科学家洛布（Loeb）提出并展开实验工作；以后，美国、瑞典、日本等国相继开始了这方面的研究，并制成实验发电装置。

　　我国于1979年也开始这方面的研究，1981年发表第一篇科研论文，1985年7月14日在西安采用半渗透膜，研制成干涸盐湖浓差发电实验室装置，半透膜面积为14m²。试验中溶剂（淡水）向溶液（浓盐水）渗透，溶液水柱升高10m，水轮发电机组电功率为0.9~1.2W。显然我国盐差能发电研究尚处在初期阶段。

　　从全球情况来看，盐差能发电的研究都还处于不成熟的规模较小的实验室研究阶段，但随着对能源的越来越迫切的需求和各国政府及科研力量的重视，浓差能发电的研究将越来越深入，盐差能及其他海洋能的开发利用必将出现一个崭新的局面。

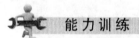 **能 力 训 练**

1. 温差发电有哪几种工作方式？
2. 盐差发电有哪几种方式？其中渗透压发电装置包括几种类型？

任务五　海洋能发电的前景

 任 务 目 标

了解海洋能的发展现状及今后的发展方向。

 知 识 准 备

　　海洋被认为是地球上最后的资源宝库，也被称为能量之海。海洋可以为人类提供生存空间、食品、矿物、能源及水资源，海洋能源在21世纪将扮演重要角色。

　　目前，世界各国正竞相探索海洋能开发利用技术，但各国对海洋能的开发利用，均处于初级阶段。从各国的研究进展情况看，潮汐能的开发利用走在最前面，开发技术基本成熟，潮汐能发电的规模开始从中小型向大型化发展。利用波浪能、盐差能、温差能等海洋能进行发电还不成熟，目前还处于研究试验阶段，极少达到实际使用水平。这些海洋能至今没被利用的原因主要有两方面：第一，经济效益差，成本高。第二，一些技术问题还没有过关。

海洋是一个水深、缺氧、高压的世界，因而开发利用海洋能的技术难度大，对材料和设备的要求比较高。开发海洋能资源存在风、浪、海流等动力作用，以及海水腐蚀、水生物附着和能量密度低等问题，所以转换装置庞大，材料要求强度高、防腐好，施工技术复杂，投资大，造价高。但海洋能发电不占用土地，不需迁移人口，而且还有围垦、养殖、海洋化工、旅游等综合利用效益。

今后的发展方向，对于在技术上已经成熟的潮汐电站，要考虑建潮汐大坝的环境问题和经济性问题，特别要考虑发电与围垦、养殖及交通的综合利用。对于技术上还不成熟的波浪电站、潮流电站和海水温差电站，还有些关键技术需要在实际海况下的装置上摸索解决；对于在技术上还不能实现的海水盐差能电站，暂时还只能留在实验室里继续探索。一些专家断言，未来无污染的廉价能源是永恒的潮汐；而另一些专家则着眼于普遍存在的波浪。

从发展趋势来看，海洋能必将成为沿海国家，特别是那些发达的沿海国家的重要能源之一。

我国在 1958 年、1978 年、1986 年和 2004 年分别开展了四次较大规模的全国海洋能资源调查。2004 年，由国家海洋局组织的《我国近海海洋综合调查与评价》首次对我国近岸海域潮汐能、波浪能、潮流能、温差能、盐差能、海洋风能资源进行全面普查。

评估结果显示，我国近海的潮汐能、潮流能、波浪能、温差能、盐差能的理论潜在量约 6.97 亿 kW，技术可开发量约 0.76 亿 kW。其中，温差能资源所占比重最大，约占海洋能总量的 52.6%，开发利用技术成熟度较高的潮汐能、潮流能和波浪能共占 31.1%。

总体上看，我国海洋能资源总量丰富，种类齐全，分布范围较广但不均匀，其中潮汐能和潮流能富集区域主要分布于浙江、福建、山东近海，波浪能富集区域主要分布于福建、广东近海，温差能富集区域主要位于我国南海海域，盐差能主要位于各河流入海口。

"十二五"期间，国家和地方层面出台了数十项涉及海洋能的各级规划，与此同时，在国家海洋局、财政部联合推动下，中央财政从可再生能源专项资金中安排部分资金，设立了海洋能专项资金，从海洋能独立电力系统示范、海洋能并网电力系统示范、海洋能产业化示范、海洋能技术研究与试验、海洋能标准及支撑服务体系等 5 个方向进行支持，有力地提升了我国海洋能开发利用的整体水平。

目前，我国海洋能技术示范及产业发展正在形成四大产业集聚区，分别是山东威海海洋能综合测试及研发设计产业聚集区、浙江舟山潮流能测试及装备制造产业集聚区、广东万山波浪能测试及运行维护产业集聚区、南海海洋能产业综合示范区。

山东聚集区主要开展波浪能、潮流能等海洋能发电装置的测试、检测、试验与产业化研究；浙江聚集区聚焦潮流能技术研发、装备制造、海上测试以及工程示范；广东聚集区开展波浪能技术研发、发电装置试验、海上测试、示范工程；南海聚集区则主要关注温差能与波浪能综合利用示范。

在国家相关部门大力支持下，我国海洋能整体水平得到明显提升，技术研发水平与国际差距逐步减小，尤其是在潮汐能、潮流能及波浪能技术研发方面成绩最为显著。

浙江温岭江厦潮汐试验电站是我国最大的潮汐能发电站，电站总装机 4100kW，年平均发电量为 720 万 kWh，在世界上仅次于韩国始华湖电站、法国朗斯潮汐电站与加拿大安娜波利斯潮汐电站，位列世界第四位。近年来，江厦潮汐试验电站先后经过几次技术升级改造，代表了我国潮汐电站的最高技术水平。

在潮流能方面，浙江大学在舟山海域建成的实海况潮流能发电示范型电站，实现 60kW 机组海岛微网试验运行和 120kW 机组并网运行，并实现样机列阵运行，在潮流能规模化应用和技术转化效率方面达到了国际水平。截至 2016 年 8 月，两台机组累计发电量已超过 3 万 kWh，刷新了我国潮流能装置发电记录，为我国潮流能规模化应用迈出了坚实的一步。

此外，浙江舟山联合动能新能源开发有限公司研建的 3.4MW 模块化潮流能发电机组总装平台已成功下水，并于 2016 年 8 月 26 日成功试并网。

同时，波浪能技术获得突破性进展，已具备远海岛礁应用能力。2015 年，中国科学院广州能源所研建的 100kW 鹰式波浪能发电装置"万山号"在珠海市万山海域成功投放，并在 0.5m 的微小波况下实现了蓄能发电，输出电力质量达到了市电标准。该装置在 1.5m 的波高条件下日发电量可达 1087kWh，日发电小时数超过 10h，能量转换效率达到世界先进水平。鹰式波浪能发电装置实现了我国大型波浪能转换技术由岸式向漂浮式的成功转变，为我国波浪能装备走向深远海域奠定了坚实基础。

总体来说，我国海洋能技术发展不均衡，除潮汐能、潮流能与波浪能开发利用技术较为成熟外，温差能技术只完成了原理试验研究，而盐差能开发利用方面尚处于起步阶段，仅开展了一些探索性研究和试验工作。

综 合 测 试

一、名词解释

1. 潮汐能；2. 波浪能；3. 海流能；4. 温差能；5. 盐差能

二、填空

1. 海流是指（　　）做有规律海水流动的现象。

2. 海水温差能是指海洋表层海水和深层海水之间（　　）之差的（　　）。海水盐差能是指（　　）和（　　）之间或两种含盐浓度不同的海水之间的电位差能。

3. 海洋能的特点主要体现在以下几个方面：（　　）大，并且可以再生；（　　）低；稳定性比其他自然能源好。

4. 由于太阳和月球对地球各处引力的不同所引起的海水有规律的、周期性的涨落现象，就叫作（　　）。

5. 潮汐电站又可按其开发方式的不同分为如下四种形式：单库单向式、（　　）、双库单向式和（　　）。

6. 潮汐电站是由几个单项工程综合而成的建设工程，主要由（　　）、水闸和发电厂房三部分组成。

7. 波浪发电的原理主要是利用波浪运动的位能差、往复力或浮力产生的动力，方法大致有三种：利用物体在波浪作用下的（　　）和（　　）运动；利用波浪（　　）的变化；通过波浪的会聚爬升将波浪能转换成水的（　　）等。

8. 波浪能采集系统的形式，主要有（　　）、（　　）、摆式、点头鸭式、（　　）、（　　）等。

9. 海流能的能量与（　　）的平方和（　　）成正比。

10. 海流发电系统或称为海流发电站。电站主要由三大系统组成，即（　　）、发电系统和（　　）。

11. 通常所说的温差发电，大多是指基于海洋热能转换的热动力发电技术，其工作方式分为（　　）、闭式循环和（　　）三种。

12. 盐差能渗透压发电装置通常可以分为（　　）、（　　）和压力延滞渗压发电几种类型。

三、问答题

1. 海洋能有哪些特点？

2. 简述潮汐电站的组成。

3. 简述潮汐发电的优缺点。

4. 简述我国的波浪能资源的分布情况。

5. 波浪能资源的特点是什么？

6. 简述振荡水柱式发电装置的原理。

7. 简述海流发电系统组成。

8. 温差发电有哪几种工作方式？

9. 盐差发电有哪几种方式？其中渗透压发电装置包括几种类型？

项目七　氢能和燃料电池

项目目标

了解氢和氢能的特点及氢能的利用方式；掌握氢的制取和储存的主要方式；理解燃料电池的工作原理；掌握燃料电池发电的特点；了解各种燃料电池的特点。

任务一　氢　　能

任务目标

了解氢元素及氢气的特点；掌握氢能的优点；熟悉氢能的利用方式。

知识准备

一、氢

1. 氢元素

氢是一种化学元素，在元素周期表中位于第一位。英文名 Hydrogen，化学式 H，目前已知最轻的化学元素。

在地球上和地球大气中只存在极稀少的游离状态氢。在地壳里，如果按质量计算，氢只占总质量的 1%，而如果按原子百分数计算，则占 17%。氢在自然界中分布很广，水便是氢的"仓库"——氢在水中的质量分数为 11%；泥土中约有 1.5% 的氢；石油、天然气、动植物体也含氢。在空气中，氢气倒不多，约占总体积的一千万分之五。在整个宇宙中，按原子百分数来说，氢却是最多的元素。据研究，在太阳的大气中，按原子百分数计算，氢占81.75%。在宇宙空间中，氢原子的数目比其他所有元素原子的总和约大 100 倍。

氢在自然界中存在的同位素有：氕（氢 1，H）、氘（氢 2，重氢，D）、氚（chuān）（氢 3，超重氢，T）。

在离子化合物中，氢原子可以得一个电子成为氢阴离子（以 H^- 表示）构成氢化物，也可以失去一个电子成为氢阳离子（以 H^+ 表示，简称氢离子），但氢离子实际上以更为复杂的形式存在。氢与除稀有气体外的几乎所有元素都可形成化合物，存在于水和几乎所有的有机物中。它在酸碱化学中尤为重要，酸碱反应中常存在氢离子的交换。

2. 氢气

氢通常的单质形态是氢气，化学式 H_2。它是无色无味无臭，极易燃烧的由双原子分子组成的气体，氢气是最轻的气体。

氢气是无色无味的气体，标准状况下密度是 0.09g/L（最轻的气体），难溶于水。在 $-253℃$，变成无色液体，$-259℃$ 时变为雪花状固体。

常温下，氢气的性质很稳定，不容易跟其他物质发生化学反应。但当条件改变时（如点燃、加热、使用催化剂等），情况就不同了。如氢气被钯或铂等金属吸附后具有较强的活性（特别是被钯吸附）。金属钯对氢气的吸附作用最强。当空气中的体积分数为 4%～75% 时，遇到火源，可引起爆炸。

氢气最早于 16 世纪初被人工合成，当时用的方法是将金属置于强酸中。1766～1781 年，亨利·卡文迪许发现氢气是与以往所发现气体不同的另一种气体，在燃烧时产生水，这一性质也决定了拉丁语 "hydrogenium" 这个名字（"生成水的物质"之意）。常温常压下，氢气是一种极易燃烧，无色透明、无臭无味的气体。

二、氢能

氢能是通过氢气和氧气反应所产生的能量。氢能是氢的化学能，氢在地球上主要以化合态的形式出现，是宇宙中分布最广泛的物质，由于氢必须从水、化石燃料等含氢物质中制得，因此是二次能源。

氢能的主要优点有：

（1）燃烧热值高。燃烧同等质量的氢产生的热量，约为汽油的 3 倍、酒精的 3.9 倍、焦炭的 4.5 倍。

（2）燃烧的产物是水，是世界上最干净的能源。利用氢能源的汽车排出的废物只是水，所以可以再次分解氢，再次回收利用。

（3）资源丰富。氢气可以由水制取，而水是地球上最为丰富的资源。质量最轻，标准状态下，密度为 0.09g/L，−253℃时，可成为液体，若将压力增大到一定程度，液氢可变为金属氢（金属氢是液态或固态氢在上百万大气压的高压下变成的导电体，由于导电是金属的特性，均称金属氢）。

（4）导热性最好。比大多数气体的导热系数高出 10 倍。

三、氢能的利用方式

氢能利用方式主要有三种，核聚变、直接燃烧和氢燃料电池。

1. 氢的核聚变

核聚变是指由质量轻的原子（主要是指氢的同位素氘和氚）在超高温条件下，发生原子核互相聚合作用，生成较重的原子核（氦），并释放出巨大的能量。1g 氢聚变为氦释放的能量为 $6.39×10^8$kJ，相当于 23t 标准煤燃烧产生的热量。

氢的核聚变能量非常巨大，而且，氢的核聚变过程中没有放射性，对环境没有任何污染。人类早已实现了氘氚核聚变——氢弹爆炸，但氢弹是不可控制的爆炸性核聚变，瞬间能量释放只能给人类带来灾难。如果能让核聚变反应按照人们的需要，长期持续释放，才能使核聚变发电，实现核聚变能的和平利用。

2. 氢燃料

除核燃料外，氢的发热值是所有化石燃料、化工燃料和生物燃料中最高的，为 142.351kJ/kg。

氢的燃烧性能好，点燃快，与空气混合时有广泛的可燃范围，而且燃点高，燃烧速度快。

氢燃烧时最清洁，除生成水和少量氮化氢外不会产生诸如一氧化碳、二氧化碳、碳氢化合物、铅化物和粉尘颗粒等对环境有害的污染物质，少量的氮化氢经过适当处理也不会污染环境，且燃烧生成的水还可继续制氢，反复循环使用。产物水无腐蚀性，对设备没有损害。

氢的质量特别轻，比汽油、天然气、煤油都轻得多，因而携带、运送较不方便，但氢作为燃料仍然被认为将会成为 21 世纪最理想的能源。

3. 氢燃料电池

氢燃料电池是使用氢这种化学元素，制造成储存能量的电池。其基本原理是电解水的逆反应，把氢和氧分别供给阴极和阳极，氢通过阴极向外扩散和电解质发生反应后，放出电子通过外部的负载到达阳极。

氢燃料电池具有无污染、无噪声、高效率的特点。

氢燃料电池对环境无污染。它是通过电化学反应，而不是采用燃烧（汽、柴油）或储能（蓄电池）方式——最典型的传统后备电源方案。如上所述，燃料电池只会产生水和热。如果氢是通过可再生能源产生的（光伏电池板、风能发电等），整个循环就是彻底的不产生有害物质排放的过程。

燃料电池运行安静，噪声大约只有 55dB，相当于人们正常交谈的水平。这使得燃料电池适合于室内安装，或是在室外对噪声有限制的地方。

燃料电池的发电效率可以达到 50% 以上，这是由燃料电池的转换性质决定的，直接将化学能转换为电能，不需要经过热能和机械能（发电机）的中间变换。

 能 力 训 练

1. 简单说明氢气的特点。
2. 氢能的主要优点有哪些？
3. 氢能利用方式主要哪三种？

任务二　氢的制取和储存

 任 务 目 标

了解制氢的方式及特点，掌握主要制氢方法的原理；了解储氢的方式及特点，掌握主要储氢方式的特点。

知 识 准 备

通常所说的氢能，是指游离的分子氢 H_2 所具有的能量。虽然氢是最丰富的元素，但游离的分子氢却十分稀少。大气中的 H_2 含量只有 200 万分之一的水平。氢通常以化合物的形态存在于水、生物质和矿物质燃料中。从这些物质中获取氢，需要消耗大量的能量。

一、化石燃料制氢

1. 煤为原料制氢

煤的主要成分是碳，煤制氢的本质是用碳置换水中的氢，生成氢气和二氧化碳。用化学反应方程式表示为

$$C+2H_2O \longrightarrow CO_2+2H_2$$

以煤为原料制取氢气的方法主要有两种：

（1）煤的焦化，在隔绝空气的条件下，在 900~1000℃制取焦炭，副产品焦炉煤气中含

氢气55%~60%，甲烷23%~27%，一氧化碳6%~8%，以及少量其他气体。每吨煤可制得煤气300~350m³，可作为城市煤气，亦是制取氢气的原料。

（2）煤的气化。煤在高温，常压或加压下，与气化剂反应，转化成为气体产物，气化剂为水蒸汽或氧气（空气），气体产物中含有氧气等组分，其含量随不同气化方法而异。

煤气化制氢是先将煤炭气化得到以氢气和一氧化碳为主要成分的气态产品，然后经过净化，CO变换和分离，提纯等处理而获得一定纯度的产品氢。

煤气化制氢技术的工艺过程一般包括煤的气化、煤气净化、CO的变换以及H_2提纯等主要生产环节，气化主要反应如下：

$$C+H_2O \longrightarrow CO+H_2$$
$$CO+H_2O \longrightarrow CO_2+H_2$$

2. 天然气制氢

天然气的主要成分是甲烷（CH_4），其本身含有氢元素。天然气制氢的方式也主要有两种。

天然气蒸汽转化法曾经是较普遍的制造氢气的方法。本质是以甲烷中的碳取代水中的氢，碳起到化学试剂作用并为置换反应提供热。氢大部分来自于水，小部分来自天然气本身。其化学反应方程式为：

$$CH_4+2H_2O \longrightarrow 4H_2+CO_2$$

由反应式可以看出，制氢过程会有大量二氧化碳的排放。每转化1t甲烷，要向大气中排放2.75t二氧化碳。

现有的天然气制氢技术主要包括天然气的水蒸气重整、自热重整、部分氧化重整、离子重整、催化裂解等。

3. 重油部分氧化制氢

重油是炼油过程中的残余物，市场价值不高。但是，用来制氢却一度显示出其成本优势。近年来重油的用途逐步扩宽，特别是石油价格的不断攀升，重油制氢成本优势逐步消失，甚至在成本上（与其他制氢过程相比）处于劣势。重油部分氧化包括碳氢化合物与氧气、水蒸气反应生成氢气和碳氧化物。

该过程在一定的压力下进行，可以采用催化剂，也可以不采用催化剂，这取决于所选原料与过程，催化部分氧化通常是以甲烷或石脑油为主的低碳烃为原料，而非催化部分氧化则以重油为原料，反应温度在1150~1315℃。与甲烷相比，重油的碳氢比较高，因此重油部分氧化制得的氢气主要来自蒸汽和一氧化碳，其中蒸汽贡献氢气的69%。

化石燃料制氢的方法，会排放大量的温室气体。目前，约90%以上的氢是通过石油、天然气、煤等化石资源制取的，其中以天然气制氢最为经济和合理。

二、水分解制氢

地球上的氢绝大多数都以化合物的形态存在于水中，将水分解制取氢气是最直接的方式。

1. 电解水制氢

电解水制氢已经有很长的历史了，也是目前最广泛的制氢方法。

水电解制氢是一种较为方便的制取氢气的方法。在充满电解液的电解槽中通入直流电，水分子在电极上发生电化学反应，分解成氢气和氧气。其反应式为：

$$2H_2O \longrightarrow 2H_2 + O_2$$

水电解制得的氢气纯度高，操作简便，但生产成本较高。理想状态下（水的理论分解电压为 1.23V），制取 1kg 氢大约需要消耗 33kWh 电能，实际的耗电量大于此值。常压下电解制氢的能量效率一般在 70% 左右。为了提高制氢效率，水的电解通常在 3.0~5.0MPa 的压力下进行。水电解制氢的效率达到 75%~85% 时，生产 1m³ 氢气的耗电量为 4~5kWh。

2. 热解水制氢

水直接分解需要在 2227℃ 以上的温度，工程实现难度很大。为了降低水的分解温度，可采用多步骤热化学反应制造氢气，使反应温度降低到 1000℃ 以下。利用化学试剂在 2~4 个化学反应组成的一组热循环反应中互为反应物和产物，循环使用，最终只有水分解为氢和氧。

3. 等离子体制氢

通过电场电弧能将水加热至 5000℃，水被分解成 H⁻，H_2；O^{2-}，O_2；OH^-，H_2O，其中 H⁻ 与 H_2 的含量可达 50%。要使等离子体中氢组分含量稳定，就必须对等离子进行淬火，使氢不再与氧结合。该过程能耗很高，因而等离子体制氢的成本很高。

三、生物制氢

生物制氢是指所有利用生物产生氢气的方法，包括生物质气化制氢和微生物制氢等不同的技术手段。

1. 生物质气化制氢

生物质气化制氢是将生物质原料（如薪柴、锯末、麦秸、稻草等）压制成型，在气化炉（或裂解炉）中进行气化（或裂解）反应制得含氢的混合燃料气。其中的碳氢化合物再与水蒸气发生催化重整反应，生成 H_2 和 CO_2。

生物质超临界水气化制氢是正在研究的一种制氢新技术。在超临界水中进行生物质的催化气化，生物质气化率可达 100%，气体产物中氢的体积分数可达 50%，反应不生成焦油、木炭等副产品，无二次污染，因此有很好的发展前景。

2. 微生物制氢

微生物制氢是在常温常压下利用微生物进行酶催化反应制得氢气。用于制氢的微生物有两大类：一类是光合细菌（或藻类），在光照作用下使有机酸分解出 H_2 和 CO_2；另一类是厌氧菌，利用碳水化合物及蛋白质等发酵产生 H_2、CO_2 和有机酸。

四、太阳能制氢

太阳能制氢是未来规模化制氢方法中最有吸引力且最具现实意义的一条途径，可分为直接制氢和间接制氢两种。

1. 直接制氢

太阳能直接制氢法又分为热分解法和光分解法。

热分解法是指用太阳能的高热量直接裂解水，得到氢和氧。不过必须将水加热至 3000℃ 以上，反应才有实际应用的可能，应用起来困难较大。

光分解法是基于光量子可使水和其他含氢化合物分子中氢键断裂的原理，制氢途径主要有光催化法和光电解法等。光催化过程是指含有催化剂的反应体系，在光照下由于催化剂存在，促使水解制得氢气，这种光解过程的效率很低，一般不超过 10%。光电解制氢是利用半导体电极的光化学效应制成太阳能光电化学电池，以水为原料，在太阳光照下制造氢气。

这些太阳能直接制氢方法目前尚处于基础研究阶段。

2. 间接制氢

太阳能间接制氢法主要包括太阳能发电和电解水制氢。目前已无技术困难，关键是需要大幅度提高系统效率和降低成本。

五、高压储氢

氢在常温常压下为气态，密度仅为空气的 1/14，在 -253℃ 的低温下可变为液体，密度也只有水的 1/15。因此，在氢能技术中，氢的储存是个关键环节。

加压压缩储氢是最常见的一种储氢技术，通常采用笨重的钢瓶作为容器。由于氢密度小，故其储氢效率很低，加压到 15MPa 时，质量储氢密度小于等于 3%。对于移动用途而言，加大氢压来提高携氢量将有可能导致氢分子从容器壁逸出或产生氢脆现象。对于上述问题，加压压缩储氢技术近年来的研究进展主要体现在以下两个方面：第一方面是对容器材料的改进，目标是使容器耐压更高，自身质量更轻以及减少氢分子透过容器壁，避免产生氢脆现象等。过去 10 年来，在储氢容器研究方面已取得了重要进展，储氢压力及储氢效率不断得到提高。目前容器耐压与质量储氢密度分别可达 70MPa 和 7%~8%，所采用的储氢容器通常以锻压铝合金为内胆，外面包覆浸有树脂的碳纤维。这类容器具有自身质量轻、抗压强度高及不产生氢脆等优点。第二方面则是在容器中加入某些吸氢物质，大幅度地提高压缩储氢的储氢密度，甚至使其达到"准液化"的程度，当压力降低时，氢可以自动地释放出来。这项技术对实现大规模、低成本、安全储氢无疑具有重要的意义。

高压储氢是目前实际使用最广泛的储氢方法，其缺点是储氢密度较低，也有一定的安全隐患。

六、液气储存

在常压和 -253℃ 下，气态氢可液化为液态氢，液态氢的密度是气态氢的 845 倍。液氢的热值高，每千克液氢热值为汽油的 3 倍。因此，液氢储存工艺特别适宜于储存空间有限的运载场合，如航天飞机用的火箭发动机、汽车发动机和洲际飞行运输工具等。若仅从质量和体积上考虑，液氢储存是一种极为理想的储氢方式。但是由于氢气液化要消耗很大的冷却能量，液化 1kg 氢需耗电 4~10kWh，增加了储氢和用氢的成本。常压 27℃ 氢气与 -253℃ 氢气焓值差为 23.3kJ/mol，室温液化氢气理论做功值为 23.3kJ/mol，实际技术值为 109.4kJ/mol，它是氢的最低燃烧热值 240kJ/mol 的一半。液氢储存容器必须使用超低温用的特殊容器。如果液氢储存的装料和绝热不完善容易导致较高的蒸发损失，因而其储存成本较贵，安全技术也比较复杂。高度绝热的储氢容器是目前研究的重点。

以液氢的方式储存的最大优点是质量储氢密度高，存在的问题是液氢的蒸发损失和成本问题。目前，液氢燃料在航空航天领域中得到了广泛应用。

七、金属氢化物储氢

元素周期表中，除惰性气体以外，几乎所有元素都能与氢反应生成氢化物。某些过渡金属、合金、金属间化合物由于其特殊的晶格结构等原因，在一定条件下，氢原子比较容易进入金属晶格的四面体或八面体间隙中，形成金属氢化物。

金属氢化物在较低的压力（$1 \times 10^6 Pa$）下具有较高的储氢能力，可以达到 $100kg/m^3$ 以上，但由于金属密度很大，导致氢的质量百分比很小，只有 2%~7%。生成金属氢化物的过程是一个放热过程，释放氢则需要对氢化物加热。不同的金属材料所需反应压力为 $1 \times 10^6 Pa$~

1×10^7Pa，反应热为 9300kJ/kg~23250kJ/kg。氢化物释放氢的反应温度从室温到 500℃不等。用作金属氢化物的金属或金属化合物的热性能都应该比较稳定，能够进行频繁地充放循环，并且不易被二氧化碳、二氧化硫、水蒸气腐蚀。此外，氢的充放过程还要尽可能地快。符合这些条件的金属和金属化合物主要有 Mg，Ti，Ti_2Ni，Mg_2Ni，MgN_2，NaAl 等。使用金属单质作为储氢材料一般可以获得较高的质量百分比，但释放氢时所需温度较高（300℃），而使用金属化合物只需要较低的释放氢的反应温度，但氢的质量百分比降低了。

金属氢化物储氢的优点是储氢容量较大、储运安全方便，缺点是氢不可逆损伤直接影响储氢金属的使用寿命。

氢的储存技术是开发利用氢能的关键性技术，如何有效地对氢进行储存，并且在使用时能够方便地释放出来，是该项技术研究的焦点。今后储氢研究的重点将集中在新型、高效、安全的储氢材料研发及性能综合评估方面。

 能力训练

1. 化石燃料制氢有哪些方式？化石燃料制氢的特点是什么？
2. 水解制氢的方式有哪些，各自有什么特点？
3. 储氢的方法有哪些？各自有什么特点？

任务三　燃料电池概述

 任务目标

理解燃料电池的原理；了解燃料电池系统构成；掌握燃料电池发电的特点。

知识准备

燃料电池是一种将存在于燃料与氧化剂中的化学能直接转化为电能的发电装置。燃料电池与常见的干电池和蓄电池不同，它不是能量储存装置，而是能量转化装置。燃料电池被称为继火电、水电、核电后的第四代发电方式。

一、燃料电池的原理

燃料电池是一种按电化学原理，即原电池的工作原理，等温地把贮存在燃料和氧化剂中的化学能直接转化为电能的能量转换装置。其单体电池是由电池的正极（即氧化剂发生还原反应的阴极）、负极（即还原剂或燃料发生氧化反应的阳极）和电解质构成，燃料电池与常规电池的不同之处在于，它的燃料和氧化剂不是贮存在电池内，而是贮存在电池外部的贮罐内，不受电池容量的限制，工作时燃料和氧化剂连续不断地输入电池内部，并同时排放出反应产物。

以磷酸型燃料电池为例，其反应式为：

燃料极（阳极）$H_2 \longrightarrow 2H^+ + 2e^-$

空气极（阴极）$1/2O_2 + 2H^+ + 2e^- \longrightarrow H_2O$

综合反应式 $H_2 + 1/2O_2 \longrightarrow H_2O$

以上反应式表示：燃料电池工作时向负极供给燃料（氢），向正极供给氧化剂（空气），燃料（氢）在阳极被分解成带正电的氢离子（H^+）和带负电的电子（e^-），氢离子（H^+）在电解质中移动与空气极侧提供的 O_2 发生反应，而电子（e^-）通过外部的负荷电路返回到空气极侧参与反应，连续的反应促成了电子（e^-）连续地流动，形成直流电，这就是燃料电池的发电过程，也是电解反应的逆过程。

二、燃料电池系统构成

燃料电池系统除燃料电池本体（发电系统）外，还有一些周边装置，包括燃料重整供应系统、氧气供应系统、水管理系统、热管理系统、直流-交流逆变系统、控制系统、安全系统等。

（1）燃料重整供应系统，其作用是将外部供给的燃料转化为以氢为主要成分的燃料。如果直接以氢气为燃料，供应系统可能比较简单。若使用天然气等气体碳氢化合物或者石油、甲醇等液体燃料，需要通过水蒸气重整等方法对燃料进行重整。而用煤炭作燃料时，则要先转换为以氢和一氧化碳为主要成分的气体燃料。用于实现这些转换的反应装置分别称为重整器、煤气化炉等。

（2）氧气供应系统，其作用是提供反应所需的氧气，可以是纯氧，也可以是空气。氧气供应系统可以用电动机驱动的送风机或者空气压缩机，也可以用回收排出余气的涡轮机或压缩机的加压装置。

（3）水管理系统，可以将阴极生成的水及时带走，以免造成燃料电池失效。对于质子交换膜燃料电池，质子是以水合离子状态进行传导的，需要有水参与，而且水少了还会影响电解质膜的质子传导特性，进而影响电池的性能。

（4）热管理系统，其作用是将电池产生的热量带走，避免因温度过高而烧坏电解质膜。燃料电池是有工作温度限制的。外电路接通形成电流时，燃料电池会因内电阻上的功率损耗而发热。热管理系统中还包括泵（或风机）、流量计、阀门等部件。常用的传热介质是水和空气。

（5）直流-交流逆变系统，将燃料电池本体产生的直流电转换为用电设备或电网要求的交流电。

（6）控制系统，主要由计算机及各种测量和控制执行机构组成，作用是控制燃料电池发电装置启动或停止、接通或断开负载，往往还具有实时监测和调节工况、远距离传输数据等功能。

（7）安全系统，主要由氢气探测器、数据处理器以及灭火设备构成，实现防火、防爆等安全措施。

需要说明的是，上面所说的各个部分，是大容量燃料电池可能具有的结构，对于不同类型、容量和适用场合的燃料电池，其中有些部分可能被简化甚至取消。如微型燃料电池就没有独立的控制系统和安全系统。手机和笔记本式计算机的燃料电池，就不需要逆变装置。

三、燃料电池发电的特点

燃料电池作为继火电、水电、核电后的第四代发电方式，与其他几种发电方式比较起来有以下几个主要优点：

（1）能量转化效率高。它直接将燃料的化学能转化为电能，中间不经过燃烧过程，因而不受卡诺循环的限制，燃料电池系统的燃料-电能转换效率在 45%～60%，而火力发电和核电的效率大约在 30%～40%。

（2）没有运动部件，设备可靠性高，噪声极小。

（3）化学反应的排出物主要是水蒸气等洁净的气体，不会污染环境。在环境污染日趋严重的今天，燃料电池的这个优点尤其可贵。

（4）安装地点灵活，燃料电池电站占地面积小，建设周期短，电站功率可根据需要由电池堆组装，十分方便，燃料电池无论作为集中电站还是分布式电站，或是作为小区、工厂、大型建筑的独立电站都非常合适。

（5）负荷响应快，运行质量高，燃料电池在数秒钟内就可以从最低功率变换到额定功率。

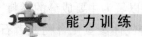

能力训练

1. 简述燃料电池的工作原理。
2. 燃料电池有哪些系统构成？
3. 燃料电池发电的特点有哪些？

任务四　燃料电池的类型

任务目标

了解燃料电池的分类，了解各种燃料电池的特点。

知识准备

一、燃料电池的分类

1. 按燃料电池的运行机理分

根据燃料电池的运行机理的不同，可分为酸性燃料电池和碱性燃料电池。如磷酸燃料电池（PAFC）和液态氢氧化钾燃料电池（LPHFC）。

2. 按电解质种类分

根据燃料电池中使用电解质种类的不同，可分为酸性、碱性、熔融盐类或固体电解质的燃料电池。即碱性燃料电池（AFC）、磷酸燃料电池（PAFC）、熔融碳酸盐燃料电池（MCFC）、固体氧化物燃料电池（SOFC）和质子交换膜燃料电池（PEMFC）等。在燃料电池中，磷酸燃料电池（PAFC）、质子交换膜燃料电池（PEMFC）可以冷起动和快起动，可以用作为移动电源，适应燃料电池电动汽车（FCEV）使用的要求，更加具有竞争力。

3. 按燃料类型分

燃料电池的燃料有氢气、甲醇、甲烷、乙烷、甲苯、丁烯、丁烷等有机燃料和汽油、柴油以及天然气等气体燃料，有机燃料和气体燃料必须经过重整器"重整"为氢气后，才能成为燃料电池的燃料。根据燃料电池使用燃料类型的不同，可分为直接型燃料电池、间接型燃料电池和再生型燃料电池。

4. 按工作温度分

根据燃料电池工作温度的不同，可分为低温型，温度低于100℃；中温型，温度为100~300℃；高温型，温度高于600℃。

燃料电池的分类及特性见表7-1。

表7-1　　　　　　　　　　　　　　　燃料电池的分类及特性

类型	碱性（AFC）	磷酸型（PAFC）	熔融碳酸盐型（MCFC）	固体电解质型（SOFC）	固体高分子型（PEFC/PEMFC）	直接甲醇型（DMFC）
工作温度	60~90℃	约200℃	600~700℃	800~1000℃	约100℃	约100℃
电解质	KOH溶液	磷酸溶液	熔融碳酸盐	固体氧化物	全氟磺酸膜	全氟磺酸膜
反应离子	OH^-	H^+	CO_3^{2-}	O^{2-}	H^+	H^+
可用燃料	纯氢	天然气，甲醇	天然气，甲醇，煤	天然气，甲醇，煤	氧，天然气，甲醇	甲醇
发电效率（%）	45~60	35~45	50~60	50~60	45~60	45~60
启动时间	几分钟	几十分钟	几小时	10小时以上	几分钟	几分钟
适用领域	移动电源	分散电源	分散电源	分散电源	移动电源、分散电源	移动电源
备注	—	CO中毒	无	无	CO中毒	CO中毒

二、各种类型的燃料电池

1. 碱性燃料电池

在1973年成功地用作Apollo登月飞船的主电源，使人们看到了燃料电池的诱人前景。碱性燃料电池（AFC）是以碱性溶液为电解质，将存在于燃料与氧化剂中的化学能直接转化为电能的发电装置，是最早获得应用的燃料电池，由于其电解质必须是碱性溶液，因此而得名碱性燃料电池。

碱性燃料电池以氢氧化钾（KOH）水溶液为电解质，溶液的质量分数一般为30%~45%，最高可达85%，工作温度为50~80℃，压力为大气压力或稍高。

总的来说，在所有的应用领域中，AFC都可以和其他燃料电池相竞争。特别是它的低温快速启动特性，在很多应用场合更具有优势。但是由于AFC需要纯H_2和O_2作为燃料和氧化剂，必须使用贵金属做催化剂，价格昂贵；电解质的腐蚀严重，寿命较短；气化净水和排水排热系统庞大。这些都限制了AFC的广泛应用。

2. 磷酸型燃料电池

磷酸型燃料电池是所有燃料电池中技术最成熟、发展最快、最接近使用的一种。磷酸型燃料电池以磷酸水溶液为电解质，重整气为燃料，空气为氧化剂，一般用铂金做催化剂。它对燃料气和空气中的CO_2具有耐受力，因此，它能适应各种工作环境。

PAFC燃料电池的工作温度为160~210℃，工作压力为常压或稍高。电池工作时，需要采用空气、水或绝缘油进行冷却。PAFC的实际发电效率比较低，一般为30%~40%。

PAFC由于工作温度低，效率不是很高，而且要用昂贵的铂金作催化剂，燃料中CO的浓度超过1%易引起催化剂中毒，因此对燃料的要求较高，世界各国对这种电池的研发投入不多。不过由于磷酸型燃料电池能适应各种工作环境，目前也应用于多个领域中。虽然PAFC的技术已成熟，产品也进入商业化，不过其寿命难以超过4000h，发展潜力较小，用于建造大容量集中发电站较困难。

3. 熔融碳酸盐燃料电池

熔融碳酸盐燃料电池（MCFC），通常被称为第二代燃料电池，因为预期它将继磷酸盐燃料电池之后进入商业化阶段。

熔融碳酸盐燃料电池采用碱金属（如 Li、Na、K）的碳酸盐作为电解质，电池工作温度为 600~700℃。在此工作温度，电解质呈熔融状态，载流子为碳酸根离子（CO_3^{2-}）。典型的电解质由摩尔分数 $62\%Li_2CO_3+38\%K_2CO_3$（熔点 763K）组成。MCFC 的燃料气为 H_2，氧化剂是 O_2 和 CO_2。电极采用镍的烧结体，由于电池阳极生成 CO_2 而阴极消耗 CO_2，所以电池中需要 CO_2 的循环系统。

由于工作温度高，电极反应活化能小，不需要采用贵金属作为催化剂，而且工作过程中放出的高温余热可以回收利用，电池本体的发电效率为 45%~60%，整体效率可以更高。

基于上述优点，MCFC 具有较好的应用前景。不过，高温条件下电解质的腐蚀性较强，对电池材料有严格要求，在一定程度上会制约 MCFC 的发展。而且，用来利用废热的复合废热回收装置体积大、质量重，MCFC 只适合应用于大功率的发电厂中。

4. 固体氧化物燃料电池

固体氧化物燃料电池（SOFC）是国际上正在研发的新型发电技术之一，适于大型发电厂及工业应用。固体氧化物燃料电池属于第三代燃料电池，是一种在中高温下直接将储存在燃料和氧化剂中的化学能高效、环境友好地转化成电能的全固态化学发电装置。SOFC 被普遍认为是在未来会与质子交换膜燃料电池一样得到广泛普及应用。

固体氧化物燃料电池的工作原理与其他燃料电池相同，在原理上相当于水电解的"逆"装置。其单体电池由阳极、阴极和固体氧化物电解质组成，阳极为燃料发生氧化的场所，阴极为氧化剂还原的场所，两极都含有加速电极电化学反应的催化剂。工作时相当于一直流电源，其阳极即电源负极，阴极为电源正极。

在固体氧化物燃料电池的阳极一侧持续通入燃料气，如氢气（H_2）、甲烷（CH_4）、城市煤气等，具有催化作用的阳极表面吸附燃料气体，并通过阳极的多孔结构扩散到阳极与电解质的界面。在阴极一侧持续通入氧气或空气，具有多孔结构的阴极表面吸附氧，由于阴极本身的催化作用，使得 O_2 得到电子变为 O^{2-}。在化学势的作用下，O^{2-} 进入起电解质作用的固体氧离子导体，由于浓度梯度引起扩散，最终到达固体电解质与阳极的界面，与燃料气体发生反应，失去的电子通过外电路回到阴极。

除了燃料电池的一般优点外，SOFC 还具有以下特点：

（1）SOFC 是全固态电池，不存在电解质渗漏问题，无须配置电解质管理系统。

（2）工作温度高，电极反应速度快，不必用贵金属作电催化剂。

（3）可利用 SOFC 高温进行内部燃料重整，使系统简化。

（4）可使用天然气、煤气，甚至可燃性废气等多种燃料，燃料适用范围广。

（5）利用排出的高温尾气与涡轮机构建高效率的联合发电系统，发电效率（以输出端计）可达 70%。

当然，SOFC 也存在不足之处，如氧化物电解质为陶瓷材料，质脆易裂，电堆组装较困难。此外，高温热应力作用会引起电池龟裂，所以主要部件的热膨胀率应严格匹配。

5. 质子交换膜燃料电池

质子交换膜燃料电池（PEMFC）具有工作温度低、启动快、比功率高、结构简单、操作方便等优点，被公认为电动汽车、固定发电站等的首选能源。

在原理上相当于水电解的"逆"装置。其单体电池由阳极、阴极和质子交换膜组成，阳极为氢燃料发生氧化的场所，阴极为氧化剂还原的场所，两极都含有加速电极电化学反应的催化剂，质子交换膜作为传递 H^+ 的介质，只允许 H^+ 通过。工作时相当于一直流电源，阳极即电源负极，阴极即电源正极。

由于质子交换膜只能传导质子，因此氢离子（即质子）可直接穿过质子交换膜到达阴极，而电子只能通过外电路才能到达阴极。当电子通过外电路流向阴极时就产生了直流电。以阳极为参考时，阴极电位为 1.23V。也即每一单体电池的发电电压理论上限为 1.23V。接有负载时输出电压取决于输出电流密度，通常在 0.5~1V 之间。将多个单体电池层叠组合就能构成输出电压满足实际负载需要的燃料电池堆。

与其他种类燃料电池相比，PEMFC 具有以下优点：

（1）常温运行，最佳工作温度为 80℃ 左右，启动/关闭迅速。

（2）比功率（kW/kg，或者 kW/L）高。

（3）固体质子交换膜对电池其他部件无腐蚀作用。

（4）可制成集电池发电与水电解于一体的可逆再生式燃料电池系统（一种以氢作介质的储能系统）。

PEMFC 的不足之处主要有：

（1）以铂族贵金属作电催化剂，成本高。

（2）催化剂活性对 CO 的毒害非常敏感，因而要求燃料净化程度高。

（3）可回收余热的温度低，只能以热水方式回收余热。

（4）电池性能受质子交换膜水含量与温度的影响显著，致使水热管理系统复杂。

PEMFC 最大的优越性还是体现在工作温度低、启动快、功率密度高，使其成为电动汽车、潜艇、航天器等移动工具电源的理想电源之一，一般不适合做大容量中心电站。

6. 直接甲醇型燃料电池

直接甲醇型燃料电池（DMFC）是基于质子交换膜技术，直接用甲醇作燃料，无须重整的低温燃料电池。甲醇电化学活性虽不如氢气，但常温常压下呈液态，具有比能量密度高、输送方便、价格便宜等特点。甲醇既能以液态又能以气态进入电池，所以 DMFC 的燃料又分为液相（甲醇水溶液）和气相（甲醇蒸汽）两种供给方式。

DMPC 的特别之处就在于其燃料为甲醇（气态或液态），而不是氢气。而且也不通过重整甲醇来生成氢，而是直接把蒸汽与甲醇变换成质子（氢离子）来发电。

DMPC 具有效率高、设计简单、内部燃料直接转换、加燃料方便等诸多优点。由于 DMPC 不需要重整器，所以可以做得更小，更适合于汽车等移动式应用。

能力训练

1. 燃料电池的分类方法有哪些？

2. 燃料电池按电解质的种类不同可分为哪些类型？

3. 固体氧化物燃料电池的特点有哪些？

4. 质子交换膜型燃料电池的特点有哪些？

任务五　燃料电池的应用

任务目标

了解燃料电池的应用领域。

知识准备

燃料电池由于具有节能、高效、洁净、功率密度高及模块化结构等突出的特点，决定了它在很多方面有着广阔的应用前景。

一、固定电站和分散式电站

燃料电池电站具有效率高、噪声小、污染少、占地面积小等优点，有可能是未来最主要的发电技术之一。从长远来看，有可能对改变现有的能源结构、能源的战略储备和国家安全等，具有重要意义。

燃料电池既可用于大型集中式发电站，又可用于分布式电站。大型集中式电站，以高温燃料电池为主体，可建立煤炭气化和燃料电池的大型复合能源系统，实现煤化工和热、电、冷联产。中小型分布式电站，可以灵活地布置在城市、农村、企事业单位甚至居民小区，也可以安装在缺乏电力供应的偏远地区和沙漠地区，磷酸盐型和高温型燃料电池都是可能的选择。

燃料电池作为低碳、减排的清洁发电技术，受到国内外的普遍重视。燃料电池电站不同于燃料电池汽车，没有频繁启动问题，因此可以采用以下4种燃料电池技术，分别是磷酸燃料电池、质子交换膜燃料电池、固体氧化物燃料电池和熔融碳酸盐燃料电池。

PAFC 电站代表性的开发商是 UTC Power 公司，其开发的 PureCell ®model 系列 200kW 和 400kW 磷酸燃料电池发电系统，20 年多年里已经在 19 个国家安装运行近 300 台，部分电站运行已经超过 40000h 的设计寿命。发电系统以天然气为原料，由燃料处理、燃料电池模块及电调节与控制 3 个部分组成，电效率接近 40%（LHV，燃料的低位热值）。若计入热回收，总效率可以接近 80%~90%（LHV）。磷酸燃料电池电站在技术上发展比较成熟，但由于使用贵金属催化剂，大规模商业化还面临成本高的瓶颈问题。

PEMFC 电站的代表性开发商是 Ballard 公司，主要开发 250kW~1MW 的示范电站，目前示范数量还不多，国内华南理工大学也进行了 300kW PEMFC 电站的示范。质子交换膜燃料电池用于固定电站与用于燃料电池汽车相比，由于工况相对缓和，不需要像燃料电池汽车那样频繁变载，避免了动态工况引起的燃料电池材料衰减，相对延长了寿命。但是，成本问题还是 PEMFC 电站商业化面临的主要问题。另外，由于 PEMFC 的操作温度在 80~90℃ 之间，故其热品质比较低，热量回收效率不高，影响整体燃料利用率。为了防止 PEMFC 燃料电池中毒，燃料需要净化，会增加一部分成本。高温质子交换膜燃料电池（HT-PEMFC）操作温度可以达到 150~200℃，一定程度上可以缓解上述问题，目前 HT-PEMFC 技术还处于研发中。

Siemens Westinghouse 公司开发了固体氧化物燃料电池电站，以阴极作支撑的管式 SOFC 机械强度高，热循环性能好，易于组装与管理。自 2000 年以来，西门子—西屋公司已建成多台大型 100~250kW 分散电站进行试验运行，其中以天然气为燃料的 100kW SOFC 系统总计运行 20000h，220kW SOFC 与燃气轮机联合发电系统效率可达到 60%~70%。但现有的技术如电化学气相沉积和多次高温烧结等导致阴极支撑型 SOFC 电池成本过高、难以推广。借助廉价的湿化学法、等离子喷涂等技术替代电化学气相沉积制备电解质薄膜，并运用改进烧结工艺、减少烧结次数等手段，有望达到大幅度降低阴极支撑管型 SOFC 成本的目的。

MCFC 电站，美国 Fuel Cell Energy 公司处于国际领先地位，其开发的 MCFC 电站已在全球装机 60 余台，主要用于医院、宾馆、大学及废水处理厂等场所示范发电。MCFC 操作温度较高（650~700℃），可以实现热电联供及与汽轮机联合循环发电，以进一步提高燃料的能量转化效率。由于熔盐的强腐蚀性以及高温对材料是一个挑战，寿命是 MCFC 要解决的关键问题。

二、交通运输上的应用

使用燃料电池的车辆不会或者极少排出污染物，解决了常规汽车的尾气污染问题，而且还没有机械噪声。只要燃料供应充足，车辆行驶的里程是可以不受限制的，所以燃料电池车的发展前途光明。

目前普遍认为，质子交换膜燃料电池（特别是直接甲醇燃料电池），由于具有优越的启动特性和环保特性，而且供料支持系统简单，作为车载燃料电池，最有希望在将来取代内燃机。

燃料电池作为汽车动力源是解决因汽车而产生的环境、能源问题的可行方案之一，近 20 年来得到各国政府、汽车企业、研究机构的普遍重视。燃料电池汽车示范在国内外不断兴起，较著名的是欧洲城市清洁交通示范项目，第 1 期共有 27 辆车在 9 个欧洲城市运行 2 年；并于 2006~2009 年进行第 2 期示范，33 辆燃料电池客车在包括北京的 10 个城市运行；整个项目累计运行 140000h，行驶约 2100000km，承载乘客约 850 万；目前，正在着手进行第 3 期示范。代表性的车型是由 Daimler 公司制造的燃料电池客车 Citaro，分别采用纯燃料电池、燃料电池与蓄电池混合动力，加拿大 Ballard 公司提供燃料电池模块，电堆采用模压石墨双极板，具有较好的操作弹性。

经过示范项目，车用燃料电池技术取得了长足的进展。近年来，燃料电池汽车在性能、寿命与成本方面均取得一定的突破。在性能方面，美国 GM 公司的燃料电池发动机体积比功率已与传统的四缸内燃机相当，德国 Daimler 公司通过 3 辆 B 型 Mercedes-Benz 燃料电池轿车 F-Cell 的环球旅行向世人展示了燃料电池汽车的可使用性，其续驶里程、最高时速、加速性能等已与传统汽油车相当，已在 2017 年初发布了概念车；在寿命方面，美国 UTC Power 公司的燃料电池客车至 2011 年 8 月已经累积运行了 10000h，寿命指标已达到商业化目标；在成本方面，各大汽车公司都致力于降低燃料电池发动机催化剂 Pt（铂）用量，经过不断地技术改进，美国 GM 公司一台 94kW 的发动机，Pt 用量从上一代的 80g 降低到 30g，并计划 2015 年 Pt 用量再降低至 1/3，达到每辆车 Pt 用量 10g。日本 Toyota 公司也宣布燃料电池发动机催化剂 Pt 用量降低到原来的 1/3，预计 2015 年单车成本降低至 50000 美元，并计划于 2015 年实现燃料电池汽车商业化。

我国燃料电池汽车，自"九五"末期第一台燃料电池中巴车的问世，到"十一五" 2008 年北京奥运会和 2010 年上海世博会燃料电池汽车的示范运行，十几年间，燃料电池电动汽车技术取得了可喜的进步。在北京奥运会上，燃料电池轿车成为"绿色车队"中的重要成员。20 辆帕萨特"领驭"燃料电池轿车为北京奥运会提供了交通服务，单车无故障行驶里程达到了 5200km；在上海世博会上，包括 100 辆观光车、90 辆轿车和 6 辆大巴车，总计 196 辆燃料电池汽车完成了历时 6 个月的示范运行。其中，100 辆观光车是由国内研制，装有 5kW 燃料电池系统。70 辆轿车装载的是国内研发的燃料电池系统，分别采用 55kW 和 33kW 两种类型的燃料电池发动机，前者是常规电-电混合模式，后者是 Plug-in 模式，平均单车运行里程 4500~5000km，最长的单车运行累积里程达到 10191km。3 辆大巴车装载的是 863 "节能与新能源汽车重大项目"资助的 80kW 燃料电池发动机，累积运行了 15674km，最长单车里程为 6600km。此外，还参加了北京公交车示范运行以及国际一些示范或赛事，包括国际清洁能源 Bibendum 大赛、美国加州示范及新加坡世青赛等，展示了中国燃料电池技术的进步。

　　在中国科技部支持下，国产 PEMFC 关键材料和部件的开发取得了重大进展，研制成功了高导电性及优化孔结构的碳纸、增强型复合质子交换膜、高稳定性/高活性 Pt-Pd 复合电催化剂及薄型全金属双极板等。经过膜电极技术的优化，电催化剂利用率得到大幅提高，流场优化提高了高电流密度下水管理能力，在同样功率输出情况下，体积和质量分别减小了一半。

　　图 7-1 为燃料电池汽车结构示意图，图 7-2 为将于 2017 年在德国投入运行的全球首辆氢燃料电池火车。

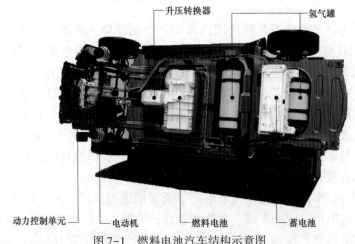

图 7-1　燃料电池汽车结构示意图

图 7-2　氢燃料电池火车

三、备用电源、电子设备电源

与现有的柴油发电机比较，燃料电池作为不间断备用电源，具有高密度、高效率、长待时及环境友好等特点，可以为电信、银行等重要部门或偏远地区提供环保型电源。家庭与一些公共场所大多采用 1~5kW 小型热电联供装置，家庭电源通常以天然气为燃料，这样可以兼容现有的公共设施，提供电网以外的电，废热可以以热水的形式利用，备用电源也可采用甲醇液体燃料。在燃料电池电源产品研发方面，日本的 Ebara-Ballard 公司 1kW 家庭型燃料电池电源，其产品已经在 700 多个场所试验，并建立了年产 4000 台的生产基地；美国 Idatech 公司研制的 5kW UPS 已于 2008 年拿到印度 ACME 集团 30000 台的订单；美国 Plug Power 公司已实现近千台的 5kW 电源的销售，主要用于通信、军事等方面。此外，Relion 与 Altergy 公司也开拓了燃料电池备用电源市场。我国也已研制了 10kW 的供电系统，以家庭用电为示范，已经运行了 2500h。

燃料电池作为小型可移动电源或二次电池的充电器，也是目前研发的热点。主要技术基础是采用直接甲醇燃料电池，即以甲醇为燃料，这种液体燃料具有携带方便、比能量高等特点。直接甲醇燃料电池初期是瞄准手机、笔记本电脑电源市场，旨在提供长待时电池，但由于在系统管理、小型化等技术方面还有待突破，近期人们又把目光集中到了充电器市场。东芝公司 2009 年发布了甲醇燃料电池充电器产品 Dynario（见图 7-3），可为手机等电子器件充电，以满足手机日益增加的多功能化需求。经由 USB 接口在 20s 内可为一部手机充电，燃料罐 14mL 储存高浓度甲醇，可以充 2 部常规手机。该产品已经通过了国际电工协会（IEC）的安全标准，首次试售 3000 部。国内也研制成功了多功能直接甲醇燃料电池充电器，为野外移动通信设备等供电，其工作时间可从原来的几个小时提高到 1~3 天。经过环境模拟试验，表现出良好的环境适应性和可使用性。此外，直接甲醇燃料电池在军民微小型可移动电源领域也展示了广阔的应用前景。国内研制的额定输出功率为 25~50W 的 DMFC 移动电源系统，经同行专家现场测试表明，能量密度达 502Wh/kg，约为锂离子电池的 3 倍。随着现代化战争装备的日益先进，单兵作战需要更多电子装备，直接甲醇燃料电池可在单兵作战电源发挥优势。美国陆军开发了型号为 M-25 燃料电池单兵电源，用于数字通信、GPS 等电子装备。经过实际测试表明，这种电池可以在平均 20W 功率下使用 72h，而质量比传统电池降低了 80%。该项目得到美国陆军采办挑战项目总计约 3 亿美元的资助。此外，供陆军指挥系统的无线电卫星通信、远程监控装置等微小型移动电源也引起各国的普遍关注。

四、军事上的应用

军事应用也是燃料电池最为适合的主要市场。效率高，类型多，使用时间长，工作无噪声，这些特点都非常符合军事装备对电源的需求。从战场上移动手提装备的电源到海陆运输的动力，都可以由特定型号的燃料电池来提供。

早在 20 个世纪 60 年代，燃料电池就成功地应用于航天技术，这种轻质、高效的动力源一直是美国航天技术的首选。以燃料电池为动力的 Gemini 宇宙飞船 1965 年研制成功，采用

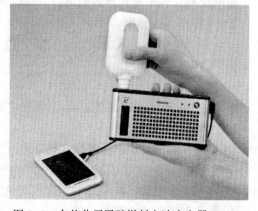

图 7-3　东芝公司甲醇燃料电池充电器 Dynario

的是聚苯乙烯磺酸膜，完成了 8 天的飞行。由于这种聚苯乙烯磺酸膜稳定性较差，后来在 Apollo 宇宙飞船采用了碱性电解质燃料电池，从此开启了燃料电池航天应用的新纪元。在 Apollo 宇宙飞船 1966～1978 年服役期间，总计完成了 18 次飞行任务，累积运行超过了 10000h，表现出良好的可靠性与安全性。除了宇宙飞船外，燃料电池在航天飞机上的应用是航天史上又一成功的范例。美国航天飞机载有 3 个额定功率为 12kW 的碱性燃料电池，每个电堆包含 96 节单电池，输出电压为 28V，效率超过 70%。单个电堆可以独立工作，确保航天飞机安全返航，采用的是液氢、液氧系统，燃料电池产生的水可以供航天员饮用。从 1981 年首次飞行直至 2011 年航天飞机宣布退役，在 30 年期间里燃料电池累积运行了 101000h，可靠性达到 99% 以上。

中国科学院大连化学物理研究所早在 20 世纪 70 年代就成功研制了以航天应用为背景的碱性燃料电池系统，A 型额定功率为 500W，B 型额定功率为 300W，燃料分别采用氢气和肼在线分解氢，整个系统均经过环境模拟实验，接近实际应用。这一航天用燃料电池研制成果，为我国此后燃料电池在航天领域应用奠定了一定的技术基础。

燃料电池作为潜艇 AIP 动力源，从 2002 年第一艘燃料电池 AIP 潜艇下水至今已经有 6 艘在役，还有一些 FC-AIP 潜艇在建造中。2009 年 10 月意大利军方订购的 2 艘改进型 FC-AIP 潜艇开始建造，潜艇水面排水量为 1450t，总长为 56m，最大直径为 7m，额定船员 24 名，水下最大航速为 20 节。FC-AIP 潜艇具有续航时间长、安静、隐蔽性好等优点，通常柴油机驱动的潜艇水下一次潜航时间仅为 2 天，而 FC-AIP 潜艇一次潜航时间可达 3 周。这种潜艇用燃料电池是由西门子公司制造，采用镀金金属双极板。212 型艇装载了额定功率为 34kW 的燃料电池模块，214 型艇装载了 120kW 燃料电池模块，额定工况下效率接近 60%。

燃料电池经过近半个多世纪的发展，已经实现了在航天飞机、宇宙飞船及潜艇等特殊领域的应用，而民用方面由于受寿命与成本的制约，至今在电动汽车、电站、便携式电源或充电器等各行业还处于示范阶段。未来我国应大力推进燃料电池在特殊领域的应用，增强我国的国防军事实力；同时，要集中解决寿命与成本兼顾问题，从材料、部件、系统等 3 个层次进行技术改进与创新，加快燃料电池民用商业化步伐，提供高能效、环境友好的燃料电池发电技术，为建立低碳、减排、不依赖于化石能源的能量转化技术新体系做贡献。

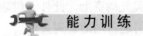 能力训练

查阅资料，列举每种燃料电池的一项应用实例。

综 合 测 试

一、名词解释

1. 氢；2. 氢气；3. 氢能；4. 氢燃料电池

二、填空

1. 氢通常的单质形态是氢气，化学式（　　）。它是无色无味无臭，极易燃烧的由双原子分子组成的气体，氢气是最（　　）的气体。标准状况下密度是 0.09g/L（最轻的气体），（　　）溶于水。在 -253℃，变成无色液体，-259℃时变为雪花状固体。

2. 氢能利用方式主要有三种，（　　）、直接燃烧和（　　）。

3. 生物制氢是指所有利用生物产生氢气的方法，包括生物质气化制氢和（　　）等不同的技术手段。

4. 以液氢的方式储存的最大优点是（　　），存在的问题是液氢的蒸发损失和成本问题。目前，液氢燃料在（　　）领域中得到了广泛应用。

5. 金属氢化物储氢的优点是储氢容量较（　　）、储运安全方便，缺点是氢不可逆损伤直接影响储氢金属的（　　）。

6. 燃料电池是一种将存在于燃料与氧化剂中的（　　）直接转化为电能的发电装置。燃料电池与常见的干电池和蓄电池不同，它不是能量储存装置，而是（　　）装置。燃料电池被称为继火电、水电、（　　）后的第四代发电方式。

7. 燃料电池系统除燃料电池本体（发电系统）外，还有一些周边装置，包括（　　）、氧气供应系统、（　　）、热管理系统、直流-交流逆变系统、控制系统、安全系统等。

8. 根据燃料电池工作温度的不同，可分为低温型，温度低于100℃；中温型，温度为100-300℃；高温型，温度高于（　　）℃。

三、问答题

1. 氢能的主要优点有哪些？
2. 化石燃料制氢有哪些方式？化石燃料制氢的特点是什么？
3. 水解制氢的方式有哪些，各自有什么特点？
4. 储氢的方法有哪些？各自有什么特点？
5. 简单叙述燃料电池的工作原理。
6. 燃料电池发电的特点有哪些？
7. 燃料电池的分类方法有哪些？
8. 燃料电池按电解质的种类不同可分为哪些类型？
9. 固体氧化物燃料电池的特点有哪些？
10. 质子交换膜型燃料电池的特点有哪些？
11. 列举每种燃料电池的一项应用。

项目八　分布式发电技术

 项目目标

　　熟悉分布式发电系统的概况；熟悉分布式供电系统和微电网的基本结构；了解分布式发电系统的储能装置；熟悉互补发电的概况和风-光互补发电系统的结构配置。

任务一　分布式发电概述

 任务目标

　　掌握分布式发电系统的概念，熟悉分布式发电系统的特点及适用场合，了解分布式发电系统的电源情况。

 知识准备

一、分布式发电的概念

　　分布式发电（distributed generation，DG），是指在一定的地域范围内，由多个甚至多种形式的发电设备共同产生电能，以就地满足较大规模的用电要求。

　　"分布"二字，相对于集中发电的大型机组而言，是指其总的发电能力由分布在不同位置的多个中小型电源来实现；相对于过去的小型独立电源而言，是指其容量分配和布置有一定的规律，其分布要满足特定的整体要求。

　　分布式发电一般独立于公共电网而靠近用电负荷，可以包括任何安装在用户附近的发电设施，而不论其规模大小和一次能源种类。一般来说，分布式电源是集成或单独使用的、靠近用户的小型模块化发电设备，多为容量在50MW以下的小型发电机组。

　　除了分布式发电，还有分布式电力、分布式能源的概念。分布式电力（distributed power，DP），是位于用户附近的模块化的发电和能量储存技术。分布式能源（distributed energy resources，DER），包括用户侧分布式发电、分布式电力以及地区性电力的有效控制和余热资源的充分利用，也包括冷热电联产等。由于三者的概念类似，发挥的作用也基本相同，为了叙述方便，在后文统称为"分布式发电"。

　　分布式发电技术可以实现多种资源及地域之间的互补。

　　近年来，以可再生能源为主的分布式发电技术得到了快速发展，与传统电力系统相比克服了大系统的一些弱点，成为电能供应不可缺少的有益补充，二者的有机结合将是电力工业和能源产业的重要发展方向。分布式发电以其优良的环保性能和与大电网良好的互补性，成为世界能源系统发展的热点之一，也为可再生能源的利用开辟了新的方向。

二、分布式发电的特点

　　与常规的集中式大电源或大电网供电相比，用分布式发电系统提供电能具有很多特点。

（1）建设容易，投资少。分布式发电多采用风能、太阳能、生物质能等可再生能源或微型燃气轮机，单机容量和发电规模都不大，因而不需要建设大规模的发电厂和变电站、配电站，土建和安装成本低，建设工期短，投资规模小而且不会有大的风险。

不过，分布式供能系统往往由于缺乏规模性效益，单位容量的造价要比集中式大机组发电高出很多。

（2）靠近用户，输配电简单，损耗小。分布式电源大多容量较小，而且靠近电力用户，一般可以直接就近向负荷供电，而不需要修建长距离的高压输电线路，输配电损耗较小，建设也简单廉价。

（3）能源利用效率高。分布式发电可以结合冷热电联产，将发电的废热回收用于供热和制冷，科学合理地实现能源的梯级利用。而且由于分布式电源距离用电负荷较近，输配电过程中的电能损失和供暖、供热管道的热量损失也相当小。因而，分布式发电系统具有很高的能源利用效率，综合利用率可达 70%~90%。

（4）污染少，环境相容性好。除了微型燃气轮机等小型化石燃料发电机组外，分布式电源可以广泛采用各种可再生能源发电技术，如太阳能光伏发电技术、风力发电技术等，发电过程很少有污染物排放，噪声也不大。同时，分布式发电系统的电压等级较低（多为400V），而且没有大容量远距离高压输电线路，产生的电磁辐射也远远低于常规的集中发电方式，更不会因为高压输电线路的建设而大量占用土地和砍伐树木。因而，分布式发电系统与环境的相容性较好，可以减轻能源供应的环保压力。

（5）运行灵活，安全可靠性有保障。分布式发电系统中的电源，单机容量小，机组数目多，彼此之间有一定的独立性，同时发生故障的概率很小，不容易发生大规模的停电事故，供电的连续可靠性有保障。用户具有可自行控制的分布式供电系统，常常在其他用户经历电力事故时能免受停电的困扰。发展分布式供电比通过改造电网加强供电安全更加简便快捷。

分布式发电系统还有很好的灵活性。多个小型的发电机组，便于分别操作和智能化控制；机组的启动和停运快速、灵活。分布式电源可作为备用电源为要求不间断供电的用户提供电能。不过，分布式电源的功率波动明显，系统容量不容易互为备用。

（6）联网运行，有提供辅助性服务的能力。分布式发电系统可与大电网联合运行，互为补充，既能够提高分布式系统本身的供电可靠性，还能为大电网提供一些辅助性的服务。如在用电高峰期的夏季和冬季，采用冷热电联产等手段，可满足季节供热或制冷的需要，同时节省一部分电力，从而减轻供电压力。

三、分布式发电的适用场合

与传统集中式大容量发电相比，分布式发电系统规模较小，可用于发电的一次能源种类多，对场地要求低，因而建设灵活，而且可以靠近用户，常可直接向其附近的负荷供电或根据需要向电网输出电能。

分布式发电系统的诸多特点，使其非常适合为边远乡村、牧区、山区、发展中区域及商业区和居民区提供电力；分布式电源是为学校、工厂、医院等企事业单位以及住宅小区提供独立供能的理想装置。在许多欧洲国家，分布式能源供电已经成为满足电能与热能需求的最重要来源。

分布式发电系统可以独立运行，也可与公用电网联网运行。独立运行模式主要用于大电网覆盖不到的边远地区、农牧区。联网运行模式主要用于电网中负荷快速增长的区域和某些重要的负荷区域，分布式电源与公用电网共同向负荷供电。联网运行模式将是分布式发电系统未来发展的主要方向。

四、分布式电源

分布式电源就是分散的小规模电源。分布式发电系统广泛利用各种可用的资源进行小规模分散式发电，包括各种可再生新能源（太阳能光伏发电、风力发电、海洋能发电站、地热发电站、生物质能发电、燃料电池等）发电技术以及以当地可方便获取的化石燃料（主要是天然气）为能源的微型燃气轮机发电技术等。

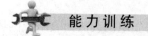 **能力训练**

学习小组查阅资料，列举分布式发电的有关实例，并结合分布式发电的适用场合、特点及电源等方面进行分析说明。

任务二　分布式供电系统和微电网

 任务目标

掌握分布式发电系统的概念，熟悉分布式发电系统的基本结构；掌握微电网的概念，了解微电网的结构。

 知识准备

一、分布式供电系统

分布式供电系统，就是分布式发电系统和由其供电的负荷等共同构成的本地电力系统。

分布式供电系统可能包含很多分散在各处的分布式电源，而且分布式电源的种类也往往不止一种，再加上储能装置和附近用电的负荷，其结构可能也相当复杂。分布式供电系统示意图如图 8-1 所示。

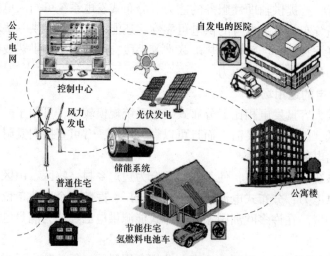

图 8-1　分布式供电系统的示意图

实际的分布式供电系统会比较复杂，而其最基本的构成要素却是类似的。简单来看，分布式供电系统一般都由若干分布式电源、储能设备、分布式供电网络及控制中心和附近的用电负荷构成，如果与公共电网联网运行那么还包括并网接口。分布式供电系统的基本结构，如图 8-2 所示。

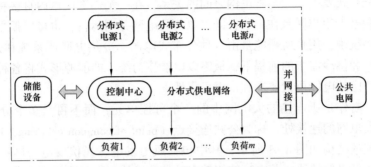

图 8-2 分布式供电系统的基本结构

分布式电源的电力输出可能是交流电（如风力发电、微型燃气轮机发电机组），也可能是直流电（如太阳能电池和燃料电池）。

分布式供电网络可以是交流系统，也可以是直流系统。要综合考虑用电负荷情况、建设成本、电磁干扰等因素。控制中心的作用是监控整个分布式供电系统的工作情况，包括分布式电源的发电情况、负荷的用电情况、储能设备的能量控制以及分布式供电网络中的电压、电流、频率是否正常。

储能系统的作用是在发电量过大时储存系统中剩余的能量，或者在发电能力不足时释放能量以补充缺额。

由于分布式电源、用电负荷、储能设备都有可能是交流电气设备，也可以是直流电气设备，因此分布式供电系统中可能根据需要会有一些电力变换设备。把交流电转换为直流电的设备称为整流器（AC/DC），把直流电转换为交流电的设备称为逆变器（DC/AC）。

分布式供电系统的并网接口也是某种形式的电力变换设备，如逆变器。并网接口可能不止一个，有时甚至是每一个分布式电源都通过一个并网接口与电网相连。

目前，世界上有许多国家或国际组织都在制订关于分布式电源的并网标准，如 IEEE 的 P1547。不同容量的分布式电源并网，适用的电压等级可参照表 8-1 确定。

表 8-1 **分布式电源并网的电压等级**

分布式电源容量范围	并网电压等级
几千瓦至几十千瓦	400V
几百千瓦至 9MW	10kV、35kV
大于 9MW	35kV、66kV、110kV

二、微电网

微电网，最简单的理解，就是由负荷和为其供电的微型电源（即各种小型分布式电源）共同组成的小型局部电网。

实际上，微电网和分布式供电系统的概念类似，有时甚至难以区分。或许可以这样理解，微电网是能够独立运行或者作为一个整体与公共电网联网的分布式供电系统。

将分布式发电系统以微电网的形式接入到公共大电网并网运行，互为补充和支撑，是发挥分布式发电系统效能的最有效方式。

在微电网的内部，主要由电力电子器件负责分布式电源的能量转换，并提供必要的控制。通过整合分布式发电单元与配电网之间的关系，在一个局部区域内直接将分布式发电单元、供电网络和电力用户联系在一起，既可以与大电网并网运行，也可以孤立运行。

在微电网系统中，用户所需能量由各种分布式电源、冷热电联产系统和公共电网提供，在满足用户供热和供冷需求的前提下，最终以电能作为统一的能源形式将各种分布式能源加以融合，满足特定的电能质量要求和供电可靠性。

微电网可以看作是所连接的大电网中的一个可控单元，而不再是多个分散的电源和负荷。微电网和大电网的连接处，称为公共连接点（point of common coupling，PCC）。

微电网系统的结构如图 8-3 所示，其中包括风力发电、光伏发电、燃料电池等多种分布式电源，还包括飞轮储能、蓄电池储能等多种储能措施，以及多个用电负荷。公共连接点（PCC）处的微电网模式控制器，可以实现微电网并网运行与独立运行模式的转换。

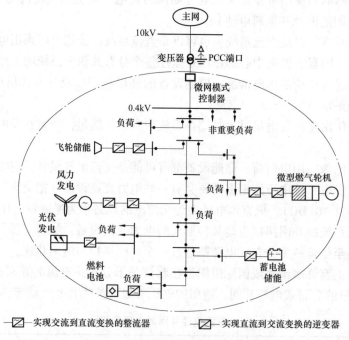

图 8-3　微电网系统的结构示意图

微电网的具体结构取决于用户需求和可用资源情况。由于微电网中分布式电源的多样性及其组合的灵活性，使得整个系统的运行和控制变得复杂，因此微电网中的控制与保护系统尤为重要。

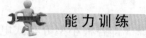 能力训练

学习小组查阅资料，列举分布式供电系统的有关实例，分析其组成及基本结构。

任务三 分布式发电系统的储能装置

 任务目标

掌握储能装置在分布式发电系统的作用；熟悉蓄电池储能、超导储能、飞轮储能等储能技术的基本原理，了解储能装置的发展现状。

 知识准备

将在未来能源结构中占据重要位置的可再生能源，如风能、太阳能、波浪能等，往往由于自然资源的特性，用于发电时其功率输出具有明显的间歇性和波动性，其变化甚至可能是随机的，容易对电网产生冲击，严重时会引发电网事故。为了充分利用可再生能源并保障其作为电源的供电可靠性，就要对这种难以准确预测的能量变化进行及时地控制和抑制。分布式发电系统中的储能装置，就是用来解决这一问题的。

一、常用的储能技术

近年来，由于重要性增加和应用领域的扩展，储能技术发展很快，储能方式和规格也越来越多。

储能方式主要分为化学储能和物理储能。化学储能主要有蓄电池储能和超级电容器储能等，物理储能主要有飞轮储能、抽水储能、超导储能和压缩空气储能等。

下面对几种在分布式发电系统中应用前景较好的储能方式进行介绍。

（一）蓄电池储能

蓄电池储能系统（battery energy storage system，BESS）由蓄电池、逆变器、控制装置、辅助设备（安全、环境保护设备）等部分组成。根据所使用的化学物质，蓄电池可以分为铅酸电池、镍镉电池、镍氢电池、锂离子电池等。

性价比很高的铅酸蓄电池被认为最适合应用于分布式发电系统。目前采用蓄电池储能的分布式发电系统，多数采用传统铅酸电池。不过，传统的蓄电池存在着初次投资高、寿命短、对环境有污染等问题。

新型高能量二次电池——锂离子电池，工作电压高、体积小、储能密度高（每立方米可储存电能 300~400kWh）、无污染、循环寿命长（若每次放电不超过储能的 80%，可反复充电 3000 次），充放电转化率高达 90% 以上，比抽水蓄能电站的转化率高，也比氢燃料电池的发电率（80%）高。锂离子电池于 1992 年由日本索尼公司率先推出，很快受到人们的重视和欢迎。

目前，蓄电池作为储能装置在分布式发电系统中应用最为广泛。虽然也有若干不足，但就目前的技术经济发展状况而言，蓄电池仍会在一段时间内得到广泛应用。

（二）超导储能

早在 1911 年，荷兰物理学家翁纳斯（Onnes）就观察到了超导体（超导就是阻抗小到几乎为零的超级导体）。20 世纪 70 年代，美国威斯康星大学应用超导中心的彼得森（H. Peterson）和布姆（R. Boom）发明了一个超导电感线圈和三相整流电路组成的电能储存系统，并获得了专利，由此开始了超导储能（superconducting magnetic energy storage，

SMES）系统在电力领域的应用研究与开发。高温超导和电力电子技术的发展促进了超导储能装置在电力系统中的应用，20世纪90年代已被应用于风力发电系统。

目前在分布式发电系统中，超导储能单元常用于独立运行的风力发电系统和光伏发电系统。随着装置成本的降低，超导储能系统的规模和应用领域将进一步扩大。

与其他储能技术相比，超导储能最显著的优点包括：可以长期无损耗地储存能量，能量返回效率很高，而且能量的释放速度很快，通常只需几毫秒。

超导储能系统的基本电路结构如图8-4所示，其储能核心部件是由超导材料制成的超导线圈（见图8-5）。通入励磁（即产生磁场）用的直流电流，在线圈中就会形成强磁场，把接收的电能以磁场能的形式储存起来。由于超导体的电阻几乎为零，电流在超导线圈中循环时产生的功率损耗很小（数值上等于电流的二次方乘以电阻），因而储存的能量不易流失。在外部需要能量时，可以把储存的能量送回电网或实现其他用途。

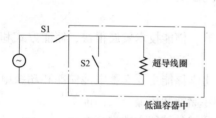

图8-4　超导储能系统的电路结构

图8-5　高温超导储能线圈的外观

超导特性一般需要在很低的温度下才能维持。一旦温度升高，超导体就变为一般的导体，电阻明显增大，电流流过时将产生很大的功率损耗，损失的能量以发热的形式散失到周围环境中，储能的效果也就不复存在了。因此，超导储能系统的超导线圈需放置在温度极低的环境，一般是将超导线圈浸泡在温度极低的液体（液态氢等）中，然后封闭在容器中。因此，超导储能系统除了核心部件超导线圈以外，还包括冷却系统、密封容器以及用于控制的电子装置。

超导蓄能系统的优点包括：能量损失少，效率高；坚固耐用，超导线圈在运行过程中没有磨损，压缩器和水泵可以定期更换，因此超导蓄能系统具有很高的可靠性，适合高可靠性要求用户的需求。

超低温保存技术是目前利用超导储能的瓶颈。迄今为止，超导蓄能系统的成本比其他类型的蓄能系统的成本高得多，大概是铅酸蓄电池成本的20倍。高成本导致超导蓄能系统短期内不可能在分布式发电系统中大规模应用，但是在要求高质量和高可靠性的系统中可以应用。

（三）飞轮储能

飞轮储能技术是一种机械储能方式。早在20世纪70年代就有人提出利用高速旋转的飞轮来储存能量，并应用于电动汽车的构想。由于飞轮材料和轴承问题等关键技术一直没有解决而停滞不前。20世纪90年代以来，由于高强度的碳纤维材料、低损耗磁悬浮轴承、电力电子学三方面技术的发展，飞轮储能器才得以重提，并且得到了快速的发展。

图 8-6 所示为飞轮储能的工作原理图，外部输入的电能通过电力电子装置驱动电动机，电动机带动飞轮旋转，高速旋转的飞轮以机械能的形式把电能储存起来；当外部负载需要电能时，再由飞轮带动发电机旋转，将机械能转换为电能，并通过电力电子装置对输出电能进行频率、电压的变换，以满足用电的需求。

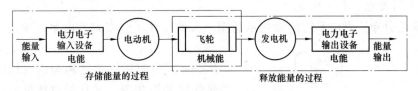

图 8-6 飞轮储能的工作原理图

实际的飞轮储能系统（flywheel energy storage system，FESS），基本结构由以下 5 个部分组成：①飞轮转子，一般采用高强度复合纤维材料组成；②轴承，用来支承高速旋转的飞轮转子；③电动/发电机，一般采用直流永磁无刷电动/发电互逆式双向电机；④电力电子变换设备，将输入交流电转化为直流电供给电动机，将输出电能进行调频、整流后供给负载；⑤真空室，为了减小损耗，同时防止高速旋转的飞轮引发事故，飞轮系统必须放置于真空密封保护套筒（见图 8-7）内。此外，飞轮储能装置中还必须加入监测系统，监测飞轮的位置、振动、转速、真空度和电机运行参数等。

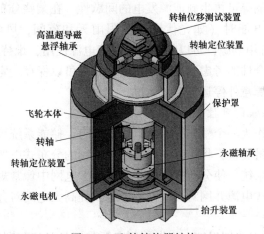

图 8-7 飞轮储能器结构

飞轮储能的优点很多，包括效率高、寿命长、储能量大，而且充电快捷，充放电次数没有限制，对环境无污染等。

不过目前飞轮储能的成本还比较高（费用主要用于提高其安全性能），还不能大规模应用于分布式发电系统中，主要是用作蓄电池系统的补充。飞轮储能技术正在向产业化、市场化方向发展。

（四）电解水制氢储能

电解水制氢储能系统需与燃料电池联合应用。在系统运行过程中，当负荷减小或发电容量增加时，将多余的电能用来电解水，使氢和氧分离，作为燃料电池的燃料送入燃料电池中存储起来；当负荷增加或发电容量不足时，使存储在燃料电池中的氢和氧进行化学反应直接产生电能，继续向负荷供电，从而保证供电的连续性。

二、储能装置在分布式系统中的作用

在分布式发电系统中，储能装置扮演着相当重要的角色。储能装置在分布式发电系统中的作用，主要表现在以下几个方面。

（一）平衡发电量和用电量

图8-8为分布式发电系统的简化示意图，大致反映了分布式发电系统中最基本的构成要素。

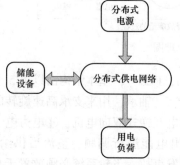

图 8-8 分布式发电系统的简化示意图

分布式电源的能量之和与该区域的所有负荷总量往往并不相等，并且相对数量关系是动态变化的。当发电量大于负荷总量时，剩余的发电量可以存储在储能设备中，也可以馈送给公共电力系统；当发电量小于负荷总量时，能量的缺额可以从储能设备中提取，或者从公共电力系统引入能量，以便补充分布式电源的不足。通过储能设备的能量"吞吐"实现了发电量和用电量的供需平衡，自然维持分布式供电系统的穗定。

（二）充当备用或应急电源

考虑到太阳能、风能等可再生新能源发电的间歇性，在某些分布式电源因受自然条件影响而减少甚至不能提供电能时（如光伏电池在阴雨天和夜间，风电机组遭遇强风或无风时），储能系统就像是备用电源，可以临时作为过渡电源使用，维持对用户的连续供电。

此外，基于系统安全性的考虑，分布式发电系统也可以保存一定数量的电能，用以应付突发事件。如分布式电源意外停运等事故情况。

（三）改善分布式系统的可控性

当分布式发电系统作为一个整体并入大电网运行时，储能系统可以根据要求调节分布式发电系统与大电网的能量交换，将难以准确预测和控制的分布式电源，整合为能够在一定范围内按计划输出电能的系统，使分布式发电系统成为大电网中像常规电源一样可以调度的发电单元，从而减轻分布式电源并网对大电网的影响，提高大电网对分布式电源的接受程度。

（四）提供辅助服务

储能装置通过对功率波动的抑制和快速的能量吞吐，可以明显改善分布式发电系统的电能质量。

增强了分布式发电系统可控性，就有可能在提供清洁能源的同时，为大电网提供一些辅助服务。如在用电高峰时分担负荷，在发生局部故障时提供紧急功率支持等。

综上所述，储能装置在分布式发电系统中的作用是非常重要的。

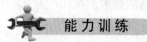 **能力训练**

1. 查阅相关资料，阐述各储能设备的技术要点及发展现状。
2. 思考说明：在现实生活和工作实际中，可以应用到储能设备的场合有哪些？

任务四　互　补　发　电

 任 务 目 标

掌握互补发电的概念，熟悉互补发电的特点；了解风-光互补发电的基础，熟悉风-光互补发电的结构及配置。

 知 识 准 备

一、互补发电简介

（一）互补发电的概念

很多可再生新能源因其资源丰富、分布广泛，而且在清洁环保方面具有常规能源所无法比拟的优势，因而获得了快速的发展。尤其是小规模的新能源发电技术，可以很方便地就地向附近用户供电，非常适合在无电、少电地区推广普及。不过由于风能、太阳能等可再生能源本身所具有的变化特性，所以，独立运行的单一新能源发电方式很难维持整个供电系统的频率和电压稳定。

考虑到新能源发电技术的多样性，以及它们的变化规律并不相同，在大电网难以到达的边远地区或隐蔽山区，一般可以采取多种电源联合运行，让各种发电方式在一个系统内互为补充，通过它们的协调合作来维持稳定可靠的、电能质量合格的电力，在明显提高可再生能源可靠性的同时，还能提高能源的综合利用率。这种多种电源联合运行的方式，就称为互补发电。

（二）互补发电的特点

可再生新能源互补发电，具有明显的优点，总结起来，至少包含以下几个方面。

（1）既能充分发挥可再生新能源的优势，又能克服可再生新能源本身的不足。风能、太阳能、生物质能等可再生新能源，具有取自天然、分布广泛、清洁环保等优点，在互补运行中仍能继续体现，而其季节性、气候性变动造成的能量波动，可以在很大程度上通过协调配合而相互减弱，从而实现整体的平稳输出。

（2）对多种能源协调利用，可以提高能源的综合利用率。发电是为用电服务的，保障用户用电的连续可靠是最基本的要求。单一的发电方式，在一次能源充沛（如风速较高或日照充足）的情况下，可能由于用电量的限制，不得不减额输出，而使很多能够转换为电能的能量被轻易放弃；在一次能源减少（如风速较低，阴雨天光照弱或夜晚没有光照）时，又会造成供电不足。多种能源的协调配合，可以很好地利用各种新能源的差异性，最大限度地利用各自的能量，提高多种能源的综合利用率。

（3）电源供电质量的提高对补偿设备的要求降低。单一的发电方式，功率的波动性和间歇性明显，为了连续可靠地向用户供电，可能需要配备昂贵的大量储能装置或补偿装置。而互补运行的多种新能源发电，其间歇性和波动性已经通过互补而大大削弱，因而需要的储能和功率补偿要求都明显降低。

（4）合理的布局和配置，可以充分利用土地和空间。如果同时有多种电源可以利用，通过合理的布局和配置，可以在有限的土地面积和空间内最大限度地提高能源的获取量。反过来看，获取所需的能量，需要占用的土地面积和空间就可以大大减少。

（5）多种电源共用送变电设备和运行管理人员，可以降低成本，提高运行效率。多种能源互补发电，一方面将多个分散的电源进行统一输配和集中管理，可以通过共用设备和运行管理人员，减少建设和运行成本。另一方面，总的发电能力增加了，也可降低平均的运行维护成本。

互补发电具有广泛的推广应用价值，是能源结构中一个崭新的增长点。

理论上，只要资源允许，任何几种新能源发电方式都可以互补应用。然而由于各种各样的条件限制，目前新能源互补发电方式中，实际应用较多的是风能—水能（简称风—水）互补发电、风能—太阳能（简称风—光）互补发电等。另外，新能源发电也可以同燃气轮机等小型常规发电方式互补应用。

二、风光互补发电

（一）风光互补的基础

风能和太阳能是目前众多可再生新能源中，应用潜力最大、最具开发价值的两种。近年来，风力发电和太阳能发电技术发展很快，其独立应用技术已经成熟。

太阳能发电系统的优点是供电可靠性高，运行维护成本低，缺点是系统造价高。风力发电系统的优点是发电量较大，系统造价和运行维护成本低，缺点是小型风力发电机可靠性低。二者的合理配置有可能兼顾供电可靠性的提高和建设运行成本的降低。

风力发电和太阳能发电（本章主要考虑其中的光伏发电）系统有一个共同缺陷，就是由于资源的波动性和间歇性造成的发电量的不稳定及其与用电量的不平衡，受天气等因素的影响很大。一般来说，风力发电和光伏发电系统都必须配备一定的储能装置才能稳定供电。

由于风能资源和太阳能资源本身的特点，同时用来发电具有较好的互补性，可以在很大程度上弥补各自独立发电时的波动性和间歇性缺点。如晴天太阳能充足，光伏发电可提供大量电能，阴雨天和夜晚有较大的风力时可用于风力发电。我国属于季风气候区，很多地区的风能和太阳能具有天然的季节互补性，即太阳能夏季大、冬季小，而风能夏季小、冬季大，很适合采用风光互补发电系统。此外，在一些边远农村地区，不仅风能资源丰富，而且有充足的太阳能资源，风力与太阳能发电并联运行也是解决该地区供电问题的有效途径。

风光互补发电系统应根据用电情况和资源条件进行容量的合理配置，可以共用储能装置和供电线路等，在保证系统供电可靠性的同时，还能减少占地、降低成本。可见，无论在技术上还是经济上风光互补发电系统都是非常合理的独立电源系统。

对于用电量大、用电要求高，远离大电网，而风能资源和太阳能资源又比较丰富的地区，风光互补供电无疑是最佳选择。

（二）风光互补发电系统的结构和配置

风光互补发电系统，一般由风力发电机组、光伏阵列组、储能装置（蓄电池组）、电力变换装置（整流器、逆变器等）、直流母线及控制器等部分构成，向各种直流或交流用电负载供电。图8-9所示为风光互补发电系统的结构示意图。

蓄电池组等储能装置的作用是临时储存过剩的电能，并在需要时释放出来，保证整个系统供电的连续性和稳定性。直流母线和控制器的作用是对发电、用电、储能进行能量管理和调度。风力发电输出的电能一般是交流电，光伏发电输出的电能一般是直流电。在进行能量管理和向交直流负荷供电时，往往需要进行电力变换（把交流电变为直流电的过程称为整

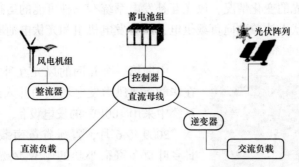

图8-9　风光互补发电系统的结构示意图

流，所用的装置是整流器；把直流电变为交流电的过程称为逆变，所用的装置是逆变器）。如逆变器把直流电变成与电网频率相同（50Hz）的220V交流电，可以向众多常见的交流用电设备提供高质量的电能，同时还具有自动稳压功能，可改善风光互补发电系统的供电质量。

风光互补发电系统中，需要对风电机组、光伏阵列、蓄电池组等各部分的容量（即额定功率，正常工作时允许长期维持的理想功率值）进行合理配置，才能保证整个互补供电系统具有较高的可靠性。

一般来说，风光互补发电系统的发电和储能配置，应考虑以下几个方面。

1. 负荷的用电量及其变化规律

作为独立运行的系统，发电量和用电量平衡才能保持整个供电系统的持续稳定。为了使发电系统能够以尽量低的成本很好地满足用户的用电需求，应该合理地估计用户负荷的用电量及其变化规律，并以此为依据对发电容量和储能容量进行合理地配置。一般需要了解用户的最大用电负荷（一天中所有用电设备可能形成的最大用电功率）和平均日用电量（一年中或一个月中平均每天用电多少千瓦时），逆变器的容量不能小于最大月交流电负荷。平均日发电量可作为选择风电机组、光伏阵列和蓄电池组容量的重要依据。

2. 蓄电池的能量损失和使用寿命

蓄电池等储能装置具有一定范围的功率调节作用。发电量大于用电量时，剩余的电能可以向蓄电池充电，保存起来。发电量不够用时，蓄电池可以将存储的电能释放出来，补充发电的缺额。但必须说明的是，任何类型的储能装置，都存在能量的流失，也就是说释放出来的能量会明显小于原来存储进去的能量。很多储能装置的能量利用率都在70%以下。而且，储能装置频繁地经历充电、放电过程，尤其是长期处于亏电状态，使用寿命一般不会太长。所以，在系统设计时应该根据用电负荷的变化规律，尽量充分利用风能和太阳能资源的互补特性，不要过分依赖储能装置的调节能力。

3. 太阳能和风能的资源情况

虽然对于任何适用的应用场合，风光互补发电系统中的风电、光电、储能容量之间，都可能存在性价比较高的最优配置方案，但实际的资源情况不一定都能支持这种人为"优化"出来的配置方案。风能和太阳能资源的实际状况，也应作为确定风电机组、光伏阵列容量配比的重要依据。针对用电负荷确定了容量范围之后，要根据风光资源情况，对风电机组和光伏阵列进行合理地配置。

根据风力和太阳光的变化情况，风光互补发电系统有三种可能的运行模式：风力发电机单独向负载供电；光伏电池单独向负载供电；风力发电机组和光伏电池联合向负载供电。

（三）风光互补发电系统

图 8-10　路灯上的风光互补发电装置

中国第一个并网的风光互补发电系统于 2005 年在华能南澳风力发电场成功并入当地 10kV 电网，该系统中采用 100kW 的发电设备。

2009 年 6 月，青海省黄南藏族自治州泽库县和日乡叶贡多寄宿小学的 4kW 风光互补发电系统，完成系统安装调试并投入运行。该系统由浙江省科技厅援建，总投资 25 万元，由 2kW 光伏阵列及旋转式光伏阵列支架、2kW 风力发电机及支架、蓄电池、充电器、逆变器、控制系统等组成，一举解决了叶贡多寄宿小学近 200 名师生的教学、生活用电问题。

除了规模较大的风光互补联合发电系统，小容量的风光互补式路灯也得到了很好的应用。图 8-10 所示为一种用在路灯上的风光互补发电装置。

能力训练

1. 为你的家乡设计一种比较现实的能源互补发电方案。
2. 简要说明互补发电和综合利用的可行性和意义。

综 合 测 试

一、名词解释

1. 分布式发电；2. 微电网；3. 互补发电

二、填空

1. 分布式发电的特点是（　　）、（　　）、（　　）、（　　）、（　　）、（　　）。
2. 分布式发电系统可以（　　）运行，也可与公用电网（　　）运行。
3. 分布式供电系统一般都由若干分布式（　　）、（　　）、分布式（　　）及控制中心和附近的（　　）构成，如果与公共电网联网运行那么还包括并网接口。
4. 储能系统的作用是（　　）。
5. 把交流电转换为直流电的设备称为（　　），把直流电转换为交流电的设备称为（　　）。
6. 蓄电池储能系统由蓄电池、（　　）、（　　）辅助设备等部分组成。超导储能系统的核心部件是（　　）。飞轮储能技术是一种（　　）储能方式。
7. 储能装置在分布式系统中的作用是（　　）、（　　）、（　　）。
8. 风光互补发电系统，一般由（　　）、（　　）、（　　）、（　　）、直流母线及控制器等部分构成，向各种直流或交流用电负载供电。

参 考 文 献

[1]《中国电力百科全书》编辑委员会. 中国电力百科全书新能源发电卷. 3 版. 北京：中国电力出版社，2001.

[2] 章俊良，蒋峰景. 燃料电池——原理·关键材料和技术. 上海：上海交通大学出版社，2014.

[3] 杨云莲，杨成月，胡雯. 新能源及分布式发电技术. 2 版. 北京：中国电力出版社，2015.

[4] 吴佳梁，李成锋. 海上风力发电技术. 北京：化学工业出版社，2016.

[5] 杨校生. 风力发电技术与风电场工程. 北京：化学工业出版社，2015.

[6] 杨金焕. 太阳能光伏发电应用技术. 2 版. 北京：电子工业出版社，2013.

[7] 朱永强. 新能源与分布式发电技术. 北京：北京大学出版社，2013.

[8] 李家坤，黄莉. 新能源发电技术. 北京：中国水利水电出版社，2015.

[9] 孙为民. 核能发电技术. 北京：中国电力出版社，2012.

[10] 周乃君，乔旭斌. 核能发电原理与技术. 北京：中国电力出版社，2014.

[11] 阎耀保. 海洋波浪能综合利用——发电原理与装置. 上海：上海科学技术出版社，2013.

[12]《中国电气工程大典》编辑委员会. 中国电气工程大典 第六卷 核能发电工程. 北京：中国电力出版社，2009.